SUPERBUR
NARRATIVA

Richard Preston

AREA DI CONTAGIO

traduzione di MARIA BARBARA PICCIOLI

Biblioteca Universale Rizzoli

ISBN 88-17-20208-8

Titolo originale dell'opera:
THE HOT ZONE

prima edizione Superbur: settembre 1996
quarta edizione Superbur Narrativa: agosto 2000

Si ringraziano per l'autorizzazione a usare materiali editi e inediti:

DAN W. DALGARD: brevi estratti da *Chronology of Events*, di Dan W. Dalgard. Copyright © 1989, 1994 by Dan W. Dalgard.
Ripubblicato con l'autorizzazione dell'autore.

KARL M. JOHNSON: estratto da una lettera di Karl M. Johnson a Richard Preston. Ripubblicato con l'autorizzazione dell'autore.

«The Washington Post»: estratto da *Deadly Ebola Virus Found in Va. Laboratory*, by D'Vera Cohn (12 gennaio 1989). Copyright © 1989 by «The Washington Post». Ripubblicato con l'autorizzazione dell'autore.

Questo libro descrive avvenimenti svoltisi tra il 1967 e il 1993. Il periodo di incubazione dei virus citati in quest'opera è inferiore a 24 giorni. Nessuno che sia stato affetto da questi virus, o che abbia avuto contatti con persone affette da essi, può esserne contagiato oppure diffonderli al di là dei limiti del periodo di incubazione. Nessuna persona vivente citata in questo libro è affetta da malattie contagiose. I virus non possono sopravvivere autonomamente oltre un periodo di 10 giorni, a meno che vengano conservati e congelati per mezzo di speciali procedimenti e attrezzature di laboratorio. Pertanto nessuna delle località nella zona di Reston e di Washington, D.C., descritte in questo libro è infetta o pericolosa.

Area di contagio

A Frederic Delano Grant, jr.,
ammirato da tutti coloro che lo conoscono.

L'autore ricorda con gratitudine il fondo di ricerca concessogli dalla Alfred P. Sloan Foundation.

Il secondo angelo suonò la tromba
e come una grande montagna ardente di fuoco
fu gettata nel mare,
la terza parte del mare diventò di sangue.

dal *Libro dell'Apocalisse*

NOTA PER IL LETTORE

Questo libro non è un romanzo. La storia che racconta è vera, e reali sono i personaggi descritti. In alcune occasioni ho modificato il nome di alcune delle vittime, come nel caso di «Charles Monet» e «Peter Cardinal», ma i personaggi principali figurano con il loro vero nome.

I dialoghi sono stati ricostruiti in base ai ricordi di quelli che vi parteciparono. Per illustrare il corso dei pensieri di questo o quel personaggio, mi sono basato su interviste nel corso delle quali le persone in questione hanno rivissuto, spesso più volte, i momenti passati, e a cui hanno fatto seguito alcune sedute di verifica per confermare il grado di precisione di certi ricordi. Se chiedete a qualcuno: «A che cosa stai pensando?» è probabile che riceviate una risposta più articolata e più rivelatoria sulla condizione umana di qualunque riflessione inventata da un romanziere. Io mi sforzo di vedere al di là dei volti delle persone per leggere nelle menti e penetrare, tramite le loro parole, nelle loro esistenze, e ciò che trovo è al di là di ogni immaginazione.

RICHARD PRESTON

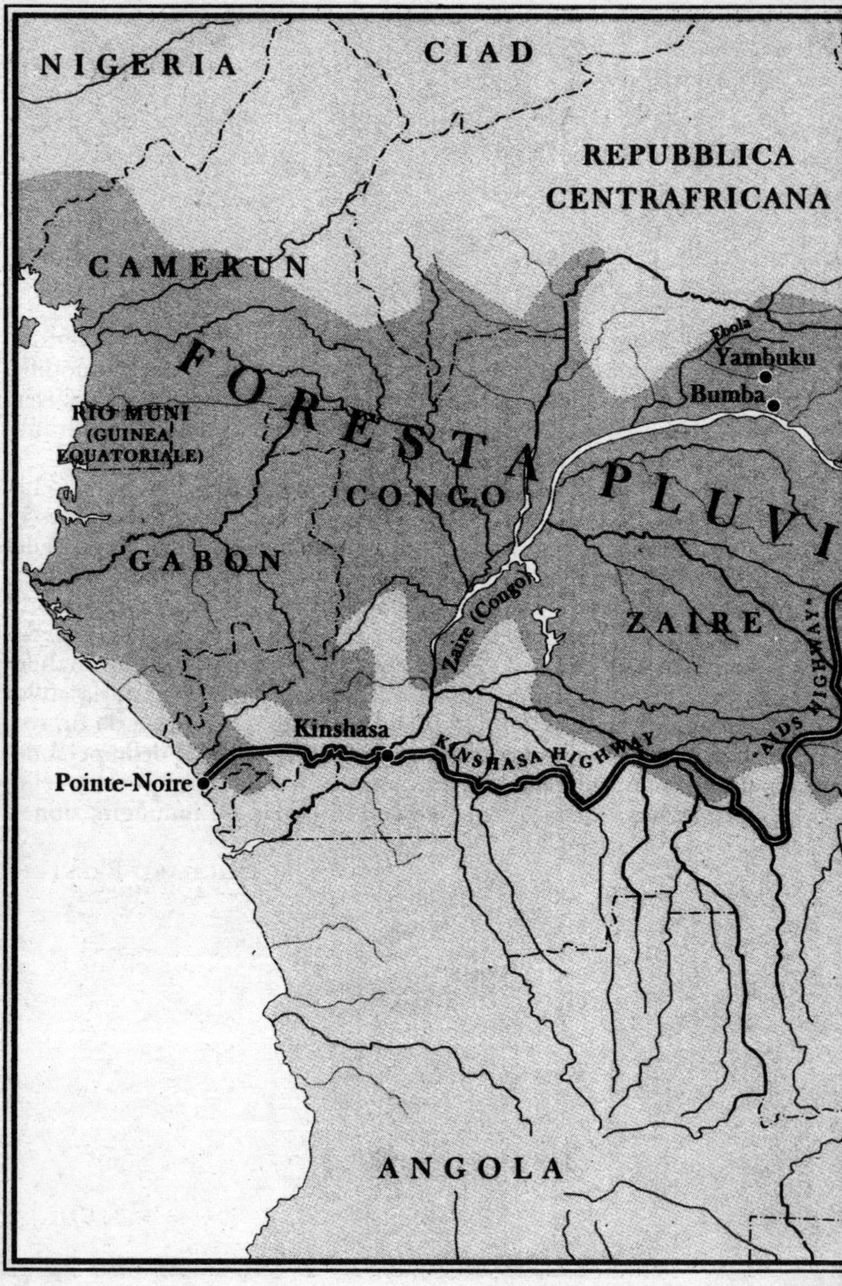
NIGERIA
CIAD
REPUBBLICA
CENTRAFRICANA
CAMERUN
FORESTA PLUVI
RIO MUNI
(GUINEA
EQUATORIALE)
CONGO
GABON
ZAIRE
Ebola
Yambuku
Bumba
Zaire (Congo)
Kinshasa
Pointe-Noire
KINSHASA HIGHWAY
"AIDS HIGHWAY"
ANGOLA

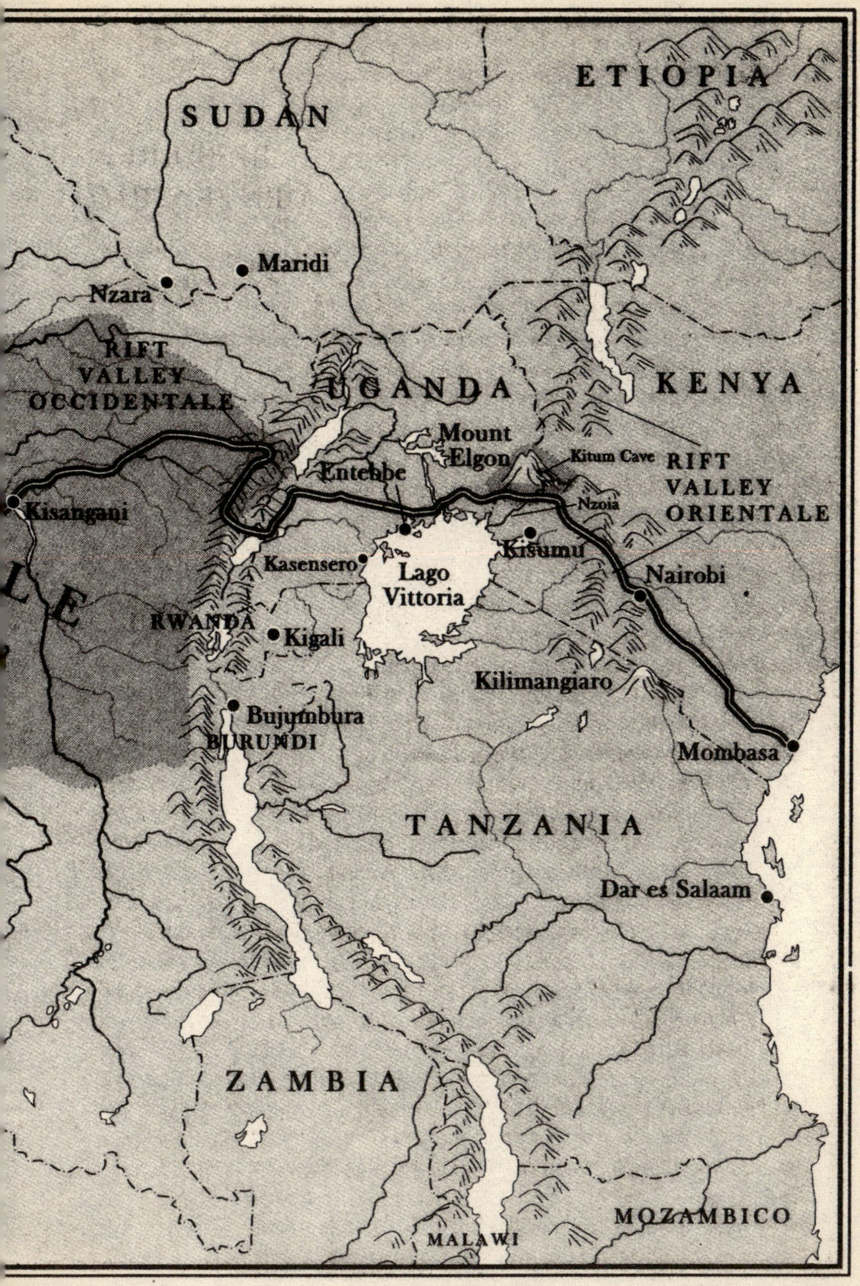
ETIOPIA
SUDAN
Maridi
Nzara
RIFT
VALLEY
OCCIDENTALE
UGANDA
KENYA
Mount
Elgon
Kitum Cave
RIFT
VALLEY
ORIENTALE
Entebbe
Nzoia
Kisangani
Kasensero
Lago
Vittoria
Kisumu
Nairobi
RWANDA
Kigali
Kilimangiaro
Bujumbura
BURUNDI
Mombasa
TANZANIA
Dar es Salaam
ZAMBIA
MOZAMBICO
MALAWI

AREA DI CONTAGIO
VIETATO L'INGRESSO AI NON ADDETTI AI LAVORI

Per aprire la porta,
collocare il documento di identificazione sul sensore

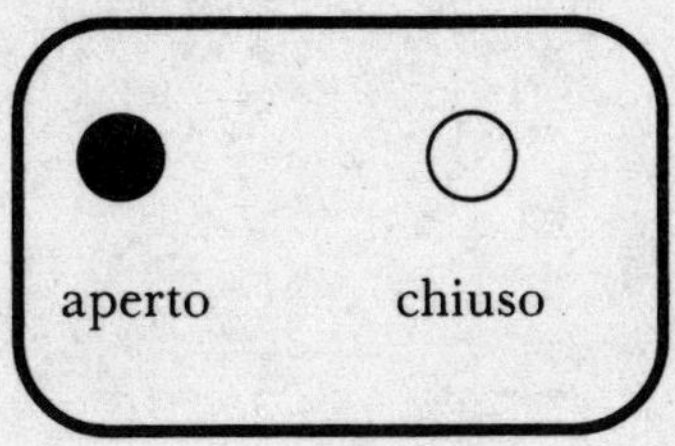

Elaborazione...
autorizzazione concessa...

Suite AA-5

Responsabile:
Col. Nancy Jaax

Agenti impiegati:
Sconosciuti

Procedere.

Livello di sicurezza biologica

0

SPOGLIATOIO

Sesso:
Femminile

Eliminare QUALUNQUE OGGETTO a contatto
con la pelle:
indumenti, anelli, lenti a contatto ecc.
Indossare il camice sterile di protezione

Autorizzazione concessa...

Livello di sicurezza biologica

2

ATTENZIONE:
RAGGI ULTRAVIOLETTI

Livello di sicurezza biologica

3

Area di acclimatazione

Sistemi d'allarme:
Attivati

Condizioni della tuta biologica di protezione:
Operativa

Attenzione

Pericolo di contaminazione biologica

Livello di sicurezza biologica

4

PORTA DELLA CAMERA DI COMPENSAZIONE/
DOCCIA DI DECONTAMINAZIONE
NON ENTRARE SENZA AVER INDOSSATO LA TUTA
PROTETTIVA

Codice di identificazione per favore?

Siete autorizzati a entrare...

PARTE PRIMA

L'OMBRA DI MOUNT ELGON

1

QUALCOSA NELLA FORESTA

1980, primo dell'anno

Charles Monet era un solitario. Di nazionalità francese, viveva solo in un piccolo bungalow di legno sul terreno della Nzoia Sugar Factory, una piantagione nel Kenya occidentale che si stende lungo il fiume Nzoia in vista di Mount Elgon, un maestoso vulcano estinto che si erge fino all'altezza di 4270 metri sul limitare della Rift Valley. Non si sa con certezza che cosa avesse portato Monet in Africa. Come per molti altri espatriati che finiscono laggiù, la sua era una storia un po' oscura. Forse aveva avuto qualche guaio in Francia, o forse era stata la bellezza del paese ad attirarlo laggiù. Era un naturalista dilettante, appassionato di uccelli e di animali ma non dell'umanità. Cinquantaseienne, era di altezza e di corporatura media, con lisci capelli castani; un bell'uomo, nel complesso. Sembrava in rapporti di intima amicizia solo con alcune donne che abitavano nelle città circostanti la montagna, e tuttavia neppure loro seppero ricordare granché sul suo conto quando parlarono con i medici incaricati di indagare sulla sua morte. Allo zuccherificio, Monet era incaricato della manutenzione dei macchinari che dal fiume Nzoia pompavano l'acqua necessaria a irrigare i molti ettari di canna da zucchero. Si dice che passasse buona parte della giornata nella sala pompe sulla riva del fiume, come se gli piacesse guardare e ascoltare il lavoro delle macchine.

Come spesso accade in simili casi, mettere a fuoco i dettagli non è facile. I medici ricordano i sintomi clinici, perché nessuno che abbia visto gli effetti di «un agente caldo» di Quarto Livello su un essere umano potrebbe mai dimenticarli, ma tali effetti finiscono con l'accumularsi l'uno sull'altro, col risultato di cancellare la persona che ne è la vittima. Il caso di Charles Monet appare al nostro esame come un freddo concatenarsi di eventi clinici mescolati a lampi di orrore così vividi e inquietanti da indurci ad arretrare coprendoci gli occhi quasi fossimo di fronte a un offuscato sole alieno.

Monet arrivò nel paese nell'estate del 1979, più o meno all'epoca in cui l'HIV, causa dell'AIDS, lasciò definitivamente le foreste pluviali dell'Africa Centrale per dare inizio alla sua lunga opera di devastazione tra gli uomini. L'AIDS incombeva già come un'ombra minacciosa sulla popolazione del Centro Africa, benché nessuno ne conoscesse ancora l'esistenza. Era andato silenziosamente diffondendosi lungo la Kinshasa Highway, la transcontinentale che percorre il continente da est a ovest e costeggia il lago Vittoria, in vista di Mount Elgon. L'HIV è un agente del Secondo Livello di sicurezza biologica, estremamente letale ma non particolarmente contagioso. Non si trasmette con facilità da individuo a individuo, e non viaggia attraverso l'aria. Non c'è bisogno di indossare una tuta spaziale biologica per manipolare sangue infettato dall'HIV.

Durante la settimana, Monet lavorava sodo in sala pompe, mentre i weekend e i giorni festivi li passava a perlustrare le aree boscose nei pressi dello zuccherificio. Portava sempre un po' di cibo con sé, e dopo averlo sparpagliato in giro gli piaceva starsene a osservare gli uccelli e gli animali che se ne nutrivano. In presenza di un animale, era capace di restare perfettamente immobile. Quelli che lo conoscevano, ricordarono in seguito che prediligeva le scimmie selvatiche, a cui riservava un trattamento di favore. Amava mettersi seduto con qualche buon boccone in mano, e aspettare che la scimmia si avvicinasse per mangiargli nel palmo.

Le sere, le trascorreva in solitudine nel suo bungalow. Aveva una governante, una donna di nome Johnnie, che gli preparava i pasti e gli puliva la casa. Monet stava imparando a conoscere gli uccelli africani. In un albero vicino al suo bungalow viveva una colonia di tessitori e lui passava parecchio tempo a guardarli costruire o riparare i loro nidi simili a cesti intrecciati. Si dice che poco prima di Natale si portasse a casa un uccello malato che poi morì, forse proprio nelle sue mani. L'uccello potrebbe essere stato un tessitore – nessuno lo sa – e forse morì a causa di un virus di Quarto Livello – nessuno lo sa. Monet era inoltre amico di una cornacchia screziata, una cornacchia bianca e nera di quelle che a volte gli africani si divertono ad addomesticare. Era un uccello intelligente e socievole, a cui piaceva appollaiarsi sul tetto del bungalow di Monet e da lì osservare i suoi andirivieni. Quando aveva fame, la cornacchia planava sulla veranda ed entrava in casa, dove lui la nutriva con pezzetti di cibo presi dalla sua tavola.

Per arrivare sul posto di lavoro, percorreva ogni giorno cinque chilometri attraverso le coltivazioni di canna da zucchero. Nella stagione natalizia, i braccianti avevano dato fuoco ai campi che ora apparivano neri e spogli. Quaranta chilometri più a nord, oltre quel desolato paesaggio, erano visibili le vette gemelle di Mount Elgon. Sulla montagna il clima era perennemente mutevole, e sole e pioggia si alternavano con giochi di luce e ombra tipicamente africani. All'alba, Mount Elgon era una cascata di crinali grigi seminascosti dalla foschia mattutina e culminava in due cime, i due bordi contrapposti del cono eroso dal tempo. Col levarsi del sole, la montagna assumeva una tonalità verde argentea, il colore della foresta pluviale di Mount Elgon, e a mano a mano che il giorno avanzava, comparivano le nubi che celavano la montagna alla vista. Nel tardo pomeriggio, più o meno all'ora del tramonto, le nubi si addensavano e ribollivano in un cumulonembo a forma di incudine solcato da lampi silenziosi. La parte inferiore delle nuvole era color carbone, mentre la parte superiore, illuminata dal sole calante, riluceva di un arancio smorto. Sopra di esse, il cielo era di un azzurro intenso, baluginante di rade stelle tropicali.

Monet contava parecchie amiche nella cittadina di Eldoret, a sudest della montagna. Qui la gente è povera e vive in baracche di assi di legno e lamiera, e le sue amiche erano ben felici di amarlo in cambio del denaro che ricevevano. All'arrivo delle vacanze natalizie, Monet progettò di andare ad accamparsi su Mount Elgon e invitò una di loro ad accompagnarlo. Pare che nessuno ora ne ricordi il nome.

A bordo di una Land Rover, Monet e la sua amica risalirono la strada lunga e diritta che conduce a Endebess Bluff, una rupe che si staglia sul lato orientale del vulcano. La strada, di terra vulcanica, aveva il colore del sangue secco. Si inerpicarono sulle falde più basse del vulcano e attraversarono campi di granturco e piantagioni di caffè a cui andarono gradatamente sostituendosi terreni da pascolo, quindi la strada prese a snodarsi davanti alle rovine di fattorie coloniali inglesi nascoste da filari di eucalipti. A mano a mano che salivano, l'aria si faceva più fredda, e nel cielo si libravano le aquile reali. Non sono molti i turisti che visitano Mount Elgon, e probabilmente quello di Monet e della sua amica era l'unico veicolo a motore che procedesse sulla strada brulicante di viandanti, in gran parte abitanti di villaggi vicini che coltivavano piccoli appezzamenti di terra sui pendii più bassi. Raggiunsero il bordo esterno della foresta pluviale di Mount Elgon, passando accanto a folte macchie e isole d'alberi, poi oltrepassarono il *Mount Elgon Lodge*, un albergo costruito dagli inglesi nei primi anni del secolo e ora in rovina, con le mura piene di crepe e la vernice scrostata dal sole e dalla pioggia.

Mount Elgon sta a cavalcioni del confine tra Uganda e Kenya, e non è molto lontano dal Sudan. Presa come entità a sé stante, la montagna è un'isola biologica di foresta pluviale nel cuore del continente africano, un mondo isolato che svetta oltre aride piane, largo ottanta chilometri e ricoperto di alberi, bambù e vegetazione alpina. È una delle vertebre della spina dorsale del Centrafrica. Il vulcano si formò dai sette ai dieci milioni di anni fa, e le violente eruzioni ed esplosioni di cenere che ripetutamente spazzarono via le foreste di cui i pendii erano coperti, lo portarono a raggiungere un'altezza smisurata, forse superiore a quella odierna del Kilimanjaro. Prima che avesse inizio il processo di erosione, Mount Elgon era forse la cima più alta di tutta l'Africa, ed è ancora la più imponente. Sorgendo, il sole proietta a ovest fino in Uganda la sua ombra, mentre al tramonto l'ombra si allunga a est, attraverso il Kenya. All'ombra di Mount Elgon si stendono i villaggi abitati dagli Elgon Masai, una popolazione dedita alla pastorizia discesa dal nord parecchi secoli addietro. I pendii più bassi sono bagnati da piogge leggere, l'aria è sempre fresca e limpida, e il terreno vulcanico garantisce ricchi raccolti di granturco e di erba da pascolo, assicurando la sopravvivenza a una densa popolazione umana. I villaggi sono disposti ad anello intorno al vulcano, un anello che soffoca la foresta e si è ormai tramutato in un cappio che sta strangolando l'ecosistema della montagna. Nella foresta si aprono chiazze di desolazione, gli alberi giganteschi vengono tagliati per ricavarne legna da ardere e fare spazio al bestiame, mentre gli elefanti lentamente scompaiono.

Una piccola parte di Mount Elgon è stata trasformata in parco nazionale. Monet e la sua amica si fermarono ai cancelli per pagare l'ingresso. Una scimmia, forse un babbuino – nessuno lo ricordava con precisione – era solita gironzolare lì intorno nella speranza di ricevere qualche boccone, e Monet convinse l'animale ad appollaiarsi sulla sua spalla offrendogli una banana. La sua accompagnatrice rise, ma entrambi rimasero perfettamente immobili mentre l'animale mangiava. Percorsero quindi un breve tratto in salita e piantarono la tenda in una radura di erba verde e umida che digradava verso un corso d'acqua. Il torrente, che sbucava gorgogliando dalla foresta, era di uno strano colore lattiginoso, dovuto alla presenza di terra vulcanica. La crescita dell'erba era tenuta sotto controllo dai bufali cafri, di cui si vedevano qua e là mucchi di escrementi.

Intorno a loro si stendeva la foresta pluviale di Elgon, una ragnatela di corrosi olivi africani, ricoperti di muschio e rampicanti, e carichi di olive velenose per gli esseri umani. Udirono fruscii di scimmie e ronzii di insetti. Frotte di piccioni delle olive erompevano dagli alberi saettando verso terra a velocità spaventosa, secondo la strategia adottata per sfuggire ai rapaci che scendono su di loro in picchiata e lacerano loro le ali. C'erano alberi della canfora e del teak, cedri africani e ocotee rosse, e più in là nubi di foglie verdescuro si allargavano a fungo al di sopra della volta frondosa. Erano le chiome degli alberi *podo*, i più grandi di tutta l'Africa, grandi quasi quanto le sequoie californiane. Allora, vivevano sulla montagna migliaia di elefanti, ed era frequente sentirli che si aggiravano nella foresta, strappando la corteccia e i rami dagli alberi con rumori schioccanti. I colobi saettavano sul prato nei pressi della tenda, osservando i due umani con occhi vivi, sagaci.

Nel pomeriggio avrebbe piovuto, come sempre accadeva su Mount Elgon, e loro sarebbero rimasti sotto la tenda, e forse avrebbero fatto l'amore mentre il temporale infuriava tutt'intorno. Si fece buio; cominciò a cadere la pioggia. Monet e la sua amica accesero il fuoco e prepararono da mangiare. Era la vigilia di Capodanno, e forse festeggiarono bevendo champagne. Le nubi si sarebbero diradate di lì a poche ore, come sempre accadeva, e infine il vulcano sarebbe emerso come un'ombra nera sotto la Via Lattea. Forse, allo scoccare della mezzanotte Monet era sul prato, e contemplava le stelle... la testa piegata all'indietro e un po' incerto sulle gambe per via dello champagne.

La mattina di Capodanno, una mattinata fredda – non c'erano più di cinque gradi e l'erba era gelata – subito dopo colazione Monet e la sua amica risalirono la pista fangosa e andarono a fermarsi in una piccola vallata sottostante la Kitum Cave.

Dopo quella gita, la donna scomparve per parecchi anni, per ricomparire inaspettatamente in un bar di Mombasa, dove faceva la prostituta. Un medico keniota che si era occupato del caso Monet, capitò nel locale a bere una birra e chiacchierando del più e del meno con lei, gli capitò di fare il nome di Monet. Rimase stupefatto quando la donna rispose: «Sì, so chi era. Vengo dal Kenya occidentale; sono io la donna che era con Charles Monet». Poiché il dottore appariva scettico, gli raccontò l'intera storia in modo così dettagliato da convincerlo che stava dicendo la verità. Dopo quell'incontro, la donna svanì di nuovo nei ghetti di Mombasa, e a quest'ora è probabilmente morta da tempo di AIDS.

Monet e la sua amica si aprirono la strada a colpi di *machete* su per la vallata che conduceva a Kitum Cave, seguendo le piste tracciate dagli elefanti nei pressi di un piccolo corso d'acqua che correva tra folti di olivi e prati erbosi. Procedevano stando allerta, sempre timorosi di vedersi comparire davanti un bufalo cafro, animale pericoloso da incontrare nella foresta. La bocca della grotta si trovava in cima alla vallata, e proprio davanti a essa precipitava a cascata il corso d'acqua. La pista degli elefanti continuava all'interno, e anche Monet e la sua amica entrarono, per trascorrere nella grotta l'intera giornata di Capodanno. Probabilmente piovve, ed è probabile che siano stati costretti a restare per ore seduti all'imboccatura, avviluppati nella nebbiolina leggera sprigionata dall'acqua del torrentello. Spiarono il passaggio di bufali cafri e balanche, al di là della vallata, e videro le procavie – animaletti pelosi delle dimensioni di una marmotta americana – saettare fra i macigni nei pressi dell'imboccatura della caverna.

C'erano anche gli elefanti. Sono molti i pachidermi che entrano di notte a Kitum Cave per procurarsi minerali e sali. Infatti, nelle pianure non hanno difficoltà a trovare il sale necessario nelle pozze prosciugate e nei terreni duri non dissodati, ma nella foresta pluviale il sale è raro quanto prezioso. La grotta è abbastanza grande da ospitare almeno settanta elefanti, che di solito vi trascorrono la notte, sonnecchiando in piedi o scavando la roccia con le zanne. Ne staccano grossi pezzi dalle pareti e con i denti li riducono in frammenti che poi ingoiano. Gli escrementi di elefante visibili intorno a Kitum Cave sono pieni di roccia sbriciolata.

Monet e la sua amica avevano una torcia elettrica, e con quella si inoltrarono nella grotta per saggiarne la profondità. La sua imboccatura è enorme, larga almeno cinquanta metri, e al di là di essa la grotta si amplia ulteriormente. Attraversarono un tratto coperto di escrementi secchi d'elefante, che loro calpestarono sollevando nuvolette polverose. La luce impallidì e il suolo si sollevò in una serie di sporgenze coperte di limo verde. Era guano di pipistrello, per la precisione sostanze vegetali digerite ed espulse da una colonia di megachirotteri che popolava la volta.

I piccoli mammiferi sbucavano dalle cavità dei muri per svolazzare attorno al fascio luminoso della torcia e intorno alle loro teste, emettendo grida stridule. La luce li disturbava e il loro frenetico svolazzare destava i compagni ancora addormentati. Centinaia di occhietti rossi come rubini scrutavano i due intrusi dal soffitto della grotta. Onde di strida si riverberavano attraverso il soffitto strappando innumerevoli echi, squittii simili al cigolio di innumerevoli piccole porte. Poi videro il prodigio racchiuso in Kitum Cave, che è, infatti, una foresta pluviale pietrificata. Tronchi fossilizzati sporgono dalle pareti e dal soffitto; alberi della foresta pluviale tramutati in pietra... alberi di teak, podo, sempreverdi. Circa sette milioni di anni addietro, un'eruzione ridusse in cenere l'intera foresta, e trasformò i tronchi in pietra silicea e opale. Li circondavano cristalli, candidi aghi di minerali scaturiti dalla roccia. Erano aguzzi come aghi ipodermici e splendevano nella luce della torcia.

Monet e la sua amica vagabondarono per la grotta, rischiarando particolari della foresta pietrificata. Lui forse passò le mani sugli alberi di pietra o sfiorò con le dita un cristallo? Videro ossa pietrificate sporgere dal soffitto e dalle pareti. Ossa di antichi ippopotami, di coccodrilli e di antenati di elefanti. Fra i tronchi fluttuavano ragnatele, e i ragni divoravano falene e insetti.

Arrivarono a un leggero rialzo, nel punto in cui la sala principale si allargava fino a misurare un centinaio di metri – diventando, cioè più larga di quanto un campo di calcio sia lungo. Trovarono un crepaccio e proiettarono al suo interno la luce della torcia. C'era qualcosa di strano laggiù... una massa grigia e brunastra. Erano i cadaveri mummificati di piccoli di elefante. I pachidermi si inoltravano nella grotta di notte, orientandosi con il tatto, sondando il terreno con la punta della proboscide, e a volte capitava che i piccoli precipitassero nell'ampia fenditura.

Monet e la sua amica si spinsero ancora più oltre, discesero un pendio e giunsero infine a un pilastro su cui sembrava poggiare l'intero soffitto. Era coperto di graffi e intaccature lasciati dalle zanne degli elefanti che ne avevano scavato la roccia tutt'intorno e l'avevano masticata per estrarne i sali. Se avessero continuato nella loro opera di scavo, il pilastro avrebbe finito per crollare, trascinando nella caduta il soffitto di Kitum Cave. Sul fondo della grotta, ne trovarono un altro, ma spezzato e coperto da una massa vellutata di pipistrelli. L'avevano imbrattato di guano nero, non verde, perché questi erano mangiatori di insetti, e i loro escrementi erano una melma di insetti digeriti. Monet forse li toccò? I ricercatori che studiarono il caso presero in considerazione la possibilità che lui e la sua amica si fossero spogliati e avessero fatto l'amore lì, in piedi o sdraiati. Non fu mai possibile, tuttavia, appurarlo con certezza. È certo però, che se Monet si denudò all'interno della caverna, espose al rischio di infezione una larghissima parte di epidermide.

Charles Monet tornò al suo lavoro nella sala pompe allo zuccherificio e continuò ad attraversare quotidianamente i campi bruciati, senza dubbio ammirando l'imponente spettacolo offerto da Mount Elgon e forse, quando le nuvole lo nascondevano, ne avvertì ancora l'attrazione, simile alla forza di gravità di un pianeta invisibile. Nel frattempo, qualcosa si andava riproducendo dentro di lui. Una forma di vita aveva fatto di Charles Monet il suo ospite, e si moltiplicava nel suo organismo.

Caratteristicamente, le emicranie cominciarono il settimo giorno successivo all'esposizione all'agente. Sette giorni dopo la gita a Kitum Cave, ossia l'8 gennaio 1980, Monet avvertì un pulsare doloroso dietro i bulbi oculari. Decise di non andare al lavoro e se ne tornò a letto. Il mal di testa peggiorò. Gli dolevano gli occhi e quando il dolore raggiunse le tempie, fu come se un cerchio gli serrasse la testa dall'interno. L'aspirina non bastò a debellarlo, e anzi, col passare delle ore, si aggiunse anche un forte mal di schiena. La sua governante, Johnnie, era ancora in vacanza, e Monet aveva da poco assunto una sostituta che lo assistette come poté, ma senza risultato. Poi, tre giorni dopo l'insorgere del mal di testa, Monet fu aggredito dalla febbre e da una forte nausea. I conati continuarono a squassarlo anche quando non ebbe più nulla da rigettare, e contemporaneamente subentrò in lui una strana passività. Il suo viso perse ogni vitalità e si tramutò in una maschera priva di espressione in cui gli occhi brillavano fissi e vitrei. Le palpebre, ora leggermente cascanti, gli davano un aspetto singolare, quasi che gli occhi fossero semichiusi e al tempo stesso sul punto di strabuzzare. Gli stessi bulbi oculari sembravano come congelati nelle orbite ed erano diventati rosso vivo. Il volto assunse una tonalità giallastra che lo rendeva straordinariamente simile al formaggio Limburger, e si riempì di macchioline rosse a forma di stella. A quel punto, l'aspetto di Monet era molto simile a quello di uno zombie, tale da spaventare la governante, incapace di comprendere la natura di quella trasformazione. Anche la personalità dell'uomo mutò. Si fece imbronciato e irritabile e perse la memoria. Non delirava, tuttavia, ed era in grado di rispondere alle domande benché non sapesse sempre con esattezza chi era. Si comportava insomma, come se fosse stato vittima di un colpo apoplettico non troppo grave.

Quando non si fece vedere al lavoro, i suoi colleghi cominciarono a preoccuparsi e successivamente qualcuno si recò al bungalow per avere sue notizie. Appollaiata sul tetto, la cornacchia bianca e nera li osservò entrare. Un'occhiata fu sufficiente agli uomini per stabilire che Monet doveva essere ricoverato in ospedale. Dato che non era in grado di guidare un'automobile, fu uno dei colleghi ad accompagnarlo in un ospedale privato di Kisumu, una città sulle sponde del lago Vittoria. I medici che visitarono Monet non riuscirono a trovare alcuna spiegazione per ciò che era accaduto ai suoi occhi, al suo viso e alla sua mente. Pensando che soffrisse di una qualche infezione batterica, gli somministrarono antibiotici, che tuttavia non sortirono alcun effetto.

Decisero allora di farlo trasferire al Nairobi Hospital, il miglior ospedale privato dell'Africa orientale. La rete telefonica funzionava male e sembrò che non valesse la pena cercare di avvertire l'ospedale del suo arrivo. Monet era ancora in grado di camminare e, apparentemente, anche di viaggiare da solo. Un taxi lo portò all'aeroporto, dove si imbarcò su un aereo della Kenya Airways.

Un virus «caldo» proveniente dalla foresta pluviale vive a circa ventiquattr'ore di aereo da quasi tutte le città del mondo, e tutte le città del mondo sono collegate da una rete di rotte aeree. Una volta che il virus penetra nella rete, una giornata può bastargli per raggiungere qualunque metropoli – Parigi, Tokyo, New York, Los Angeles – ovunque ci sia un aereoporto. Charles Monet e la forma di vita di cui era divenuto l'ospite erano penetrati nella rete.

L'aereo era un *Fokker Friendship* con motori a propulsione, in grado di trasportare trentacinque persone. Decollò sul lago Vittoria, azzurro e punteggiato di canoe di pescatori, e virò verso est librandosi sopra colline verdeggianti costellate di piantagioni di tè e piccole fattorie. Le navette aeree che solcano i cieli africani sono spesso affollate, e con ogni probabilità anche questa lo era. L'aereo sorvolò nastri di foresta e grappoli di capanne rotonde e villaggi di case coi tetti di lamiera. Improvvisamente la distesa uniforme di terra cedette a sporgenze e burroni, e da verde divenne marrone. Stavano sorvolando la Rift Valley. I passeggeri si accostarono ai finestrini per guardare il luogo che aveva visto la comparsa dell'uomo. Scorsero minuscole capanne raggruppate all'interno di anelli di cespugli spinosi, e da cui si dipanavano a raggera le piste del bestiame. I motori gemettero quando il *Friendship* si inoltrò fra le nubi, le caratteristiche nubi gonfie della Rift Valley, e cominciò a ballonzolare e a sussultare. Monet si sentì male.

Su queste navette i sedili sono stretti e pigiati l'uno contro l'altro ed è impossibile non notare quello che succede intorno.

Nella cabina passeggeri, ermeticamente sigillata, l'aria viene continuamente riciclata; qualunque odore viene avvertito all'istante ed è impossibile ignorare un uomo che si stia sentendo male. Basta guardarlo, chino su se stesso, per capire che in lui qualcosa non va, anche se ancora non sappiamo con certezza che cosa. Lo sfortunato passeggero si tiene il sacchetto di carta accostato alla bocca. Tossisce profondamente e rigurgita qualcosa nel sacchetto che si gonfia sempre di più. Forse alza per un momento la testa e ci accorgiamo che ha sulle labbra qualcosa di viscido e rosso, punteggiato di macchioline nere, come se avesse masticato grani di caffè. Ha gli occhi color rubino e il suo viso è un ammasso inespressivo di ematomi. I punti rossi a forma di stella, comparsi qualche giorno prima, si sono allargati e fusi in estese zone color porpora; tutta la testa sta lentamente assumendo una tonalità nero bluastra. I muscoli del viso si allentano; il tessuto connettivo si sta dissolvendo e sembra quasi che la faccia stia per staccarsi dal cranio. Apre la bocca, scosso da insistenti conati e non smette di vomitare. Continuerà a rigettare liquido anche molto tempo dopo che il suo stomaco si sarà completamente svuotato. Il sacchetto si riempie fino all'orlo di una sostanza nota come «vomito nero», sebbene in realtà sia nera e rossa, una mescolanza di granuli di consistenza catramosa e sangue arterioso fresco e rosso. Il «vomito nero» è in effetti un'emorragia e puzza come l'interno di un mattatoio. È anche pieno di virus e di conseguenza altamente contagioso e letale, in grado di spaventare a morte uno specialista militare di rischi biologici. Il tanfo riempie la cabina passeggeri, e dato che il sacchetto è ormai pieno fino a scoppiare, Monet lo chiude e ne arrotola il bordo prima di tenderlo a una hostess.

Quando un virus caldo si moltiplica in un ospite, può saturarlo di particelle virali dal cervello all'epidermide. È questa la fase che gli esperti militari definiscono di «estrema amplificazione» del virus. Ma attenzione, questo non ha nulla a che vedere col comune raffreddore. Quando un'amplificazione estrema ha raggiunto il suo acme, un contagocce pieno di sangue della vittima può contenere fino a cento milioni di particelle virali. Nel corso di questo processo, il corpo stesso dell'ospite è parzialmente trasformato in particelle virali. In altre parole, l'organismo ospite è invaso da una forma di vita che sta tentando di tramutarlo in se stessa. La metamorfosi, tuttavia, non riesce completamente, e il risultato finale è una grande quantità di carne in via di liquefazione mischiata a virus – una sorta di infortunio biologico. In Monet si era appunto verificato il fenomeno dell'«estrema amplificazione» e il vomito nero ne era la prova.

La sua postura è rigida, come se anche il minimo movimento potesse provocare la rottura di qualche organo interno. Il suo sangue si va raggrumando: il circolo ematico, infatti, produce i grumi che vanno a depositarsi ovunque, intasando fegato, reni, polmoni, mani, piedi e testa. I grumi si accumulano nei muscoli intestinali, impedendo al sangue di raggiungere l'intestino. Così, questi stessi muscoli cominciano a morire e gli intestini ad allentarsi. Monet non sembra più pienamente consapevole della sofferenza, perché gli emboli formatisi nel cervello impediscono la circolazione sanguigna provocando piccole lesioni cerebrali che stanno alterando la sua personalità. È questo un fenomeno noto col termine di «spersonalizzazione», durante il quale la vivacità e le caratteristiche del carattere svaniscono e il soggetto diventa una sorta di automa. Nel suo cervello, minuscole zone si stanno liquefacendo. Le funzioni intellettive più elevate sono le prime a interrompersi, lasciando ancora intatte e funzionanti le parti più interne del tronco cerebrale (cervello primitivo del ratto, cervello della lucertola). Si potrebbe dire che il Charles Monet *persona* è già morto, mentre continua a vivere il Charles Monet *cosa*.

L'attacco di vomito ha apparentemente provocato la rottura di alcuni vasi sanguigni del naso... si verifica un'epistassi. Il sangue sgorga da entrambe le narici, sangue venoso fluido e privo di grumi, che gli gocciola sui denti e lungo il mento. Questo sangue non si raggrumerà e continuerà a scorrere. Una hostess gli porge alcuni fazzolettini di carta che lui usa per tamponarsi il naso, ma il sangue non vuol saperne di coagularsi, e ben presto i tovagliolini sono fradici e inutilizzabili.

Quando in aereo ci troviamo seduti accanto a un uomo che ha l'aria di stare per morire, non viene certo voglia di metterlo in imbarazzo richiamando la sua attenzione sui suoi problemi. Invece, ce ne restiamo seduti al nostro posto, come lui bloccati dalla cintura di sicurezza, e a un improvviso sobbalzo del *Friendship*, sentiamo il suo gomito premerci contro il fianco. Cerchiamo di rassicurarci dicendoci che si riprenderà. Forse soffre il mal d'aria. Sta male, poveretto, e capita spesso che in volo la gente perda sangue dal naso: l'aria è talmente secca e sottile... Fiaccamente gli chiediamo se possiamo essergli d'aiuto. Lui non risponde oppure borbotta qualcosa che non riusciamo a capire: non resta che sforzarci di ignorarlo ma il volo sembra non finire mai. Il *Friendship* ronza monotono fra le nubi per tutta la lunghezza della Rift Valley e Monet si accascia sul sedile e ora sembra quasi sonnecchiare. Dio mio, non sarà mica morto? Ma no, si sta muovendo. Quei suoi occhi rossi sono aperti e si spostano lentamente.

È il tardo pomeriggio e il sole scompare pian piano dietro le colline a ovest della Rift Valley, proiettando lame di luce in ogni direzione, quasi stia per schiantarsi sull'equatore. Il *Friendship* vira leggermente per sorvolare il ripido versante orientale della vallata. La terra sembra innalzarsi mentre da marrone diventa verde, e sotto l'ala destra cominciano a sfilare colline verdeggianti. Ancora pochi minuti e l'aereo atterra allo Jomo Kenyatta International Airport. Monet si muove. È ancora in grado di camminare; si alza e lasciando dietro di sé una scia di sangue arranca lungo il corridoio e fin sulla pista. La sua camicia è sporca di sangue. Non ha bagaglio. L'unica cosa che porta con sé ce l'ha dentro: è un carico di virus. Monet si è tramutato in una bomba umana. Entra lentamente nel terminal, varca l'uscita riservata ai viaggiatori ed esce in strada, dove sono parcheggiati parecchi taxi. Gli autisti lo circondano. «Taxi?» «Taxi?»

«Nairobi. Ospedale...» mormora lui.

Uno dei tassisti lo aiuta a salire in macchina. I conducenti di Nairobi amano chiacchierare con i clienti, e probabilmente questo chiede al suo passeggero se sta male. La risposta dovrebbe essere ovvia. Le condizioni dello stomaco di Monet sono leggermente migliorate, perché ora quest'organo è pesante e dilatato, come se avesse ingerito un pasto abbondante, invece di essere vuoto, straziato dai conati e in fiamme.

Il taxi lascia la Uhuru Highway e si dirige verso Nairobi, oltre tratti erbosi costellati d'alberi d'acacia e fabbriche, fino a una rotonda dove si immette nel traffico cittadino. C'è parecchia gente in giro, donne che camminano sulle corsie pedonali di terra battuta, uomini che gironzolano pigramente, bambini in bicicletta, un tizio che ripara scarpe, un trattore che trascina una carrettata di carbone. Il taxi gira a sinistra sulla Ngong Road, oltrepassa un parco e si inerpica su per una collina, oltre filari di eucalipti, poi imbocca una stradina stretta, e superata una guardiola, entra nella proprietà del Nairobi Hospital. Si ferma accanto a un chiosco di fiori. Sulla porta a vetri, campeggia un cartello con la scritta: PRONTO SOCCORSO. Monet allunga un po' di denaro all'autista, scende, varca la porta a vetri e, raggiunto il banco dell'accettazione, fa capire a segni all'addetta che sta male. Ha difficoltà a parlare.

Sta ancora sanguinando, e gli viene assicurato che sarà visitato al più presto. Deve soltanto aspettare che arrivi un medico, ma non c'è da preoccuparsi, è questione di pochi minuti. Monet va a sedersi in sala d'attesa.

È una stanzetta di piccole dimensioni, con alcune panche imbottite allineate lungo le pareti. Da una fila di finestre si riversa all'interno la luce antica e nitida dell'Africa orientale, e indora il tavolo ingombro di riviste sgualcite, disegna rettangoli sul pavimento di ciottoli grigi nel cui centro scorre un canale di scolo. La stanza odora vagamente di sudore e fumo di legna, ed è affollata di persone dallo sguardo annebbiato, africani ed europei gomito a gomito. Attendono pazientemente, con un asciugamano premuto contro il cuoio capelluto o una benda arrotolata intorno a un dito: sia l'asciugamano sia la benda sono chiazzati di sangue. Così, quando Charles Monet prende posto su una delle panche, non sembra molto diverso dai suoi compagni, se non fosse per il viso illividito e privo di espressione e gli occhi rossi. Un cartello sul muro mette in guardia i pazienti dai borseggiatori, e un altro dice:

> Si prega di mantenere il SILENZIO. Vi siamo grati per
> la collaborazione. Nota bene: questo è un pronto soccorso.
> I casi più urgenti avranno la priorità.
> Di conseguenza, non è escluso che dobbiate attendere, prima
> che vi vengano prestate le cure necessarie.

In silenzio, Monet aspetta che gli vengano prestate le cure necessarie. Improvvisamente entra nella fase terminale. La bomba umana che è diventato, esplode. Gli specialisti militari di rischi biologici hanno i loro termini per descrivere il fenomeno di cui Monet è vittima. Dicono che il soggetto «è imploso» o, più garbatamente, che ha «ceduto».

La testa gli gira, è debolissimo, la spina dorsale non lo sostiene più e ha perso il senso dell'equilibrio. La stanza gli vortica intorno. Sta entrando in stato di shock. Si sta schiantando. Non può far nulla per impedirlo. Si china con la testa fra le ginocchia e con un gemito rigetta un'incredibile quantità di sangue. Poi perde conoscenza e cade a terra. L'unico suono che emette è un rantolo soffocato mentre l'emottisi non accenna a cessare. A questo punto si sente un rumore simile a quello di un lenzuolo strappato a metà; è l'intestino che si lacera all'altezza dello sfintere e scarica sangue a cui sono mescolati frammenti di rivestimento intestinale. Questo, infatti, si è staccato e viene espulso insieme con un'enorme quantità di sangue. Monet si è «schiantato» e sta agonizzando.

Gli altri pazienti si alzano e si allontanano da lui mentre invocano a gran voce un medico. Pozze di sangue si allargano rapidamente intorno all'uomo disteso a terra. Dopo aver distrutto il suo ospite, l'agente patogeno sta ora uscendo da ogni orifizio del suo corpo per «tentare» di trovarne uno nuovo.

2

IL SALTATORE

15 gennaio, 1980

Infermiere e assistenti arrivarono di corsa, caricarono Charles Monet su una lettiga e lo trasferirono nel reparto di terapia intensiva. L'altoparlante diffuse un appello: era necessario un medico perché assistesse un paziente affetto da emorragia, appena trasportato nel reparto di terapia intensiva. Apparve sulla scena un giovane medico di nome Shem Musoke. Dinamico e dotato di uno spiccato senso dell'umorismo, il dottor Musoke era considerato uno dei migliori dell'ospedale, gran lavoratore e sempre pronto ad adoperarsi nelle emergenze. Trovò Monet che sanguinava in modo massiccio. Non c'era tempo di cercare la causa dell'emorragia, perché già il suo respiro si andava facendo affannoso... e poi di colpo si interruppe. Monet aveva inalato del sangue e ciò gli aveva provocato un arresto respiratorio.

Il dottor Musoke gli sentì il polso. Era debole e molto lento. Una infermiera corse a prendere un laringoscopio, uno strumento di forma allungata che può essere utilizzato per aprire le vie respiratorie. Il dottor Musoke aprì la camicia di Monet in modo da poter osservare eventuali movimenti del torace, poi andò a mettersi alle spalle del paziente e si chinò su di lui in modo da guardarlo direttamente negli occhi ma a rovescio.

Lo sguardo rossastro di Monet era fisso su di lui, ma neppure un fremito attraversava i globi oculari e le pupille erano dilatate, segni evidenti di un danno cerebrale (spiacenti, in casa non c'è nessuno). Naso e bocca sanguinavano. Il dottor Musoke rovesciò all'indietro la testa dell'ammalato per inserire il laringoscopio. Non portava i guanti di gomma. Gli passò il dito sulla lingua, per detergerla dal muco e dal sangue, e quasi subito le mani gli si lordarono di una sostanza viscida e nera. Il paziente puzzava di vomito e di sangue, ma questa non era una novità per il dottor Musoke, che si chinò fino ad avere il viso vicinissimo a quello di Monet per guardargli in bocca. Col laringoscopio scostò la lingua in modo da poter esaminare le vie respiratorie al di là dell'epiglottide. Quando introdusse più in profondità lo strumento, Monet ebbe uno spasimo e cominciò a dimenarsi.

Vomitò.

Un getto di liquido rosso e nero sprizzò dalle sue labbra e ricadde sul dottor Musoke, centrandogli gli occhi, spargendosi sul camice bianco e sul petto, su cui comparvero strisce di melma rossa, chiazzata di nero. E quindi finendogli in bocca.

Lui abbassò la testa del paziente e con le dita si pulì le labbra. Aveva le mani, i polsi e gli avambracci coperti di sangue; c'era sangue dappertutto, sul dottor Musoke, sulla lettiga, sul pavimento. Sgomente, le infermiere indugiavano un po' in disparte, incerte sul da farsi. Il medico spinse più a fondo la sonda nei polmoni e constatò che le vie respiratorie erano piene di sangue.

Poi un suono rasposo salì dal torace del paziente; aveva ricominciato a respirare.

Monet sembrava essere precipitato in stato di shock; l'emorragia era stata così massiccia da provocare la disidratazione. Il sangue era uscito praticamente da tutti gli orifizi del corpo, e all'interno non ne era rimasto a sufficienza per mantenere attiva la circolazione; di conseguenza il battito cardiaco era lentissimo e la pressione del sangue stava scendendo verso lo zero. C'era urgente bisogno di una trasfusione.

Una infermiera portò un flacone di sangue intero. Il dottor Musoke agganciò la sacca a un supporto e inserì l'ago nel braccio del paziente, ma solo per trovarsi davanti a un'altra difficoltà: il sangue sprizzava tutt'intorno all'ago. Tentò ancora in un punto diverso, ma inutilmente: sgorgò altro sangue. Ovunque infilasse l'ago, la vena si spaccava come un maccherone troppo cotto e il sangue fuoriusciva dalle minuscole trafitture senza mai coagularsi. Finalmente, nel timore che l'uomo finisse dissanguato, il dottor Musoke rinunciò alla trasfusione. Intanto, le viscere continuavano a sanguinare, ed era sangue nero come pece.

Il coma di Monet si fece più profondo; non riacquistò più conoscenza e morì nel reparto di terapia intensiva nelle prime ore del mattino. Il dottor Musoke rimase con lui fino all'ultimo.

Nessuno, all'ospedale, aveva idea di che cosa avesse ucciso Monet; sembrava che la sua morte non avesse alcuna spiegazione. Nel corso dell'autopsia, si scoprì che i reni erano distrutti e che il fegato era morto. Aveva cessato di funzionare parecchi giorni prima del decesso ed era giallastro e in parte liquefatto: il fegato di un cadavere vecchio di tre giorni. Pareva quasi che Monet fosse diventato cadavere ancor prima di morire. Il distacco del rivestimento intestinale è un altro degli effetti abitualmente riscontrati nei cadaveri di tre giorni. Che cosa, dunque, aveva provocato la morte? Impossibile stabilirlo, perché le cause possibili erano troppe. Tutto, assolutamente tutto all'interno di quell'uomo si era guastato, e ciascun danno era potenzialmente fatale: la massiccia emorragia, i coaguli di sangue, il fegato tramutatosi in una specie di budino, l'intestino pieno di sangue. In mancanza di termini e di classificazioni in cui far rientrare l'accaduto, in ultimo il decesso venne attribuito a «improvvisa cessazione delle funzioni epatiche». Le spoglie di Monet vennero chiuse in un sacco impermeabile e, secondo una versione, sepolte in loco. Quando visitai Nairobi, anni dopo, nessuno ricordava l'ubicazione della tomba.

Nove giorni più tardi, il dottor Shem Musoke accusò un forte dolore alla schiena. Non era un malessere che lo affliggesse di frequente, anzi, in tutta la sua vita non ne aveva mai sofferto seriamente, ma si stava avvicinando ai trent'anni, e gli venne da pensare che quella era proprio l'età in cui si fanno sentire i primi acciacchi. Nell'ultima settimana aveva lavorato sodo. Era stato per un'intera notte al capezzale di un ammalato di cuore, e quella successiva l'aveva trascorsa accanto al francese arrivato da chissà dove e che sanguinava da tutte le parti. Non aveva dedicato particolare attenzione all'episodio del vomito, né ci pensò quando il dolore cominciò a irradiarsi in tutto il corpo. Fu solo guardandosi allo specchio che si accorse di avere gli occhi iniettati di sangue.

Occhi arrossati: malaria, forse? Poiché aveva la febbre, pensò di aver contratto una qualche forma di infezione. Ormai tutti i muscoli del corpo gli dolevano. Cominciò ad assumere pillole contro la malaria, ma senza ricavarne alcun beneficio, e infine chiese a un'infermiera di praticargli un'iniezione dello stesso farmaco. L'iniezione si rivelò inaspettatamente dolorosa, e Musoke non poté fare a meno di chiedersene il motivo. Quando cominciò ad accusare dolori addominali, si convinse di aver contratto una febbre di tipo tifoide e iniziò una terapia antibiotica. Neppure questa, tuttavia, servì a qualcosa. Ma i suoi pazienti avevano bisogno di lui, e continuò a lavorare come sempre, fino a quando il dolore al ventre e ai muscoli si fece intollerabile, e la pelle assunse una tonalità itterica. A quel punto, incapace di formulare una diagnosi soddisfacente così come di continuare la propria opera, Musoke si rivolse a una collega, la dottoressa Antonia Bagshawe. Lei lo visitò, gli misurò la febbre, valutò l'arrossamento oculare, la colorazione giallastra dell'epidermide e i dolori addominali, ma senza riuscire a giungere ad alcuna conclusione certa. Sospettava tuttavia la presenza di calcoli biliari, dato che i calcoli alla cistifellea possono effettivamente causare febbre, colorazione giallastra e dolori addominali – solo gli occhi arrossati non rientravano nel quadro sintomatico – così prescrisse un'ecografia del fegato. Le immagini lo mostrarono ingrossato, ma senza altre evidenti anomalie. La Bagshawe era ancora incline a diagnosticare una calcolosi, e poiché Musoke ormai stava molto male, lo fece ricoverare in una camera privata e assistere ventiquattr'ore su ventiquattro. Intanto, il viso dell'uomo si era tramutato in una maschera priva di espressione.

Nel timore che l'attacco si rivelasse fatale, la dottoressa Bagshawe insistette per un intervento esplorativo. Musoke venne operato nella principale sala operatoria dell'Ospedale di Nairobi da un'equipe guidata dal dottor Imre Lofler. I chirurghi effettuarono un'incisione sopra il fegato e spinsero all'indietro i muscoli addominali. Ciò che videro era qualcosa di bizzarro quanto inquietante, a cui non seppero dare alcuna spiegazione. Il fegato di Musoke era gonfio e rosso, e non aveva affatto un aspetto sano, ma di calcoli non c'era traccia. Intanto, il paziente continuava a sanguinare. Non c'è intervento chirurgico che non provochi la rottura di qualche vaso sanguigno; di solito essi sanguinano per qualche tempo prima di richiudersi, e quando ciò non si verifica, è il chirurgo che provvede ad arrestare l'emorragia con uno speciale gel emostatico. Dai vasi sanguigni di Musoke, invece, il sangue continuava a fuoriuscire senza sosta. La sua era una reazione da emofiliaco. Gli cosparsero di gel tutto il fegato, ma il sangue filtrò attraverso di esso, e benché ne aspirassero una grande quantità, l'incisione continuava a riempirsi. Era come scavare una buca sotto un canale di scarico: per quanto velocemente la si estragga, l'acqua continua a riempirlo. Più tardi, uno dei chirurghi raccontò che si erano trovati «immersi nel sangue fino ai gomiti». Prelevarono un campione di fegato per effettuare una biopsia e dopo averlo deposto in un recipiente pieno di liquido conservante, si affrettarono a richiudere il taglio.

Dopo l'intervento, il paziente peggiorò rapidamente e i suoi reni smisero gradualmente di funzionare. Musoke era ormai in punto di morte. Fu allora che la dottoressa Antonia Bagshawe dovette recarsi all'estero e il suo paziente venne affidato alle cure di un altro medico, David Silverstein. La prospettiva di un'insufficienza renale e di un conseguente ricorso alla dialisi aveva creato un clima di emergenza nell'ospedale – il dottor Musoke godeva di molta popolarità fra i colleghi, che non volevano perderlo. Fu Silverstein a cominciare a sospettare che Musoke fosse stato attaccato da un virus raro. Prelevò dei campioni sanguigni, ne estrasse il siero, ossia il liquido limpido e dorato che rimane nelle cellule dopo l'eliminazione del sangue, e dopo averlo congelato ne spedì alcune provette a due laboratori: al National Institute of Virology di Sandringham, Sud Africa, e al Center for Disease Control ad Atlanta, Georgia, Stati Uniti. Poi attese i risultati.

3

LA DIAGNOSI

David Silverstein abita a Nairobi, ma è proprietario di una casa nei pressi di Washington. Di recente, approfittando di un suo soggiorno negli Stati Uniti per affari, ci trovammo nel caffè di un centro commerciale non lontano da casa sua. Fu in quell'occasione che mi parlò dei casi Monet e Musoke. Prossimo ai cinquant'anni, Silverstein è un uomo snello, di bassa statura, con baffi, occhiali e uno sguardo sempre vigile. Benché americano, parla con un leggero accento swahili. Quel giorno portava jeans con una giacca dello stesso tessuto e, abbronzato com'era, appariva rilassato e in ottima forma. È un pilota e proprietario di un aereo personale. Il suo studio, il più grande dell'Africa orientale, ne ha fatto una figura di spicco a Nairobi. È infatti il medico personale di Daniel arap Moi, il presidente keniota, che accompagna in tutti i suoi viaggi all'estero. Fra i suoi pazienti ci sono inoltre i personaggi più noti dell'Africa orientale, i politici corrotti, gli attori e le attrici che si ammalano durante i safari, nonché i membri dell'ormai decaduta nobiltà angloafricana. Fu il medico personale di lady Diana Delamare quando lei era ormai avanti negli anni (era lui a tenerla in vita), e di Beryl Markham. La Markham, autrice di *West with the night*, una biografia dei suoi anni di aviatrice nell'Africa orientale, frequentava l'aeroclub di Nairobi, dove si era fatta una reputazione di robusta bevitrice. («Era una vecchia signora ben conservata quando la conobbi.») Lo stesso dottor Musoke finì con l'occupare un posto di grande spicco negli annali della medicina. «Lo sottoponevo a terapie di sostegno» mi raccontò Silverstein. «Non c'era altro che potessi fare. Cercavo di alimentarlo in modo adeguato e di abbassare la febbre quando saliva troppo. In pratica, tentavo di mantenerlo in vita senza disporre di alcuna strategia precisa.»

Una notte, il telefono squillò alle due di mattina nella casa del dottor Silverstein. A chiamarlo era un ricercatore americano che operava in Kenya. Gli riferì che i sudafricani avevano scoperto qualcosa di molto insolito nel sangue di Musoke. «È risultato positivo al virus Marburg. È una faccenda grave, perché non sappiamo quasi nulla di Marburg.»

Quanto a Silverstein, del virus in questione ignorava assolutamente tutto. «Dopo quella telefonata non riuscii più a prendere sonno» mi raccontò. «Precipitai in un dormiveglia inquieto, ossessionato da un interrogativo: che razza di agente era, Marburg?» Sdraiato sul letto, ripensò alle sofferenze del suo vecchio amico e collega Musoke, contemplando con orrore la possibilità che un organismo sconosciuto avesse trovato il modo di infiltrarsi fra il personale medico dell'ospedale. E soprattutto, continuava a echeggiargli nelle orecchie la voce del ricercatore americano: «Non sappiamo quasi nulla di Marburg». Infine si alzò, si vestì e prima dell'alba era nel suo ufficio, a cercare lumi in un testo medico.

La voce dedicata al virus Marburg era breve. Marburg è un agente patogeno africano che deve il nome tedesco alla consuetudine di nominare i virus secondo la località in cui sono stati isolati per la prima volta. Marburg è infatti un'antica città nella Germania settentrionale, circondata da foreste e prati, con verdi vallate in cui si concentrano un certo numero di fabbriche. Il virus vi fece la sua comparsa nel 1967, e precisamente nello stabilimento della Behring Works, una ditta produttrice di vaccini ricavati dalle cellule renali di cercopitechi grigioverdi africani. A tale scopo, la Behring Works importava regolarmente scimmie dall'Africa centrale. Il virus arrivò in Germania con una delle spedizioni in partenza da Entebbe, Uganda. Benché il carico fosse formato da cinque o seicento scimmie, non erano più di due o tre gli animali nel cui organismo si era annidato il virus, e probabilmente questi non presentavano neppure sintomi visibili. Comunque fosse, poco dopo il loro arrivo alla Behring Works, il virus cominciò a diffondersi e alcuni esemplari morirono. Invisibile e letale, l'agente Marburg aveva viaggiato dall'Africa centrale alla Germania, e una volta lì, saltò da una specie all'altra e improvvisamente fece la sua comparsa tra la popolazione umana. È questo un tipico esempio di amplificazione virale.

La prima vittima nota fu un uomo di nome Klaus F., un dipendente della Behring Works incaricato di dar da mangiare alle scimmie e pulirne le gabbie. Cadde ammalato l'otto agosto 1967, e due settimane più tardi era morto. Dell'agente che lo uccise si sa così poco che al riguardo è stato pubblicato un solo testo, una raccolta di documenti presentati durante un simposio tenutosi all'Università di Marburg nel 1970. Nel testo in questione si legge:

Il custode Heinrich P. incaricato delle scimmie rientrò dalle ferie il tredici agosto 1967 e svolse regolarmente il suo lavoro, che consisteva nell'uccidere le scimmie, dal quattordici al ventitré dello stesso mese. I primi sintomi comparvero il ventuno di agosto.

L'assistente del laboratorio, Renate L. ruppe accidentalmente una provetta ancora da sterilizzare e che aveva contenuto materiale infetto il ventotto agosto, e si ammalò il quattro settembre 1967.

E così via. Circa sette giorni dopo l'esposizione, le vittime cominciavano a soffrire di mal di testa e da quel momento il peggioramento era rapidissimo, contraddistinto da febbri altissime, emboli, violente emottisi e shock terminale. Per qualche giorno, i medici di Marburg temettero che la fine del mondo fosse vicina. Furono trentuno le persone che contrassero il virus e sette di esse morirono in un lago di sangue. Il tasso di mortalità tra i contagiati risultò essere di uno a quattro, percentuale che fa di Marburg un agente estremamente letale – perfino nei migliori ospedali moderni, dove i pazienti sono collegati a speciali macchinari, Marburg uccide un quarto delle sue vittime. In contrasto, la febbre gialla, che è considerata un virus altamente pericoloso, se combattuta in ospedale uccide solo un ricoverato su venti. Marburg appartiene alla famiglia di virus noti come filovirus, di cui fu il primo a essere scoperto. Il prefisso «filo» deriva dal greco e indica affinità. I filovirus presentano infatti caratteristiche molto simili e non assomigliano a nessun altro virus conosciuto. Mentre gran parte di questi ultimi, infatti, sono particelle di forma sferoidale simili a grani di pepe, i filovirus sono stati di volta in volta paragonati a tratti di corda attorcigliata, a capelli, a vermi e a serpenti. Quando si presentano come un gran guazzabuglio, come spesso accade dopo che hanno distrutto l'organismo ospite, ricordano un ammasso di spaghetti finiti per terra. A volte, le particelle si arrotolano a formare un cappio; Marburg è l'unico agente conosciuto che prenda una forma ad anello.

In Germania, gli effetti del virus Marburg a livello cerebrale furono particolarmente spaventosi e molto simili a quelli prodotti dalla rabbia: Marburg danneggiava il sistema nervoso centrale e, proprio come la rabbia, poteva distruggere interamente il cervello. Le particelle presentavano inoltre una notevole somiglianza con quelle del virus della rabbia, che sono a forma di proiettile. Se si allunga un proiettile, questo assume la forma di un tratto di corda, e se si lega la corda a cappio ecco che si ha un anello. Per questo, ritenendolo in qualche modo imparentato col virus della rabbia, i suoi scopritori battezzarono Marburg «rabbia allungata». Solo più tardi divenne evidente che il nuovo virus faceva parte di una famiglia a sé stante.

Nel 1980, anno della morte di Charles Monet, la famiglia dei filovirus comprendeva oltre a Marburg due varietà di un virus noto come Ebola, da Ebola Zaire e Ebola Sudan, e dei tre Marburg era il meno violento, mentre il più micidiale era senz'altro Ebola Zaire. Il tasso di mortalità tra gli esseri umani che ne sono contagiati è di nove su dieci; ciò significa che il novanta per cento delle persone che contraggono Ebola Zaire, muore. È quindi innegabile che Ebola Zaire sia uno dei più grandi livellatori che siano noti.

Il virus Marburg – il gemello gentile – provoca effetti simili a quelli delle radiazioni nucleari, danneggiando virtualmente tutti i tessuti organici. Attacca con particolare ferocia gli organi interni, i tessuti connettivi, l'intestino e l'epidermide. In Germania, tutti i sopravvissuti rimasero completamente o parzialmente calvi; i capelli morivano alla radice e cadevano a ciocche, proprio come accade nei soggetti colpiti da radiazioni nucleari. Inoltre, il sangue fuoriusciva da tutti gli orifizi del corpo. Ho visto la foto di uno delle vittime di Marburg, scattata poche ore prima della sua morte. L'ammalato giace a letto con la parte superiore del corpo messa a nudo, e il suo viso è privo di espressione. Torace, braccia e viso sono punteggiati di chiazze ed ematomi e sui capezzoli sono visibili gocce di sangue. Nei sopravvissuti, durante la fase di convalescenza si squamava la pelle del viso, delle mani, dei piedi e dei genitali, e ad alcuni pazienti di sesso maschile i testicoli si gonfiarono e andarono parzialmente in putrefazione. A questo proposito, la sorte peggiore toccò a un inserviente che aveva maneggiato corpi infetti. Anche se l'infezione aveva esaurito il suo corso, infatti, il loro sperma continuava a essere contagioso per mesi dopo la guarigione, quasi che il virus avesse scelto di insediarsi proprio nei testicoli per continuare la replicazione. Oltre a ciò, si scoprì che Marburg permaneva anche nel cristallino per parecchi mesi. Nessuno tuttavia conosce il motivo della speciale predilezione che tale virus mostra per i testicoli e gli occhi. Uno degli infettati contagiò la moglie durante un rapporto sessuale.

L'agente Marburg aveva inoltre strani effetti sul cervello. «Buona parte dei pazienti manifestava un atteggiamento leggermente aggressivo o negativo» sosteneva il testo. «Due pazienti [riferivano] la sensazione di stare sbriciolandosi.» Un paziente, apparentemente in seguito ai danni cerebrali sofferti, divenne un soggetto psicotico. Un altro, tale Hans O. V. sembrava prossimo a riprendersi (non mostrava alcun sintomo di squilibrio mentale e la febbre era calata) quando improvvisamente ebbe un grave attacco di ipotensione, le pupille dei suoi occhi si dilatarono fino a diventare pozze nere e profonde – stava implodendo – e morì. L'autopsia rivelò una massiccia emorragia al centro del cervello. Era come se si fosse «dissanguato» all'interno.

L'Organizzazione Mondiale della Sanità era prevedibilmente ansiosa di individuare al più presto l'esatto luogo di provenienza delle scimmie, così da localizzare l'habitat naturale di Marburg. Era evidente che il virus non circolava naturalmente tra le scimmie – la rapidità con cui le uccideva gli rendeva impossibile utilizzarle come ospiti per periodi prolungati. Di conseguenza, bisognava presupporre l'esistenza di un altro organismo ospite; ma quale? Un insetto? Un topo? Un ragno? Un rettile? Dove, esattamente, erano state catturate le scimmie? Scoprirlo era importante, perché quello doveva essere necessariamente il luogo in cui il virus si nascondeva. Poco dopo i fatti verificatisi in Germania, una squadra di investigatori dell'Organizzazione Mondiale della Sanità si recò in Uganda per parlare con i cacciatori indigeni. Questi tuttavia si mostrarono molto vaghi; sembravano reticenti a dare informazioni e sostenevano di non ricordare con precisione il luogo di provenienza di quelle scimmie. I membri della spedizione finirono col concludere che gli animali erano originari delle foreste dell'Uganda centrale, ma non furono in grado di scoprire la località esatta. Il mistero rimase insoluto per parecchi anni, per la precisione fino al 1982, quando un veterinario inglese si fece avanti con una storia piuttosto interessante riguardante le scimmie di Marburg. Poiché preferisce mantenere l'anonimato, lo chiameremo Jones. Durante l'estate del 1967, quando l'epidemia virale esplose in Germania, Jones lavorava nella struttura di Entebbe da cui provenivano le scimmie infette, e dove sostituiva l'ispettore incaricato di visitare gli animali. Questa «casa delle scimmie» gestita da un commerciante tedesco («una simpatica canaglia» secondo Jones), esportava in Europa circa tredicimila esemplari all'anno, ricavandone un ragguardevole profitto, almeno secondo gli standard ugandesi. Il carico infetto viaggiò a bordo di un volo notturno per Londra, e da lì raggiunse la Germania – dove il virus si diffuse tra le scimmie e «tentò» di propagarsi nella popolazione umana.

Dopo parecchie telefonate, trovai finalmente Jones a Cambridge, in Inghilterra, dove un tempo ha lavorato per l'università e dove attualmente opera come consulente. Da lui seppi che l'unico esame a cui erano stati sottoposti gli animali fu un'ispezione visiva.

«Effettuata da chi?» chiesi io.

«Da me. Le esaminavo per accertarmi che nessuna presentasse qualcosa di insolito. A volte, infatti, capitava che una scimmia o due presentassero ferite o lesioni cutanee.» In pratica, Jones si limitava a isolare le scimmie apparentemente ammalate da quelle apparentemente sane che quindi venivano caricate a bordo. Quando, qualche settimana più tardi, Jones seppe quanto stava avvenendo a Marburg, si sentì terribilmente in colpa. «Ero sgomento,» mi raccontò «perché ero stato io a firmare il certificato necessario per l'esportazione. Mi sento tuttora responsabile della morte di quelle persone, ma al tempo stesso so che questo avrebbe un senso solo se allora fosse stato in mio potere intervenire in qualche modo, mentre non c'era nulla che potessi fare.» Ovviamente, a quell'epoca il virus era sconosciuto agli scienziati, e due o tre animali non visibilmente ammalati sarebbero stati sufficienti a scatenare il contagio.

Poi il racconto di Jones si fece più scabroso. «Pensai che le scimmie ammalate fossero state uccise,» disse «ma in seguito appresi che ciò non era accaduto.» Il responsabile tedesco della società aveva invece ordinato che venissero spedite su un isolotto del lago Vittoria, e lì lasciate libere. «In seguito, quando gli capitava di restare a corto di animali, andava a recuperarne qualcuna a mia insaputa.» Jones ritiene possibile che l'agente Marburg si sia insediato sull'isolotto e che alcune delle scimmie infette arrivate in Germania provenissero proprio da lì. Più tardi, tuttavia, quando venne avviata l'indagine dell'Organizzazione Mondiale della Sanità «il mio capo, il tedesco, mi raccomandò di non dire nulla se non in risposta a precise domande». Nessuno interpellò Jones, che non incontrò neanche la squadra dell'Organizzazione. Il fatto che gli investigatori non cercassero di parlare con il veterinario addetto all'ispezione delle scimmie era, osservò lui durante la nostra telefonata, «pessima epidemiologia ma buona politica aziendale». Se Jones avesse rivelato l'esistenza dell'isolotto devastato dalla malattia, il commerciante tedesco sarebbe stato costretto a chiudere, o quanto meno avrebbe perduto i suoi acquirenti europei, legittimamente terrorizzati, e questo per l'Uganda si sarebbe tradotto in una grave perdita di preziosa valuta estera.

Poco dopo l'esplosione epidemica, Jones ricordò una circostanza che gli parve di una certa importanza. Tra il 1962 e il 1965 aveva operato nell'Uganda settentrionale, sulle pendici di Mount Elgon, come addetto all'ispezione del bestiame. A un certo punto, nel corso di quegli anni, apprese dai capi locali che gli abitanti delle pendici settentrionali del vulcano, lungo il Greek River, soffrivano di una malattia mortale che provocava emorragie e «uno strano esantema», di cui anche le scimmie della zona restavano vittime. Jones, tuttavia, non diede troppo peso a quelle voci, e non fu quindi mai in grado di confermare la natura del male. Sembra però possibile che negli anni precedenti l'epidemia tedesca ne sia esplosa un'altra, mai scoperta, sui pendii di Mount Elgon.

Quando fu informato degli effetti del virus Marburg sulle persone, il dottor David Silverstein si adoperò per convincere le autorità sanitarie keniote a chiudere l'ospedale di Nairobi. Per un'intera settimana, i pazienti che si presentavano all'accettazione vennero dirottati altrove, e sessantasette persone, quasi tutte appartenenti allo staff medico, furono messe in quarantena nell'ospedale stesso. Tra loro c'era il medico che aveva effettuato l'autopsia su Monet, le infermiere che avevano assistito lui e il dottor Musoke, l'équipe chirurgica che aveva operato Musoke, più le infermiere, gli inservienti e i tecnici che avevano manipolato le secrezioni dei due uomini. Risultò che gran parte del personale ospedaliero aveva avuto contatti diretti con l'uno o l'altro dei pazienti oppure con il loro sangue o altre secrezioni. I chirurghi che avevano operato Musoke, ricordando anche troppo bene come si fossero trovati «nel sangue fino ai gomiti» tremarono per due intere settimane, contemplando con orrore la possibilità di essere stati contagiati. Una bomba biologica era entrata nella sala d'attesa del pronto soccorso, ed esplodendo aveva messo fuori gioco l'intero ospedale. Charles Monet era stato un missile Exocet che aveva, per così dire, centrato l'obiettivo sotto la linea di galleggiamento.

Il dottor Shem Musoke sopravvisse al suo incontro con un agente caldo. Dieci giorni dopo l'insorgere dei sintomi, i medici notarono in lui i primi segni di miglioramento. Invece di giacere a letto, silenzioso e passivo, il paziente manifestò smarrimento e irascibilità, spingendosi fino a rifiutare le medicine. Un giorno agitò il pugno contro l'infermiera che cercava di rivoltarlo nel letto e gridò: «Ti picchierò con un bastone!». Fu più o meno allora che cominciò a migliorare: la febbre finalmente calò, i suoi occhi tornarono limpidi e, seppure con estrema lentezza, Musoke riacquistò la sua personalità e le sue capacità intellettive e guarì completamente. Oggi è uno dei medici di maggior spicco del Nairobi Hospital, dove collabora con l'équipe di David Silverstein. Nel corso di un colloquio, mi disse che non ricordava quasi nulla delle settimane di malattia. «Ho solo ricordi frammentari» mi spiegò. «Quello che rammento è una gran confusione. Ricordo, per esempio, che prima dell'intervento lasciai il letto senza curarmi della flebo a cui ero collegato, e le infermiere dovettero riportarmi indietro. Le sofferenze, invece, le ho dimenticate quasi completamente, e l'unico dolore di cui ho memoria è quello ai muscoli e alla schiena. E sì, ricordo quell'uomo che mi vomitava addosso». All'ospedale non ci furono altri casi conclamati di contagio da virus Marburg.

Quando un virus «cerca» per così dire di irrompere nella specie umana, può accadere di coglierne i segni premonitori in luoghi e tempi diversi. Si parla in questo caso di microesplosioni. Quella che si verificò al Nairobi Hospital fu un'emergenza isolata, la microesplosione di un virus dal potenziale sconosciuto, in procinto di avviare una catena di contagio nella razza umana.

Campioni di sangue del dottor Musoke furono spediti a laboratori di tutto il mondo; in quel sangue, il virus Marburg era penetrato mediante il vomito nero di Charles Monet, e oggi questa particolare varietà è nota con il nome di Marburg Musoke. Alcuni di questi campioni sono conservati negli appositi congelatori dell'esercito degli Stati Uniti, destinati all'immortalità in uno zoo di agenti letali.

4

UNA DONNA E UN SOLDATO

5 settembre 1983. Ore 18.00

Thurmont, Maryland. Tre anni dopo la morte di Charles Monet. Verso sera. Una tipica cittadina americana. Sulla Catoctin Mountain, un rilievo degli Appalachi che corre da nord a sud attraverso lo stato, gli alberi cominciavano a mutare colore, assumendo morbide tonalità gialle e dorate. I ragazzi percorrevano lentamente le strade della città a bordo dei loro *pickup*, in cerca di qualcosa di eccitante da fare e sperando che l'estate non finisse mai. Ma nell'aria si percepiva già un sentore dell'autunno, il profumo delle mele che maturavano nei fienili, l'odore acuto delle foglie e degli steli di granturco che seccavano nei campi. Nei frutteti alla periferia della città, nugoli di storni appollaiati sui rami lanciavano grida rauche, in attesa della notte. I fari inondavano di luce la Gettysburg Road.

Nella cucina di una casa vittoriana situata nei pressi del centro cittadino, il maggiore Nancy Jaax, veterinario dell'esercito degli Stati Uniti, stava infilando nel forno a microonde il pollo destinato alla cena dei suoi bambini. Quella sera, Nancy indossava i pantaloni di una tuta, una T-shirt ed era scalza. La pratica delle arti marziali le aveva regalato una spessa callosità sotto le piante dei piedi. Portava i capelli castano ramati tagliati sopra le spalle e i suoi occhi avevano un colore decisamente insolito: verde con un cerchio color ambra intorno all'iride. Ex reginetta di bellezza – miss agricoltura per lo stato del Kansas – aveva un corpo snello ma atletico e gesti rapidi, quasi svolazzanti, delle mani e delle braccia. I bambini erano stanchi e irrequieti, e lei aveva fretta di farli sedere a tavola.

Jaime, di cinque anni, se ne stava abbarbicata alla sua gamba. Quando l'afferrava per la tuta e tirava, per gioco Nancy si gettava dall'altra parte. Jaime era piccola per la sua età, con occhi verde sottobosco simili a quelli della madre. Jason, il fratellino di sette anni, stava guardando la televisione in soggiorno. Tranquillo di carattere e sottile come un giunco, crescendo sarebbe probabilmente diventato alto come il padre.

Anche il marito di Nancy, il tenente colonnello Jerry Jaax, era veterinario, e poiché al momento si trovava in Texas per un corso di formazione, Nancy era sola con i bambini. Jerry aveva telefonato poco prima per dirle che in Texas faceva un caldo d'inferno, che sentiva terribilmente la sua mancanza e avrebbe voluto essere a casa. Mancava anche a lei. Avevano cominciato a uscire insieme ai tempi del college, e non era mai successo che si separassero per più di pochi giorni.

Nancy e Jerry Jaax – il cognome si pronuncia «Jacks» – erano entrambi membri dell'Army Veterinary Corps, un minuscolo corpo di «dottori dei cani». I suoi membri si occupano infatti dei cani da guardia dell'esercito, ma anche dei suoi cavalli, delle sue vacche e delle sue pecore, dei suoi maiali, dei suoi muli, dei suoi conigli e delle sue scimmie. Sovrintendono inoltre al controllo delle derrate alimentari acquistate dall'esercito.

Nancy e Jerry avevano comperato la casa poco tempo dopo essere stati destinati a Fort Detrick. L'abitazione si trovava a poca distanza dalla base presso cui prestavano servizio, e un po' per volta la stavano ristrutturando. Nella piccola cucina, i tubi dell'impianto idraulico e i fili di quello elettrico non erano ancora stati incassati nelle pareti. Il soggiorno aveva una finestra a bovindo adorna di piante tropicali e felci, in mezzo alle quali si intravedeva la gabbia di Herky, un pappagallo amazzonico. In quel momento Herky cominciò a cantare: «Ehi-ah, ehi-ah a casa dal lavoro si va!».

«Mamma!» gridò eccitato, con voce simile a quella di Jason.

«Che cosa?» rispose Nancy, prima di rendersi conto che a parlare non era stato il figlio. «Maledetto uccellaccio» borbottò allora.

Herky voleva uscire dalla gabbia per appollaiarsi sulla sua spalla. «Mamma! Mamma! Jerry! Jaime! Jason!» sbraitò, snocciolando i nomi di tutti i componenti della famiglia. Non ottenendo risposta, fischiettò *Colonel Bogey's March*, un motivo tratto dalla colonna sonora di *Il ponte sul fiume Kwai*. Poi ancora: «Cooosa? Cooosa? Mamma! *Mamma!*»

Nancy non aveva nessuna intenzione di far uscire Herky dalla gabbia. Di recente il pappagallo le aveva morso il pollice strappandone un bel pezzo di carne, ed era ancora piuttosto arrabbiata con lui.

Rapidamente, apparecchiò la tavola. Come sempre, lavorava in fretta e alcuni degli ufficiali di Fort Detrick, avendo notato una certa bruschezza nei suoi modi, la accusavano chi di avere mani «troppo svelte» quando eseguiva lavori delicati in situazioni pericolose, chi di essere goffa. Nancy si era dedicata alle arti marziali in parte con la speranza di acquistare forza e agilità, e in parte per scaricare le sue inevitabili frustrazioni di donna ambiziosa che cercava di fare carriera nell'esercito. Alta uno e sessanta, le piaceva misurarsi con i colleghi più robusti. Adorava metterli al tappeto, e provava una certa soddisfazione nel colpire più in alto delle loro teste. Avendo mani delicate, in combattimento preferiva usare i piedi, e con un doppio calcio era capace di spezzare a metà quattro assi di legno. Nello stesso modo sarebbe ormai stata in grado di uccidere un uomo, ma non era un'idea che le piacesse più di tanto. Di tanto in tanto, le capitava di tornare dagli allenamenti con un dito fratturato, il naso sanguinante o un occhio nero, ma in quei casi Jerry non diceva nulla, accontentandosi di scuotere la testa: Nancy era fatta così.

Il maggiore Nancy Jaax preferiva non ricorrere ad aiuti esterni, e sbrigava da sola tutte le faccende di casa. Al tempo stesso, però, detestava il lavoro domestico; pulire un tappeto sporco di gelatina d'uva non le procurava alcuna gratificazione, e in ogni caso non ne avrebbe avuto il tempo. Di tanto in tanto, quando il demone della pulizia si impadroniva di lei, impazzava per la casa cacciando nei cassetti tutto quello che trovava in giro. Inoltre, cucinava personalmente i pasti per la sua famiglia, dato che Jerry in cucina era solo una presenza inutile. Nancy discuteva spesso con il marito per via della sua tendenza a fare acquisti sconsiderati – una moto in un'occasione, in un'altra una barca a vela. Quest'ultima era stata comprata quand'erano di stanza a Fort Riley, nel Kansas, e subito dopo era stata la volta di quella terribile Cadillac diesel con i sedili rivestiti di pelle rossa. Lei e Jerry la usavano per andare al lavoro, ma prima ancora che finissero di pagarla, l'auto aveva cominciato a eruttare fumo. Per Nancy, quella era stata l'ultima goccia. «Puoi passare la giornata nel viale di casa, seduto su quei tremendi sedili rossi, se è questo che vuoi,» gli aveva detto «ma non contare su di me.» Così avevano sostituito la Cadillac con un'Honda Accord. Ma Jerry aveva veramente passato il segno il giorno in cui aveva comprato, senza neppure consultarla, quel relitto di casa vittoriana – molto semplicemente, una sera era tornato a casa e aveva annunciato: «Ehi, Nancy, sai una cosa? Ho comprato una casa a Thurmont».

«Hai fatto cosa!?» Ne era seguita una lite che tuttavia non era durata a lungo.

Quella dei Jaax era la casa in stile vittoriano più grande della città, un ammasso turrito di mattoni con il tetto in ardesia, finestre alte e una cupola. Si ergeva sull'angolo di due strade piene di animazione, nei pressi della sede di un Pronto Intervento, e di notte le sirene delle ambulanze impedivano loro di dormire. In compenso, l'avevano comperata per una sciocchezza. La casa era deserta ormai da parecchio tempo, e in città circolava la voce che il precedente proprietario si fosse impiccato nella cantina. Un giorno, poco dopo l'acquisto, la vedova andò a far visita ai Jaax. Era una vecchia signora appassita e fissando un occhio intensamente blu su Nancy disse: «Ragazzina, odierai questo posto. È successo anche a me».

Il pappagallo non era l'unico animale di casa. In una gabbia di fil di ferro collocata in soggiorno viveva un pitone di nome Simpson, che aveva la cattiva abitudine di scappare per andare a dormire nella base cava del tavolo della sala da pranzo. Vi si tratteneva di solito qualche giorno, e Nancy non era esattamente felice, la sera, di sedersi a un tavolo che ospitava un pitone nel suo interno. E se si fosse destato mentre loro erano a cena? Una volta, Simpson era scomparso senza lasciare traccia di sé. Inutilmente i Jaax avevano rovesciato il tavolo del soggiorno, il pitone non era lì. Poi una sera sul tardi, Nancy lavorava nello studio che si era approntata nella cupola, il serpente si era lasciato scivolare giù dalle assi del soffitto ed era rimasto sospeso a testa in giù proprio davanti al viso di lei, fissandola con i suoi gelidi occhi senza palpebre. Nancy aveva urlato. I Jaax possedevano inoltre un setter irlandese e un Airedale: insomma, un vero e proprio ecosistema viaggiante che li accompagnava in ogni spostamento.

A dispetto delle differenze esistenti fra loro, Nancy amava Jerry. Lui era alto e bello, con un viso reso ancora più interessante dai capelli prematuramente ingrigiti. A lei piaceva pensare ai suoi capelli come a fili d'argento, non meno seducenti della sua lingua, che sapeva dire le cose più dolci e convincerla a comprare una Cadillac diesel con sedili di pelle rossa. Jerry aveva anche penetranti occhi castani, un naso simile al becco di un falco e conosceva la moglie meglio di chiunque altro sulla terra. Socialmente, i Jaax conducevano una vita alquanto tranquilla. Erano cresciuti entrambi in una fattoria del Kansas, separati da non più di trenta chilometri in linea d'aria, ma non si erano conosciuti da bambini, bensì alla facoltà di veterinaria dell'Università Statale del Kansas. Poche settimane più tardi erano già fidanzati, e quando Nancy aveva compiuto vent'anni si erano sposati. Conseguita la laurea, si erano trovati senza un soldo e oberati di debiti, e nell'impossibilità di aprire uno studio, avevano deciso di arruolarsi.

Dato che disponeva di pochissimo tempo libero, Nancy aveva preso l'abitudine di cucinare il sabato. Preparava uno stufato di manzo in una pentola di terracotta, oppure cuoceva alla griglia qualche pollo e poi infilava tutto nel congelatore. Durante la settimana, poi, ne estraeva ciò di cui aveva bisogno e lo scaldava nel microonde. Quella sera, mentre il pollo si scongelava, si chiese con quali verdure accompagnarlo. Perché non fagiolini verdi in scatola? Ai bambini piacevano. La nonna di Nancy era stata proprietaria di un emporio a Wichita, dove aveva venduto solo ed esclusivamente fagiolini di marca Libbys. Nancy aprì l'anta di un pensile e ne tirò fuori una lattina di fagiolini Libbys. Frugò in un paio di cassetti alla ricerca di un apriscatole, ma si trovò davanti a un guazzabuglio di utensili di ogni sorta, in cui i pelapatate si mescolavano ai mestoli di legno.

Al diavolo l'apriscatole, decise infine tirando fuori un coltello da carne. Quante volte suo padre le aveva detto di non aprire le lattine con un coltello, ma Nancy non lo aveva mai ascoltato. Premette la punta del coltello sul coperchio della lattina e poi fece forza con il palmo. Improvvisamente, la mano le scivolò lungo l'impugnatura e quindi sulla lama che affondò in profondità nella carne.

Il coltello cadde a terra con un tintinnio, mentre grosse gocce di sangue cominciavano a cadere nel piano di lavoro. «Figlio di puttana!» sibilò Nancy, esaminando il taglio che le solcava il palmo della mano destra. Sperando che la lama non fosse arrivata all'osso e non avesse reciso qualche tendine, esercitò una cauta pressione sulla ferita per fermare l'emorragia e accostatasi al lavello mise la mano sotto il getto dell'acqua. Agitò le dita mentre osservava l'acquaio tingersi di rosso. Funzionavano, constatò sollevata; dunque i tendini erano intatti e il taglio non doveva aver fatto grossi danni. Tenendo la mano sollevata, passò in bagno e, dopo aver atteso che il sangue si coagulasse, accostò i lembi della ferita e vi applicò un Band-Aid. Nancy odiava la vista del sangue, perfino del suo, perché sapeva quello che il sangue a volte poteva contenere.

Impedita dalla ferita alla mano, quella sera Nancy non fece il bagno ai bambini e dopo cena li mise subito a letto. Quando Jerry era fuori città, Jaime insisteva per dormire con lei, e Nancy la accontentava di buon grado. In quelle occasioni, infatti, la bambina diventava un po' nervosa, forse perché sentiva molto la mancanza del padre.

5

PROGETTO EBOLA

26 settembre 1983

La mattina seguente, Nancy Jaax si svegliò alle quattro. Attenta a non svegliare Jaime, scese dal letto e dopo aver fatto la doccia infilò l'uniforme: pantaloni verde militare con una banda nera lungo la gamba e camicia dello stesso colore, su cui, per proteggersi dal freddo, indossò un maglione militare nero. Sulla manica di questo spiccavano le mostrine di maggiore, circondate da foglie di quercia dorate. Per svegliarsi, bevve una Diet Coke, poi salì nel suo studio.

Quel giorno, dato che stava seguendo un corso di patologia veterinaria, sul lavoro avrebbe indossato una tuta spaziale biologica. Al momento, Nancy si interessava degli effetti degli agenti caldi del Quarto Livello, e non erano agenti con cui si potesse entrare in contatto senza indossare una protezione adeguata. Inoltre, era molto impegnata nello studio, perché di lì a una settimana avrebbe sostenuto l'esame di patologia. Le cornacchie gracchiavano già sugli alberi, e sulle strade di Thurmont cominciavano a circolare i primi camion. La ferita alla mano le doleva ancora.

Alle sette, scese a svegliare Jaime, che dormiva acciambellata nel letto dei genitori, poi passò nella camera di Jason. Il ragazzino aveva il sonno più pesante della sorella e Nancy dovette scuoterlo parecchie volte per convincerlo ad alzarsi. Quando arrivò la baby sitter, una signora di mezza età di nome Trapane, toccò a lei occuparsi della colazione dei bambini, mentre Nancy tornava ai suoi libri. Sarebbe stata la signora Trapane ad accompagnare Jason allo scuolabus, e a badare a Jaime finché Nancy non fosse rientrata dal lavoro in serata. Alle sette e mezzo, Nancy chiuse i libri e salutò i bambini con un bacio. Devo ricordarmi di passare in banca a ritirare i soldi per la signora Trapane, pensò mentre si metteva al volante della Honda. Si diresse a sud lungo la Gettysburg, la strada che costeggiava le pendici della Catoctin Mountain, e a mano a mano che si avvicinava a Fort Detrick e alla città di Frederick, il traffico cominciò a farsi più intenso. Nancy lasciò la superstrada e raggiunse il cancello principale della base, dove una guardia le fece cenno di passare. Varcatolo, girò a destra, oltrepassò la piazza d'armi e andò a parcheggiare nei pressi di un edificio imponente, tutto in cemento e mattoni gialli e quasi completamente privo di finestre che copriva un'area di quattro ettari. I tubi di sfiato collocati sul tetto scaricavano all'esterno l'aria già filtrata che veniva aspirata dai laboratori biologici ospitati all'interno dell'edificio. Era quello infatti l'United States Army Medical Research Institute of Infection Desease, detto anche USAMRIID, l'istituto di ricerche delle malattie infettive dell'esercito degli Stati Uniti.

I militari si riferiscono spesso all'USAMRIID come all'«Istituto». Quando invece utilizzano la sigla, ne strascicano le lettere in modo da farla suonare più o meno come *You Sam Rid*. Funzione precipua dell'USAMRIID è la difesa medica. L'Istituto conduce infatti ricerche tese a proteggere i soldati da armi biologiche e malattie infettive. È specializzato in farmaci, vaccini e procedure di contenimento del rischio di contaminazione biologica. All'Istituto, si lavora contemporaneamente a diversi progetti: studi sui vaccini per vari tipi di batteri, come ad esempio il botulismo e l'antrace, ricerche sulle caratteristiche dei virus da cui le truppe americane potrebbero venire contagiate, sia per vie naturali sia sotto forma di armi. Nei suoi primi anni di vita, l'USAMRIID eseguì degli studi in merito alle armi offensive biologiche e stava mettendo a punto alcune varietà di batteri e virus letali da utilizzare sotto forma di bomba, quando nel 1969 il presidente Richard M. Nixon firmò un decreto che metteva fuori legge la fabbricazione di simili armi su tutto il territorio degli Stati Uniti. Di conseguenza, l'USAMRIID si dedicò all'elaborazione di vaccini di protezione, concentrandosi soprattutto sui metodi di controllo di microorganismi letali. L'Istituto conosce per esempio vari modi per bloccare un virus «mostro» prima che questo dia il via a un'esplosiva catena di trasmissione tra soggetti umani.

Il maggiore Nancy Jaax entrò dall'ingresso posteriore dove mostrò il suo distintivo a una guardia seduta dietro una scrivania, e che le rivolse un cenno e un saluto. Attraverso un dedalo di corridoi, si diresse quindi verso il corpo principale delle zone di biocontenimento. Dappertutto c'erano soldati con indosso le tute da lavoro, e scienziati e tecnici in abiti civili ma con la targhetta di identificazione appuntata sul petto. Avevano tutti un'aria molto indaffarata, e capitava di rado che qualcuno si attardasse a scambiare due chiacchiere nei corridoi. Nancy era curiosa di sapere che cosa era accaduto durante la notte alle scimmie Ebola. Percorse un corridoio del Livello Zero di sicurezza biologica, diretta a un'area di biocontenimento del Quarto Livello nota come AA-5 o suite Ebola. Questa era costituita da un gruppo di locali a pressione negativa, destinati a servire da laboratorio di ricerca per il virus Ebola per uno scienziato di nome Eugene Johnson. Johnson era un esperto del virus Ebola e del suo gemello Marburg. Aveva infettato parecchie scimmie con il virus Ebola e successivamente aveva somministrato loro farmaci diversi per verificarne l'efficacia. Da qualche giorno, le scimmie avevano cominciato a morire e a Nancy, che contribuiva al progetto di Johnson in qualità di patologa, spettava il compito di determinare le cause dei decessi.

Arrivò a un ampio riquadro di vetro spesso che guardava direttamente nella suite Ebola. Ogni mattina, un custode civile protetto dalla tuta biologica, entrava nella AA-5 per nutrire gli animali, controllarne le condizioni fisiche e pulire le gabbie. Quel mattino Nancy vide un foglio di carta affisso all'interno del vetro, su cui erano scarabocchiate poche parole. Nel breve messaggio, il custode la informava che durante la notte altre due scimmie avevano «ceduto» – si erano cioé schiantate e dissanguate.

Quei due nuovi decessi significavano che Nancy avrebbe dovuto indossare una tuta e procedere subito alla loro dissezione. Il virus Ebola, infatti, distruggeva gli organi interni delle sue vittime, e benché conservati in appositi refrigeratori, i cadaveri si deterioravano con estrema rapidità e alcuni tessuti assumevano una consistenza gelatinosa. Bisognava quindi procedere alla dissezione prima che iniziasse il processo spontaneo di liquefazione, dato che è decisamente impossibile sezionare un ammasso di mota.

Quando Nancy Jaax aveva presentato la sua candidatura per entrare a far parte dell'équipe di patologi dell'Istituto, inizialmente il colonnello responsabile l'aveva respinta. Perché era una donna, era stata la conclusione di Nancy. «Questo non è un lavoro per donne sposate» le aveva detto lui. «Finirebbe per trascurare il lavoro o la famiglia.» Un giorno, lei gli aveva portato il suo curriculum in ufficio, nella speranza di fargli cambiare idea. «Posso avere chi voglio nel mio gruppo» era stata la risposta – come a dire che non la voleva perché non la riteneva abbastanza in gamba. «Se volessi nel mio gruppo Secretariat, il mitico stallone Thoroughbred,» aveva rincarato il colonnello «potrei averlo.»

«Ma io, signore, non sono un cavallo!» aveva ribattuto Nancy, sbattendogli il curriculum sulla scrivania. Il colonnello ci aveva ripensato e l'aveva accolta nella squadra.

Chi comincia a lavorare con gli agenti biologici per conto dell'esercito, viene in un primo momento destinato al Secondo Livello di Biosicurezza, per passare poi al Terzo. Nessuno è autorizzato ad accedere al Quarto prima di aver accumulato una notevole esperienza, e comunque a nessuno è permesso lavorarvi a lungo. Ma anche per operare nei livelli più bassi, sono necessarie numerose vaccinazioni. Nancy era stata vaccinata contro la febbre gialla, la Q fever, la Rift Valley fever, il VEE, l'EEE, e il complesso WEE, nonché contro l'antrace, il botulino e la tularemia. Oltre a ciò, dato che era un veterinario, le era stata praticata l'antirabbica. Il suo sistema immunitario, sfortunatamente, aveva reagito male a quella interminabile somministrazione, e di conseguenza le vaccinazioni erano state sospese e lei era stata confinata nelle zone del Quarto Livello con la protezione dell'apposita tuta. Non esistono vaccini per gli agenti caldi del Quarto Livello, virus letali contro cui l'uomo non ha arma alcuna.

Il virus Ebola prende il nome dal fiume Ebola, un affluente del Congo. Il Congo attraversa lo Zaire settentrionale e Ebola confluisce in esso dopo aver percorso tratti di foresta pluviale e costeggiato radi villaggi. La prima emergenza nota di Ebola Zaire si verificò nel settembre 1976, quando fece la sua simultanea comparsa in quarantacinque villaggi situati nei pressi delle sorgenti del fiume Ebola. Comparve dal nulla, ma uccise nove contagiati su dieci. Ebola Zaire è il più pericoloso dei filovirus, e il più temuto dagli specialisti che operano all'Istituto. «Quelli che lavorano con Ebola sono dei pazzi» è più o meno quello che hanno sempre pensato. Dedicarsi alla sperimentazione su questo virus, era infatti considerato un modo quanto mai spiccio per morire. Molto meglio lavorare con agenti meno micidiali, come per esempio il batterio dell'antrace.

Di Eugene Johnson, l'esperto civile che all'USAMRIID gestiva il programma di ricerca Ebola, si diceva che fosse un po' matto, e il suo nome è tuttora una leggenda fra quei pochissimi al mondo che sanno davvero qualcosa di agenti caldi e di come maneggiarli. Johnson è uno dei più accaniti ricercatori dell'Ebola, e ha ottenuto la specializzazione in epidemiologia delle malattie infettive presso la John Hopkins University. Di costituzione robusta, per non dire massiccia, con un viso largo dai tratti regolari, capelli castani sempre arruffati, una cespugliosa barba castana, una pancetta che sporge di parecchio sopra la cintura e profondi occhi inquisitori. Con un giubbotto di pelle nera addosso, potrebbe tranquillamente passare per un organizzatore di concerti rock. Non sembra affatto un collaboratore dell'esercito. È noto per essere un eccellente virologo sul campo (così si chiamano gli scienziati che vanno a caccia di virus nelle zone più selvagge o durante le esplosioni epidemiche), ma per un motivo o per l'altro non si prende spesso la briga di pubblicare i suoi studi. Ciò spiega l'alone quasi leggendario che circonda la sua figura. Quando a parlare di lui sono persone che ne conoscono il lavoro, spesso si sente dire: «Gene Johnson ha fatto questo, Gene Johnson ha fatto quest'altro» e quelle descritte sono sempre iniziative brillanti e immaginose. In realtà Johnson è un uomo piuttosto timido, quasi sospettoso nei confronti della gente, e profondamente sospettoso nei confronti dei virus. Non credo di aver mai incontrato nessuno che li temesse più di lui, e non è piacevole pensare che un simile atteggiamento nasca proprio dal suo enorme bagaglio di esperienza. Johnson sa bene ciò che alcuni dei cosiddetti agenti caldi possono fare agli esseri umani. Ha trascorso anni girovagando per l'Africa centrale in cerca dei serbatoi dei virus Ebola e Marburg; ha praticamente setacciato il continente africano, ma a dispetto dei suoi sforzi non è mai riuscito a individuarli. Nessuno sapeva da dove provenissero i filovirus, nessuno sapeva dove vivessero in natura. La traccia si era persa nelle foreste e nelle savane dell'Africa centrale. Nondimeno, scoprire i serbatoi nascosti di Ebola era una delle grandi ambizioni di Johnson, che ambiva anche a mettere a punto una cura adeguata.

All'Istituto nessuno era ansioso di collaborare a questo suo progetto. Ebola, il gran livellatore, faceva agli esseri umani cose a cui la maggioranza preferiva non pensare. Era un organismo troppo inquietante, persino per coloro che si sentivano a proprio agio con indosso una tuta biologica spaziale. Non ci tenevano a svolgere ricerche su Ebola perché non volevano che Ebola decidesse di svolgere ricerche su di loro. Ignoravano quale fosse l'ospite del virus – se una mosca, un pipistrello, un ragno, una zecca o una qualche varietà di rettile. Chissà, forse viveva nei leopardi o negli elefanti. Ignoravano anche quali fossero esattamente le sue modalità di diffusione, in che modo, cioè, passasse da un ospite all'altro. Ma conoscevano anche troppo bene i suoi effetti su un essere umano.

Gene Johnson aveva sofferto di incubi ricorrenti incentrati su Ebola fin da quando aveva cominciato a occuparsene. Spesso si svegliava immerso in un bagno di sudore freddo, dopo aver sognato che Ebola aveva finalmente trovato il modo di introdursi nella popolazione umana. Erano sogni che più o meno si assomigliavano tutti. Lui indossava la tuta biologica e maneggiava Ebola con la mano guantata – per la precisione teneva in mano un liquido non identificato ma saturo di virus – quando improvvisamente il liquido cominciava a scorrergli sul guanto e solo allora lui si accorgeva che questo era pieno di buchi e che il liquido assassino si stava insinuando nella tuta. Ogni volta si destava con un sussulto, pensando, Dio mio, *c'è stata un'esposizione*. E solo allora si rendeva conto di essere nel suo letto, accanto alla moglie addormentata.

In realtà, Ebola non aveva ancora operato uno sfondamento decisivo e irreversibile nella razza umana, ma sembrava vicino a farlo. Nel frattempo, continuava a effettuare microirruzioni in varie zone dell'Africa, e il timore generale era che una di queste epidemie minori si tramutasse in una marea inarrestabile. Basta pensare che il virus uccideva nove infettati su dieci e che per esso non esisteva alcuna cura, per avere un'idea precisa delle sue possibilità. Erano possibilità di livello globale, e sarebbe stato solo corretto affermare che una simile insorgenza avrebbe costituito una minaccia per l'intera razza umana. Johnson amava dire che il mondo ignora ciò che Ebola ha fatto in passato, così come ignora ciò che potrebbe fare in futuro. Ebola è imprevedibile. Chi poteva impedirgli di manifestarsi in una varietà in grado di viaggiare nell'aria e fare il giro del mondo in sei settimane, proprio come l'influenza, uccidendo da un terzo a nove decimi della popolazione mondiale? Analogamente, avrebbe potuto restare per sempre un mostro sconosciuto ai più, e accontentarsi di un tributo di poche vite alla volta.

Ebola ha una lontana parentela con la rabbia, il morbillo e il virus parainfluenzale, quello che provoca i raffreddori infantili. È in realtà un virus dalla struttura abbastanza semplice – semplice come un incendio. Uccide con rapida efficienza e la gamma dei suoi effetti è assolutamente devastante. La particella virale contiene solo sette proteine, sette grandi molecole. Di tre di queste gli scienziati hanno una vaga comprensione, mentre le quattro restanti sono assolutamente sconosciute, vale a dire che la loro struttura e funzione sono tuttora un mistero.

Le proteine di Ebola mirano soprattutto al sistema immunitario, il che le rende simili all'HIV, ma a differenza di questo, Ebola attacca in modo rapidissimo ed esplosivo. Quando si introduce in un organismo, il sistema immunitario cessa di funzionare e il soggetto perde ogni capacità di reagire all'aggressione. Si trasforma in una città cinta d'assedio, con i cancelli spalancati per lasciare entrare orde di nemici, pronte ad accamparsi sulle pubbliche piazze e a mettere tutto a ferro e fuoco. Dal momento in cui Ebola entra nel circolo ematico, la guerra è già perduta e il soggetto condannato. Non si può combattere Ebola come si combatte un raffreddore. Ebola arriva in dieci giorni a risultati che l'AIDS impiega dieci anni a raggiungere.

Non si sa con esattezza in che modo Ebola si trasmetta da un soggetto all'altro. Secondo i ricercatori dell'esercito, ciò accadeva attraverso il contatto diretto con il sangue e le altre secrezioni corporee (gli stessi veicoli utilizzati dal virus dell'AIDS). Ma Ebola sembrava avere anche altre vie di contagio. Molte delle persone morte in Africa, avevano manipolato cadaveri infetti, ed è quindi del tutto logico ipotizzare che Ebola si trasmetta dai morti ai vivi tramite piccole quantità di sangue non coagulato e altre secrezioni. Durante l'esplosione epidemica del 1986 nello Zaire, i parenti che abbracciavano e baciavano i morti o ne preparavano il corpo per la sepoltura, a distanza di quindici giorni presentavano gli stessi sintomi che avevano ucciso i loro cari.

L'esperimento che Gene Johnson stava conducendo su Ebola era semplice. Infettava alcune scimmie con il virus, dopodiché tentava di curarle con terapie farmacologiche diverse nella speranza di vederle migliorare. In questo modo, contava di individuare un farmaco capace di contrastare gli effetti di Ebola e, se possibile, di vanificarli.

Sotto l'aspetto biologico, le scimmie sono quasi identiche agli esseri umani, ed è questo il motivo per cui sono ampiamente usate per la sperimentazione. Entrambe le specie appartengono all'ordine dei primati, ed Ebola si nutre di primati proprio come alcuni predatori prediligono certe varietà di carne. Ebola non è in grado di cogliere la differenza tra un essere umano e una scimmia, ma può *saltare* senza difficoltà dall'uno all'altra e viceversa.

Nancy si era offerta di collaborare al progetto di Johnson, ansiosa di dimostrare il proprio valore e soprattutto consapevole che fra i suoi colleghi non mancava chi si diceva scettico sulla sua capacità di lavorare in modo soddisfacente chiusa in una tuta biologica. Dopotutto era una donna, e come tale facile preda del panico. Sbirciavano le sue mani e dicevano che erano goffe. Era questo un giudizio già abbastanza sgradevole di per sé, ma ancora peggio era sapere che nell'opinione di molti le sue mani lavoravano con troppa rapidità, una caratteristica considerata particolarmente pericolosa. Sembrava sempre nervosa, sostenevano, e forse le mani le tremavano. Mani tremanti, no, neanche a parlarne, non quando si trattava di lavorare con Ebola. Certi colleghi erano convinti che avrebbe finito col tagliarsi o pungersi con un ago infetto, o magari pungere qualcun altro. Le sue mani erano divenute una questione di sicurezza.

Capo del reparto di patologia era il tenente colonnello Antony Johnson (nessuna parentela con Gene Johnson, responsabile del progetto Ebola). Tony Johnson è un uomo dalla voce dolce e dai nervi d'acciaio e all'epoca, ossia nel 1983, era anche il diretto superiore di Nancy. Toccava a lui decidere se consentirle o meno l'accesso al Quarto Livello e a tale scopo mise in giro la voce che cercava informazioni su di lei: chi la conosceva bene? C'era qualcuno in grado di parlare con cognizione dei suoi punti di forza e delle sue debolezze? Si presentò nel suo ufficio Jerry Jaax, il marito di Nancy. Era contrario all'iniziativa della moglie e difese con fervore la sua tesi. Raccontò che c'erano state «discussioni di famiglia» in merito all'opportunità che Nancy lavorasse su Ebola – in altre parole, le aveva detto che non voleva vederla indossare una tuta biologica di protezione. Jerry stesso ignorava tutto su quelle attrezzature; per il suo lavoro non ne aveva bisogno e neppure voleva che le utilizzasse sua moglie. Non sopportava l'idea che la donna che amava, la madre dei suoi figli, prendesse nelle sue mani una forma di vita mostruosa, un virus letale quanto incurabile.

Il tenente colonnello Tony Johnson ascoltò quanto il maggiore Jaax aveva da dire, e ascoltò anche altre persone, dopodiché si sentì in dovere di parlare direttamente con Nancy, e la convocò nel suo ufficio. Si accorse subito che la donna era tesa. Le guardò le mani mentre parlava, e non gli parvero né goffe né troppo rapide nei movimenti. Decise che le dicerie che circolavano in proposito erano infondate.

«Non voglio favori speciali» esordì Nancy.

Ebbene, non ne avrebbe ricevuti. «Ho intenzione di assegnarla al programma Ebola» annunciò semplicemente Johnson, e quindi passò a spiegarle che lui stesso l'avrebbe accompagnata nelle prime sortite nell'area Ebola, per mostrarle che cosa fare e osservare le sue mani al lavoro. L'avrebbe tenuta d'occhio, aggiunse. Ma credeva fosse ormai pronta per un'immersione totale in una zona calda.

Stava ancora parlando quando lei crollò e scoppiò a piangere. «Ha versato qualche lacrima» raccontò in seguito Johnson. Ma erano lacrime di felicità. Le era stato assegnato un incarico che nessuno voleva, ma che in quel momento rappresentava per lei la realizzazione del suo più grande sogno.

Ore 13.00

Nancy trascorse la mattinata nel suo ufficio. Dopo colazione, si tolse l'anello di fidanzamento con brillante e la fede e li infilò nella catena d'oro che portava sempre al collo e che poi chiuse a chiave nel cassetto della scrivania. Raggiunse quindi Tony Johnson nel suo ufficio e insieme scesero di sotto e percorsero il corridoio che portava alla suite Ebola, a cui si accedeva attraverso un solo spogliatoio. Johnson insistette perché Nancy si cambiasse per prima. Lui l'avrebbe seguita subito dopo.

La stanza, molto piccola, conteneva alcuni armadietti allineati lungo una parete, degli scaffali e uno specchio fissato sopra un lavello. Nancy si spogliò completamente e mise gli indumenti nell'armadietto assegnatole. Non si tolse il cerotto che aveva sul palmo. Da uno scaffale prese un completo sterile da chirurgo, pantaloni e camice verdi, tirò i due capi dell'elastico che tratteneva i pantaloni in vita e chiuse i fermagli del camice. Si calcò in testa una cuffia pure verde in cui raccolse i capelli. Pur apparendo esteriormente calma, cominciava a sentirsi un po' nervosa. Quella sarebbe stata la seconda volta che entrava nella zona calda.

A piedi nudi, volse le spalle allo specchio e si trovò di fronte a una porta che si apriva sul Secondo Livello. Da una finestrella di vetro fuoriusciva un'intensa luce blu – raggi ultravioletti. I virus muoiono sotto l'effetto dei raggi UV, che ne distruggono il materiale genetico impedendogli di replicarsi.

Quando tirò verso di sé la porta, la sentì resistere, risucchiata dalla differenza di pressione dell'aria, poi una brezza leggera le avvolse le spalle e proseguì verso la zona calda. Era la pressione negativa, che impediva agli agenti caldi di spostarsi verso l'esterno. Tutti i livelli di contenimento biologico dell'Istituto compresi fra il Secondo e il Quarto, presentano le stesse condizioni atmosferiche per far sì che, in caso di perdita, l'aria affluisca *all'interno* dell'area e non verso il mondo esterno.

La porta si chiuse alle spalle di Nancy; era penetrata nel Secondo Livello. La luce azzurrastra le inondava il viso. Passò attraverso un cubicolo, una sorta di doccia contenente una lampada a raggi ultravioletti, una saponetta e dello shampoo. Da lì si passava al bagno vero e proprio, dove c'era un W.C. e uno scaffale pieno di calze bianche pulite. Nancy ne infilò un paio e spinse la porta che conduceva al Terzo Livello.

Nella stanza, nota come Area di Acclimatazione, vi erano solo una scrivania e un lavello. Sul pavimento accanto alla scrivania, stava uno scatolone cilindrico, un contenitore per oggetti biologicamente pericolosi, noto anche come «cappelliera» o «portagelati». Le cappelliere sono costellate di fiori a tre petali di colore rosso, il simbolo del rischio di contaminazione biologica, e vengono utilizzate per l'immagazzinamento di scorie infette. Questa però era vuota e fungeva semplicemente da sedia.

Nancy trovò una scatola di guanti per chirurghi in lattice e un barattolo di plastica pieno di borotalco con cui si cosparse le mani prima di infilarli. Da un rotolo di nastro adesivo strappò diversi pezzi che appese in fila al bordo della scrivania. Prendendone uno alla volta, fissò i guanti alle maniche della camicia, così da sigillarle, e fece altrettanto con le calze, che fissò ai pantaloni. Quando ebbe finito, aveva eretto una barriera di protezione tra lei e l'Altro.

Il tenente colonnello Johnson la raggiunse di lì a poco e ripeté ogni singola fase della procedura adottata da Nancy.

Nancy entrò quindi in un'anticamera che si apriva a destra e dove, appesa a uno stand, c'era la sua tuta. Era una tuta biologica Centurion e sul davanti portava stampigliato il suo nome: *Jaax*. La Centurion, chiamata familiarmente anche «vestito blu» a causa della sua colorazione azzurra, è una tuta spaziale pressurizzata in plastica pesante, e perfettamente rispondente ai requisiti stabiliti dal governo per la manipolazione di agenti caldi amplificati.

Nancy aprì la tuta, la adagiò sul pavimento di cemento e vi entrò con i piedi. La tirò su fino alle ascelle e fece scivolare le braccia nelle maniche fino a quando sentì le dita infilarsi nei guanti. La tuta era infatti dotata di guanti di gomma marrone fermati all'altezza dei polsi con una guarnizione. Realizzati in gomma pesante, quei guanti costituivano la principale barriera difensiva contro Ebola, dato che le mani erano considerate la parte del corpo più vulnerabile per via di ciò che dovevano maneggiare, ossia aghi, lame e frammenti aguzzi di osso.

Chi opera nel Quarto Livello è responsabile della manutenzione della propria tuta, così come un paracadutista è responsabile della piegatura e della manutenzione del suo paracadute. Ma quel giorno Nancy aveva un po' di fretta, e forse non ispezionò l'attrezzatura con l'attenzione dovuta.

Il tenente colonnello Johnson le elencò brevemente le procedure da seguire, poi l'aiutò a infilare il casco, realizzato in plastica morbida, flessibile.

Nancy sollevò la cerniera paraffinata inserita sul davanti della tuta, e che scorrendo emise un suono schioppettante, pop, pop, pop. Quasi subito, la visiera del casco si appannò. Un po' a tentoni, Nancy raggiunse la parete e tirò giù una manichetta gialla che collegò alla tuta. L'improvviso getto d'aria gonfiò la tuta e asciugò le goccioline di sudore che si erano raccolte all'interno della visiera.

All'Istituto si diceva che era impossibile prevedere chi si sarebbe lasciato prendere dal panico una volta infilata la tuta. Accade di tanto in tanto, soprattutto a persone con poca esperienza. Nel momento in cui il casco si chiude, un lampo di paura si accende nei loro occhi, cominciano a sudare, si fanno paonazzi e artigliano l'interno della tuta nel tentativo di strapparla e far entrare l'aria fresca; spesso perdono l'equilibrio e cadono a terra, dove cominciano a urlare o a gemere, quasi fossero intrappolati in un armadio.

Dopo aver aiutato Nancy Jaax a indossare la tuta e aver cercato sul suo volto eventuali segnali di panico, Tony Johnson si vestì a sua volta e non appena pronto tese alla collega una confezione di ferri chirurgici per la dissezione. Insieme si girarono a fronteggiare la porta in acciaio inossidabile che conduceva a un'ulteriore camera di acclimatazione e quindi al Quarto Livello. La porta era costellata da segnali di pericolo e avvertimenti:

ATTENZIONE

NON ENTRARE SENZA AVER INDOSSATO
LA TUTA MUNITA DI DISPOSITIVO DI VENTILAZIONE

La camera di acclimatazione del Quarto Livello è una sorta di zona d'ombra, un luogo in cui due universi si incontrano, in cui l'area calda sfiora il mondo degli uomini. È neutra. Ambigua. Indefinita. Un luogo che non è inequivocabilmente sterile né presumibilmente infetto. Nancy inspirò profondamente e cominciò a liberare la mente da ogni pensiero, ricorrendo all'addestramento delle arti marziali per regolare la respirazione. Molti di coloro che varcavano quella porta tendevano a compiere i riti più bizzarri: c'era chi si faceva il segno della croce e chi si portava dietro amuleti e portafortuna, nella speranza che li aiutassero a respingere l'agente mortale se nella tuta si fosse verificata una lacerazione. Quanto a Nancy, a spaventarla di più non era tanto il fatto di entrare nel Quarto Livello con indosso una tuta – all'Istituto c'era gente che lo faceva ogni giorno –, bensì la grande quantità di sangue che l'aspettava dall'altra parte. Avrebbe maneggiato quel sangue, se ne sarebbe inevitabilmente imbrattata, ed era sangue saturo di virus Ebola. Un sangue incredibilmente caldo, nell'accezione biologica del termine «caldo».

Staccò la manichetta dell'ossigeno, tolse il chiavistello alla porta d'acciaio ed entrò nella camera di acclimatazione seguita da Tony Johnson. Il locale, poco più di un cubicolo interamente realizzato in acciaio inossidabile, era rivestito di ugelli per l'immissione di acqua e sostanze chimiche. Si trattava infatti di una doccia di decontaminazione – la zona d'ombra fra l'area infetta e il resto del mondo. Ancora qualche istante, e Nancy aprì la porta che si stagliava sulla parete di fronte e si ritrovarono dall'altra parte.

6

IMMERSIONE TOTALE

26 settembre 1983, ore 13:30

Il corridoio, costruito in calcestruzzo di scorie, era stretto e su entrambi i lati si aprivano varie stanze. La cosiddetta zona calda era infatti una sorta di labirinto. Dalle pareti penzolavano manichette gialle per l'ossigeno. Al soffitto era fissata una luce lampeggiante che si sarebbe attivata in caso di guasto al sistema di areazione. Al fine di sigillare eventuali crepe o fori attraverso cui un agente avrebbe potuto fuggire, le pareti erano state rivestite di densa vernice epossidica, e tutte le prese elettriche circondate di materiale adesivo. Nancy prese una delle manichette gialle che penzolavano lungo il muro e la collegò alla tuta. Non sentiva nulla se non il ruggito dell'aria all'interno del casco, un rombo così forte che lei e Johnson non tentarono neppure di parlare.

Aprì un armadietto metallico, da cui fuoriuscì un fiotto di luce blu e ne tolse un paio di stivali di gomma gialla, simili a quelli che si usano nelle autorimesse. Dopo averli infilati lanciò un'occhiata a Johnson: «*Pronta, capo*».

Disinserirono le manichette e discesero il corridoio fino alla stanza delle scimmie, dove due file di gabbie si allungavano lungo le due pareti opposte. Dopo aver fissato nuovamente le manichette dell'ossigeno, la Jaax e Johnson si chinarono a sbirciare all'interno delle gabbie. In una delle file c'erano soltanto due scimmie isolate, i cosiddetti animali-controllo. A loro non era stato iniettato il virus Ebola, ed erano in buona salute.

Alla loro vista, le due scimmie parvero impazzire e cominciarono a saltare qua e là e a sbatacchiare le sbarre di ferro. Innervosite dalla vista di esseri umani in tuta, grugnivano e schiamazzavano. Lanciando uno stridio acuto si spostarono nella parte anteriore delle gabbie e ne scossero con forza gli sportelli saltando avanti e indietro, seguendo al tempo stesso i due con occhi attenti, vigili. Le gabbie fortunatamente avevano serrature elaborate, inaccessibili alle dita dei primati. Quelle scimmie erano creaturine creative, pensò Nancy, e si annoiavano chiuse lì dentro.

Le scimmie ospitate nella seconda fila di gabbie erano molto più quiete. Erano infette, e quasi tutte se ne stavano silenziose, passive, come richiuse in se stesse, benché una o due apparissero bizzarramente confuse. Il loro sistema immunitario aveva ceduto o forse era impazzito. Per il momento, i sintomi visibili non erano molti, ma gli animali avevano perso tutta la vivacità e l'energia tipiche della loro razza, e ben pochi avevano toccato i biscotti che costituivano il loro pasto del mattino. Se ne stavano seduti senza quasi muoversi, e guardavano i due ufficiali con musi privi di espressione.

A loro era stata iniettata la più letale tra le varietà di Ebola conosciute; la varietà Mayinga di Ebola Zaire, dal nome di una giovane donna, Mayinga N. uccisa dal virus il 19 ottobre 1976. Impiegata come infermiera in un ospedale dello Zaire, Mayinga si era presa cura di una suora cattolica vittima del contagio. Pochi giorni dopo essere entrata in contatto con il sangue della religiosa, l'infermiera aveva manifestato i sintomi di Ebola ed era morta. Parte del suo siero era finito negli Stati Uniti, e la varietà di virus che l'aveva uccisa ora sopravviveva in piccole provette conservate nei congelatori dell'Istituto, regolati sui meno settanta gradi centigradi, la temperatura dell'azoto liquido. I congelatori, muniti di lucchetti e dispositivi d'allarme, erano costellati di fiori rossi a tre petali nonché sigillati con lunghi tratti di nastro adesivo. La prima linea difensiva contro l'agente caldo è costituita appunto dal nastro adesivo, che sigilla eventuali fessure. Si può quindi dire che senza nastro adesivo non esisterebbe il contenimento del rischio biologico.

Gene Johnson aveva scongelato una piccola quantità di virus Mayinga e lo aveva iniettato alle scimmie. Al manifestarsi dei primi sintomi, aveva quindi somministrato loro un farmaco che sperava le aiutasse a combattere il virus. La terapia, però, non sembrava aver sortito alcun effetto.

Nancy e Tony ispezionarono le scimmie passando da una gabbia all'altra, e ne trovarono due morte. Entrambe se ne stavano semiaccasciate, con il naso sporco di sangue, gli occhi socchiusi e di un rosso brillante, e le pupille dilatate. L'espressione del muso non rivelava alcunché, neppure sofferenza o paura. I loro tessuti connettivi, infatti erano stati distrutti dal virus, provocando una leggera distorsione dei lineamenti. Inoltre, l'anomalia era spiegabile con il fatto che erano andate distrutte anche le parti del cervello che controllano la mimica facciale. Volti simili a maschere, occhi rossi e nasi insanguinati erano i classici sintomi che comparivano in tutti i primati infettati dal virus, a indicare un'atroce combinazione di danni cerebrali e distruzione dei tessuti molli sotto l'epidermide. La «faccia da Ebola» dava l'impressione che il morto avesse visto qualcosa che andava al di là della normale comprensione, ma certamente non il paradiso.

Turbata dalla vista delle scimmie morte o sofferenti, Nancy Jaax cominciò ad avvertire un certo disagio. Come veterinario, credeva nell'importanza di curare gli animali e alleviare le loro sofferenze, ma come scienziato non poteva ignorare la necessità di ricerche mediche destinate a consentire un'esistenza migliore agli esseri umani. Benché fosse cresciuta in una fattoria, la morte di un animale era sempre stato uno spettacolo penoso per lei. Da ragazzina, aveva pianto quando il padre aveva portato il suo manzo da competizione al mattatoio. Gli animali le piacevano più di quanto le piacessero molte persone, e nel giuramento che aveva fatto seguito alla laurea, si era impegnata a rispettare un codice che la vincolava alla cura degli animali e al tempo stesso a fare il possibile per salvare vite umane con l'impiego della medicina. C'erano stati momenti in cui questi due ideali erano entrati in conflitto, e ora fu costretta a rammentare a se stessa che quella ricerca aveva lo scopo di trovare una cura per Ebola, una cura che avrebbe contribuito a salvare molte vite e forse a impedire una tragedia di dimensioni planetarie. La sensazione di disagio si attenuò pur non scomparendo, e lei fu in grado di tacitare le proprie emozioni.

Sotto lo sguardo attento di Johnson, Nancy diede inizio alla procedura di rimozione. Maneggiare una scimmia in stato di incoscienza nel Quarto Livello è un'operazione rischiosa; potrebbe non essere morta, e non bisogna dimenticare che sono animali dotati di denti robusti, nonché di forza e di agilità. Le scimmie utilizzate nei laboratori di ricerca hanno ben poco a che spartire con gli animaletti che suonano l'organetto; sono invece esemplari di grandi dimensioni prelevati nella foresta pluviale. Il morso di una scimmia infettata da Ebola si sarebbe quasi certamente rivelato fatale.

Per prima cosa, Nancy esaminò la scimmia attraverso le sbarre della gabbia. Era un maschio piuttosto grosso, e sembrava decisamente morto. La innervosì un po', tuttavia, il constatare che l'animale aveva ancora i canini. Di solito, questi denti venivano limati per questioni di sicurezza, ma inesplicabilmente su questo esemplare l'operazione non era stata eseguita. Nancy infilò la mano guantata fra le sbarre e pizzicò l'alluce della scimmia, attenta a eventuali movimenti oculari. Ma gli occhi rimasero fissi e immobili.

«*Proceda e apra la gabbia*» gridò Johnson per superare il ruggito dell'aria all'interno delle tute.

Nancy fece scorrere di lato lo sportello, poi esaminò ancora una volta la scimmia: nessun fremito muscolare. Sì, era certamente morta.

«*Bene. Ora la porti fuori*» gridò ancora Johnson.

Lei prese la scimmia per gli avambracci e la fece ruotare su se stessa in modo che non potesse morderla nell'improbabile caso che si fosse riavuta. Prima di estrarla, le immobilizzò le zampe anteriori dietro la schiena.

Johnson prese la scimmia per i piedi e insieme la trasportarono fino alla cappelliera dove la depositarono. Quindi, impacciati dalle tute, si mossero in direzione della sala autopsie – due primati umani che trasportavano un altro primate: signori della terra, o almeno così si credevano, i primi due, abitatore degli alberi il loro cugino. Ed entrambe le specie si trovavano in presenza di un'altra forma di vita, ben più antica e potente di loro, che aveva eletto il sangue a propria dimora.

La Jaax e Johnson uscirono dalla stanza e girarono a sinistra, poi ancora a sinistra ed entrarono in sala autopsie, dove adagiarono la scimmia su un tavolo di acciaio inossidabile. L'epidermide dell'animale era ricoperta da esantemi e chiazze rosse, ben visibili attraverso il pelo rado.

«*Guanti*» disse Johnson.

Infilarono i guanti di lattice sopra quelli della tuta. Ora ne portavano ben tre paia: il primo direttamente a contatto con la pelle, il secondo che faceva parte della tuta stessa e infine quello in lattice.

«*Procediamo con la lista di controllo*» disse ancora Johnson. «*Forbici. Emostatici.*» Parlando, allineava gli strumenti a capo del tavolo. Erano tutti numerati, e lui li nominò in ordine progressivo.

Si misero al lavoro. Assistito da Nancy, Johnson aprì la scimmia con un paio di forbici dalla punta smussata. Lavoravano lentamente, con grande attenzione e senza fare ricorso a lame affilate, perché in una zona calda una lama può tramutarsi in un oggetto mortale. Un bisturi può tagliare il guanto e raggiungere le dita, e prima ancora che si avverta dolore, l'agente si è già insediato nel circolo ematico.

Nancy aveva il compito di tendere a Johnson gli strumenti,

legare i vasi sanguigni e tamponare con piccole spugne l'eccesso di sangue. La cavità corporea dell'animale era un lago di sangue e le tracce di numerose emorragie interne erano chiaramente visibili. Il fegato era gonfio e lei notò la presenza di sangue anche nell'intestino.

Doveva stare attenta a non muovere le mani troppo in fretta, si disse. Per mantenere la concentrazione, ripeté mentalmente le varie fasi della procedura. Attenzione ora. Okay, prendi l'emostatico. Chiudi l'arteria con i morsetti, sta perdendo sangue. Adesso pulisci i guanti. Sentiva il sangue brulicante di Ebola attraverso gli strati protettivi dei guanti. Era umido e vischioso, benché lei avesse le mani pulite e asciutte e ancora cosparse di borotalco.

Le staccò dalla carcassa e le immerse in una bacinella piena di un disinfettante chiamato Envirochem, collocata in un lavello. Il disinfettante era verde pallido, il colore del tè giapponese, ma divenne torbido e marrone non appena vi immerse le mani. Nancy era consapevole solo del rumore dell'aria che circolava all'interno della tuta, un rombo simile a quello di un treno della metropolitana che percorra un tunnel.

Un virus è una piccola capsula formata da membrane e proteine, contenente uno o più filamenti di DNA o RNA, lunghe molecole in cui è inciso il software necessario alla replicazione del virus. Alcuni biologi classificano i virus come «forme di vita» perché di essi non si può dire con esattezza che siano vivi. Sono ambigui, né vivi né morti, e la loro pseudoesistenza si consuma nella terra di frontiera tra la vita e la non vita. All'esterno di una cellula i virus non danno origine ad alcun fenomeno; sono morti e possono addirittura creare formazioni cristalline. Le particelle virali che si trovano nel sangue o nel muco, invece, possono sembrare morte ma, dotate come sono di una superficie vischiosa, aspettano semplicemente che qualcosa accada. Se una cellula sfiora un virus che presenta il grado giusto di vischiosità, questo si abbarbica alla cellula, che a sua volta lo avviluppa e lo incorpora. E una volta dentro, il virus diventa un cavallo di Troia: si attiva e comincia a replicarsi.

Un virus è un parassita; per sopravvivere deve necessariamente riprodursi all'interno di una cellula. Tutte le cose viventi trasportano virus nelle loro cellule. Persino i funghi e i batteri sono abitati da virus e da essi vengono occasionalmente distrutti. Questo significa che anche le malattie possono, per così dire, ammalarsi. Per replicarsi, un virus deve disporre di una cellula, in caso contrario morirà. L'energia e il materiale della cellula sono infatti gli strumenti che utilizza per sopravvivere; si replica nel suo interno fino a saturarla e farla esplodere. Ancora, i virus possono spuntare dalla parete di una cellula, come gocce che scendono dal rubinetto – goccia, goccia, goccia, copia, copia, copia – è questo il principio del virus dell'AIDS. Il rubinetto continua a sgocciolare finché la cellula è completamente svuotata, distrutta. Se viene annientato un numero sufficiente di cellule, l'ospite muore. Ma non è questo che il virus *vuole*, dato che anch'esso rischia di morire, a meno che non sia così rapido da passare dall'ospite morente a un altro.

Il codice genetico di Ebola è una singola catena di RNA, il più antico e più «primitivo» codice vitale. È probabile che il brodo primordiale, comparso poco tempo dopo la formazione della Terra, fra i quattro e i quattro miliardi e mezzo di anni fa, abbia contenuto microscopiche forme di vita basate sull'RNA. Questo suggerisce che Ebola sia una forma di vita antichissima, antica forse quasi come la Terra stessa. Un'altra indicazione in tal senso ci viene dal fatto che Ebola non sembra del tutto vivo né del tutto morto. Trascina la sua esistenza in una terra di frontiera tra la vita e la non vita.

I virus possono apparire vivi quando si moltiplicano, ma per un altro verso sono palesemente morti, semplici macchine non diverse da un martello pneumatico. Sono squali molecolari animati da uno scopo ma privi di cervello. Logico e supremamente egoista, il virus è impegnato nella replicazione di se stesso, cosa che in certe circostanze può fare con incredibile rapidità.

I virus sono troppo piccoli perché li si possa vedere a occhio nudo, ma ecco un modo per farsi un'idea delle loro dimensioni: immaginate l'isola di Manhattan ridotta alle dimensioni di una capocchia di spillo. Ebbene, *questa* Manhattan potrebbe tranquillamente contenere nove milioni di virus. Se così fosse, la sua immagine ingrandita mostrerebbe una miriade di minuscole creature pigiate l'una contro l'altra come i pedoni che affollano la Quinta Avenue all'ora di colazione. Sul punto che conclude questa frase potrebbero trovare posto cento milioni di virus cristallizzati della poliomielite. Duecentocinquanta Woodstock di virus raggruppati su questo piccolo punto – la popolazione della Gran Bretagna e della Francia insieme –, su un segno di interpunzione tanto insignificante, e voi non lo sapreste mai.

Con calma, si ripeteva Nancy. Niente sangue. Niente sangue. Non mi *piace* il sangue. Ogni volta che ne vedo una goccia, vedo il virus. Smetti di lavorare e disinfettati. Fai con calma. Controlla la tuta di Tony.

Esaminare la tuta del collega in cerca di tagli o fori era una procedura abituale – una sorta di costante controllo per accertarsi che tutto fosse a posto.

Nel frattempo, Johnson studiava lei. La osservava con attenzione, pronto a cogliere un movimento troppo brusco, un gesto mal coordinato.

«*Rongeur*» disse.

«*Cosa*?»

A gesti, lui le segnalò di ripiegare la manichetta gialla. Quando Nancy ubbidì, la tuta si sgonfiò rapidamente e il ruggito dell'aria cessò. Johnson accostò il casco a quello di lei e ripeté: «*Rongeur*». Nancy gli tese il paio di pinze abitualmente utilizzate per aprire il cranio, così chiamate perché in francese il termine *rongeur* significa «roditore».

Aprire un cranio al Quarto Livello è sempre una rogna. Il cranio di un primate è duro e resistente, e le piastre ossee sono saldate insieme. Di norma, per espletare tale funzione si utilizza un'apposita sega elettrica, ma questo non è possibile in un ambiente dove il rischio di contaminazione biologica è così elevato. Una sega, infatti, proietterebbe in aria un misto di particelle ossee e goccioline di sangue, una sorta di nebbiolina infettiva troppo pericolosa anche se si indossa una tuta di protezione.

Il cranio della scimmia si spaccò con uno schianto sonoro. I due patologi ne estrassero il cervello, gli occhi e il midollo allungato e li gettarono in un recipiente pieno di liquido conservante. Il cervello era punteggiato da minuscole emorragie, simili a morsi di cimici.

Johnson stava tendendo a Nancy una provetta contenente un campione quando si fermò di colpo, gli occhi fissi sulle mani di lei. Indicò la destra.

Atterrita, Nancy seguì la direzione del suo sguardo. Il guanto. Già da tempo era fradicio di sangue, ma ora vedeva il foro: un piccolo squarcio sul palmo del guanto. Lo strappò via. Anche il guanto della tuta era coperto di sangue che colava lungo la manica esterna. Fantastico, proprio fantastico, *sangue saturo di Ebola su tutta la tuta*. Immerse il braccio nel disinfettante, e lo tirò fuori pulito e lucido. Solo allora si rese conto che la mano era fredda e vischiosa. C'era qualcosa di bagnato all'interno della Centurion. Forse anche quello si era strappato? Lo ispezionò con cura e sì, all'altezza del polso c'era una fessura. Dunque la tuta non era più sigillata ermeticamente. E si sentiva la mano *umida*. Il sangue infetto era finito anche a contatto con la pelle, con la piccola ferita sul palmo? Indicò il guanto e disse: «*Buco*».

Johnson si chinò a ispezionarlo. Un'espressione sorpresa balenò sul suo viso nel vedere lo strappo che si apriva all'altezza del polso. Quando la guardò, lei scoprì con terrore che aveva paura.

Con un gesto convulso del pollice indicò l'uscita: «*Io me ne vado. Finisce da solo?*».

La risposta fu: «*Voglio che lei esca immediatamente. Isolo la zona e la seguo*».

Usando solo la mano sinistra, Nancy staccò la manichetta dell'aria e a passi affrettati percorse il corridoio che portava alla camera di acclimatazione. Il braccio destro le penzolava inerte lungo il fianco; cercava di non muoverlo, perché a ogni minimo gesto sentiva un leggero sciabordio all'interno del guanto. Il panico stava minacciando di sopraffarla; come avrebbe fatto a togliersi gli stivali con una mano sola? Se ne liberò con due calci, mandandoli a volare lungo il corridoio. Spalancò la porta della camera di acclimatazione ed entrò richiudendola con forza dietro di sé.

Tirò la catena che pendeva dal soffitto e che attivava la doccia di decontaminazione. Il ciclo di funzionamento della «*Decon*», com'è comunemente chiamata, è di sette minuti, e in quest'arco di tempo l'uscita rimane chiusa, in modo che nessuno possa lasciare il locale prima di essere completamente decontaminato. C'è bisogno di tempo per eliminare i virus. Il primo getto d'acqua lavò via le tracce di sangue dalla tuta di Nancy, poi l'acqua fu sostituita da uno spruzzo di Envirochem immesso dagli ugelli che rivestivano le pareti e che valse a decontaminare la Centurion. Naturalmente, se c'era qualcosa di vivo all'interno del guanto, la doccia chimica non avrebbe potuto raggiungerlo.

La camera di acclimatazione era quasi buia, ideale rappresentazione di una zona d'ombra. Nancy desiderò avere un orologio, per poter calcolare i tempi di quell'attesa che le sembrava interminabile. Ancora cinque minuti? Quattro? Aveva la visiera del casco coperta da minuscoli schizzi; era come guidare sotto la pioggia, con i tergicristalli rotti. Merda, merda, merda, pensò.

All'Istituto, esiste un ospedale per il contenimento del rischio di contaminazione biologica di Quarto Livello, familiarmente noto come la Segreta, e dove i pazienti sono assistiti da medici e infermiere adeguatamente protetti. Se dopo un'esposizione a un agente caldo qualcuno finisce nella Segreta e lì muore, il suo cadavere viene trasportato nel vicino obitorio, noto come il Sottomarino. È questo il nome che gli hanno dato i soldati che vigilano sull'Istituto, a causa della sua massiccia porta in acciaio, molto simile al portello pressurizzato di un sottomarino.

Figlio di puttana! pensò ancora Nancy. Oh, all'inferno! Mi ficcheranno nella Segreta e Tony dovrà compilare montagne di rapporti mentre io mi faccio annientare da Ebola. Poi, tra una settimana finirò nel Sottomarino. Merda! Jerry è in Texas e oggi non sono andata in banca. In casa non c'è denaro e *bisogna* pagare la signora Trapane. Non sono andata neppure al supermercato, il frigo è praticamente vuoto. Cosa mangeranno i bambini se io finisco nella Segreta? Chi starà con loro stanotte? Merda, merda, merda!

La doccia si spense. Nancy aprì la porta e quasi si catapultò nella zona di acclimatazione. Si liberò in fretta della tuta, saltandone letteralmente fuori e la lasciò sull'impiantito di cemento, ancora gocciolante.

La manica destra era scura e bagnata, notò con sgomento e il sangue di Ebola si era sparso sul guanto interno, e solo il suo sottile strato di lattice lo separava dalla pelle e dal cerotto. Il Band-Aid era chiaramente visibile al di là di esso. Il cuore le martellava forte in petto, lo stomaco le si contrasse e un conato le aggredì la gola. Il fattore vomito; ossia l'improvviso impulso di rigettare che ci assale quando ci si scopre senza protezione in presenza di un organismo catalogato di Quarto Livello. Nancy aveva la mente in subbuglio. E adesso? Questo guanto non è stato decontaminato... ed è imbrattato di sangue infetto. Oh, *Gesù*. Qual è la procedura? Che cosa devo fare?

Sentì il sibilo dell'acqua. Tony Johnson aveva appena iniziato la doccia di decontaminazione. Avrebbe dovuto aspettare ancora sette minuti prima di avere la risposta ai suoi interrogativi.

Un pensiero inquietante la ossessionava: il sangue era penetrato nell'ultimo guanto e raggiunto la ferita sul palmo? Cinque o dieci particelle virali Ebola sospese in una goccia di sangue non avrebbero avuto difficoltà a insinuarsi in un foro grande come una puntura di spillo, e sarebbero state sufficienti ad avviare l'infezione. Dopotutto, cosa c'era di più facile che lasciarsi sfuggire un buco così piccolo? Nella stanza di acclimatazione non c'erano contenitori di Envirochem; non le restava che lavare il guanto con l'acqua. Andò al lavello e mise la mano sotto il getto. L'acqua mista a sangue venne risucchiata dal tubo di scarico per finire nei serbatoi riscaldati dove sarebbe stata sterilizzata.

Infine, con gesti cauti, si sfilò l'ultimo guanto. Comparve la mano destra, ancora cosparsa di borotalco, con le unghie corte, senza smalto, le nocche appena segnate dal morso di una capra, un incidente che risaliva alla sua infanzia, e un Band-Aid sul palmo.

C'era del sangue mischiato al borotalco. Ti prego, ti prego, fai che sia il *mio*.

Sì, era il suo. Il taglio aveva sanguinato un poco, filtrando attraverso il cerotto. Non vide traccia di sangue di scimmia.

Mise il guanto sotto il rubinetto ancora aperto e lo vide gonfiarsi come un palloncino. Temeva l'improvvisa comparsa di un filo d'acqua che avrebbe rivelato la presenza di una perdita, segno certo che la sua vita era giunta alla fine. Ma il guanto continuò a gonfiarsi e tenne. Non c'erano perdite.

Di colpo le gambe le cedettero. Si appoggiò alla parete e lentamente scivolò a terra; si sentiva come se qualcuno le avesse appena sferrato un pugno allo stomaco. Quando le sue gambe incontrarono la cappelliera, la allontanò con un calcio e si accasciò contro il muro. Fu così che Tony Johnson la trovò, quando uscì dalla camera di acclimatazione.

La conclusione del rapporto fu che il maggiore N. Jaax non era stata esposta a Ebola. Il guanto a diretto contatto con la pelle era rimasto intatto, e dato che era convinzione generale che l'agente si trasmettesse attraverso il contatto diretto col sangue o altre secrezioni corporee, si poteva escludere che il virus fosse riuscito a penetrare nel circolo ematico, nonostante le imperfette condizioni della tuta. Quella sera, quando tornò a casa, Nancy era ben conscia di essere sfuggita alla Segreta grazie soltanto a uno strato di lattice quasi impalpabile. Era stata quasi sul punto di farsi infettare da una scimmia morta, a sua volta contagiata da una giovane donna di nome Mayinga, che aveva contratto il virus letale da una suora, morta dissanguata anni prima nella giungla dello Zaire.

Quella sera telefonò a Jerry in Texas. «Lo sai? Ho avuto un piccolo problema, oggi. Sono stata vicina a beccarmi Ebola.»

Il marito reagì con sgomento al suo racconto. «All'inferno, Nancy! Te l'avevo detto di non immischiarti con quel maledetto virus. Quel *fottutissimo* Ebola!» Poi si lanciò in una diatriba di dieci minuti buoni sui pericoli di certi lavori effettuati con la tuta biologica. Lui stesso non aveva mai operato al Quarto Livello, non si era mai infilato una di quelle maledette tute blu. Era una faccenda troppo schifosamente pericolosa, la pensava così e non avrebbe cambiato idea.

Nancy rimase calma e non lo contraddisse. Si limitò a lasciarlo parlare e dopo che lui si fu sfogato ben bene, ne approfittò per dirgli di essere convinta che tutto sarebbe andato per il meglio.

Quanto a Jerry, era stupito della calma esibita dalla moglie. Sarebbe tornato a casa quella sera stessa se avesse percepito in lei anche solo una traccia di ansietà.

Gli esperimenti condotti da Johnson fallirono: i farmaci somministrati alle cavie non esercitarono alcun effetto sul virus. Tutte le scimmie infettate da Gene Johnson morirono, indipendentemente dalla terapia adottata. Morirono *tutte*, letteralmente annientate dal virus. A sopravvivere furono soltanto le due scimmie-controllo.

Nulla lasciava presagire che anche loro si sarebbero ammalate, ma due settimane dopo l'incidente occorso a Nancy, qualcosa di spaventevole accadde in quella stanza. Gli occhi delle due scimmie non infettate si fecero rossi, il loro naso prese a sanguinare e nel giro di poco tempo morirono entrambe. Non erano state deliberatamente contagiate e neppure erano state a diretto contatto con le altre scimmie, da cui le aveva separate l'intera larghezza del pavimento.

Una persona in buona salute che entri in una stanza occupata da un malato di AIDS e si fermi a una certa distanza da lui, non corre alcun rischio. Il virus non sarà mai in grado di attraversare la stanza per contagiarla. Ebola invece l'aveva fatto. Si era mosso con rapidità e decisione, seguendo un percorso sconosciuto. Con ogni probabilità, le scimmie-controllo lo avevano semplicemente respirato. «In qualche modo era arrivato fino a loro» mi raccontò Nancy Jaax, qualche anno dopo. «È noto che le scimmie sputano e spargono in giro le loro secrezioni. Presumibilmente, quando le gabbie vengono lavate con il tubo flessibile, si crea una sorta di effetto aerosol. Con ogni probabilità, Ebola viaggiò nell'aria trasportata da quelle minuscole goccioline. Fu allora che capii che era in grado di attraversare gli spazi aperti.»

7

IL FIUME EBOLA

Luglio-ottobre 1976

Il sei luglio 1976, a ottocento chilometri da Mount Elgon, nel Sudan meridionale, sul limitare della foresta pluviale centroafricana, un uomo conosciuto dai cacciatori di Ebola come Yu.G. ebbe un collasso circolatorio e morì perdendo sangue da tutti gli orifizi del corpo. Il signor Yu.G., di cui sono riportate solo le iniziali, fu il primo caso noto, il cosiddetto caso di riferimento, di un'epidemia scatenata da un virus sconosciuto.

Il signor Yu.G. lavorava come magazziniere in un cotonificio nella cittadina di Nzara, situata sul limitare della foresta pluviale del Centrafrica. Di recente la popolazione di Nzara è considerevolmente cresciuta e la città ha sperimentato a suo modo l'esplosione demografica che sta interessando tutte le regioni equatoriali del pianeta. Questa zona del Sudan meridionale è abitata dalla tribù degli Azande, che popola un territorio di savane miste ad aree di foresta pluviale, una bella regione dove le acacie si affollano lungo le sponde dei fiumi stagionali. Dai rami degli alberi, le colombe africane lanciano il loro prolungato richiamo. Tra un fiume e l'altro si stendono oceani di erba degli elefanti, che può raggiungere i tre metri e mezzo d'altezza. Dirigendosi a sud, verso lo Zaire, la terra si solleva a formare basse colline, la foresta copre tratti anche molto lontani dai fiumi, infittendosi fino a formare una sorta di verde baldacchino; è lì che comincia la foresta pluviale vera e propria. Intorno alla città di Nzara si stendevano frutteti e rigogliose piantagioni di teak e cotone. La gente era povera ma lavorava sodo, allevava famiglie numerose e si manteneva fedele alle tradizioni della tribù.

Il signor Yu.G. era un impiegato. Lavorava seduto a una scrivania in una stanza stracolma di pezze di cotone, sul retro della fabbrica. Dal soffitto, penzolavano i pipistrelli. Nessuno è mai riuscito a dimostrare che si trattava di pipistrelli infettati da Ebola. Il virus potrebbe essere penetrato nella fabbrica seguendo altri percorsi – forse attraverso gli insetti intrappolati nelle fibre di cotone, o i ratti che si annidavano nel fabbricato. O forse il virus non arrivò mai nelle vicinanze del cotonificio, e il signor Yu.G. fu contagiato altrove. Non si fece ricoverare in ospedale e morì su una brandina nella baracca dove abitava con la sua famiglia. I suoi celebrarono per lui un tradizionale funerale azande e accumularono un cumulo di pietre sul suo cadavere, adagiato in una radura di erba degli elefanti. La sua tomba è stata visitata di frequente da studiosi e medici americani, desiderosi di meditare sul suo significato nonché di porgere il loro omaggio al primo caso noto di Ebola Sudan.

Oggi, Yu.G. è ricordato come un uomo «tranquillo e modesto». Non esistono sue fotografie e sembra che nessuno ne rammenti l'aspetto. Non era particolarmente noto neppure nella sua città natia, ma si dice che il fratello fosse alto e snello, ed è quindi logico presumere che anche lui lo fosse. Varcò i cancelli della vita senza che nessuno, tranne la sua famiglia e pochi colleghi, se ne accorgesse. Il suo trapasso avrebbe potuto non significare nulla, se non fosse che il suo organismo era diventato un ospite.

Non passò molto tempo prima che il contagio si diffondesse. Pochi giorni dopo la morte di Yu.G., due suoi colleghi che lavoravano nella stessa stanza cominciarono a perdere sangue, entrarono in fase di shock e morirono in seguito a massicce emorragie. Uno dei due, P.G., era un tipo piuttosto popolare; a differenza del tranquillo signor Yu.G., aveva un'ampia cerchia di amicizie e parecchie amanti. Fu lui a diffondere l'agente in lungo e in largo per la città, e questo passò facilmente da individuo a individuo, apparentemente tramite il contatto fisico e i rapporti sessuali. Si replicava in fretta e poteva vivere senza difficoltà negli esseri umani. E uccise quasi tutti i suoi ospiti. Se un virus è in grado di spostarsi con sufficiente rapidità da un ospite all'altro, la sorte dell'ospite precedente conta ben poco, perché il virus è in grado di replicarsi per un considerevole lasso di tempo – almeno fino a quando non ha ucciso gran parte della popolazione ospite. La maggioranza dei casi fatali dell'Ebola Sudan, possono essere individuati ripercorrendo a ritroso la catena di contagio avviata dal tranquillo signor Yu.G. Da lui si irradiò un silenzioso raggio di morte che ebbe effetti devastanti sulla popolazione del Sudan meridionale. La nuova varietà imperversò per Nzara e quindi puntò a est, verso la città di Maridi, dov'era situato l'ospedale.

Si abbatté sull'ospedale come una bomba, uccidendo infermiere e inservienti, devastando gli ammalati, per poi imperversare tra i familiari dei degenti. Pare che lo staff medico avesse praticato iniezioni utilizzando aghi non sterilizzati. Fu dunque facilissimo per il virus diffondersi tra i ricoverati e quindi di ritorno sul personale stesso. Una delle peculiarità di un virus letale, contagioso e incurabile, è la rapidità con cui si propaga tra medici e paramedici. In alcuni casi, il sistema sanitario può addirittura accrescere le proporzioni dell'epidemia, proprio come una lente che faccia convergere i raggi del sole su un mucchietto di materiale infiammabile.

Il virus trasformò l'ospedale di Maridi in un obitorio. A mano a mano che saltava da un letto all'altro uccidendone i pazienti, i medici cominciarono a notare nei contagiati sintomi di squilibrio mentale, di psicosi e di spersonalizzazione. Alcuni dei morenti si strappavano di dosso gli indumenti e lasciavano l'ospedale nudi e sanguinanti, per poi vagabondare per le strade della città in cerca delle loro case, apparentemente inconsapevoli delle loro condizioni e di ciò che era accaduto. Non c'è alcun dubbio che Ebola danneggi il cervello provocando stati di demenza. Tuttavia, non è facile distinguere i danni cerebrali dagli effetti della paura. Non è forse logico che, trovandosi intrappolati in un ospedale dove i pazienti si dissolvono letteralmente nei loro letti, venga voglia di fuggire? E se siamo noi a sanguinare, perché il terrore non dovrebbe indurci a strapparci di dosso i vestiti, convincendo gli altri della nostra pazzia?

Rispetto a Marburg, la varietà Ebola Sudan è doppiamente letale: il tasso di mortalità fra i contagiati fu del cinquanta per cento, pari a quello della peste nera che imperversò nel Medio Evo. Dunque, una buona metà dei soggetti infettati morì, e anche rapidamente. Se Ebola Sudan fosse riuscito a lasciare l'Africa centrale, in poche settimane sarebbe potuto arrivare a Khartoum, poi al Cairo, e da lì chi avrebbe potuto impedirgli di raggiungere Atene, New York, Parigi, Londra, Singapore? Avrebbe potuto arrivare dappertutto. Questo tuttavia non è accaduto, e la crisi che si abbatté sul Sudan passò quasi inosservata al resto del mondo. L'epidemia di Ebola Sudan può essere paragonata a un esperimento nucleare effettuato in segreto. Se mai l'umanità si è trovata sull'orlo di un evento in grado di provocarne l'estinzione, non l'abbiamo mai saputo.

Per ragioni che non sono chiare, l'epidemia cominciò a perdere la sua iniziale virulenza e il virus scomparve. Ma l'ospedale di Maridi aveva costituito l'epicentro della crisi, e mentre il virus impazzava al suo interno, il personale medico e paramedico sopravvissuto si fece prendere dal panico e fuggì. Fu probabilmente la cosa più saggia che potessero fare, e anche la cosa utile, perché fece cessare l'utilizzo di aghi non sterilizzati e svuotò l'ospedale, contribuendo così a spezzare la catena infettiva.

C'è un'altra teoria che potrebbe spiegare la sparizione del virus Ebola Sudan. Era un virus esageratamente caldo, uccideva con tanta rapidità che ai contagiati restava ben poco tempo per infettare altre persone. Inoltre, non viaggiava nell'aria ma solo nel sangue, e poiché i morenti non avevano modo di contaminare molti altri soggetti prima di spirare, questo riduceva grandemente le possibilità di trasmissione. Se fosse stato possibile trasmettere il virus con un colpo di tosse, allora, le conseguenze sarebbero state ben diverse. Comunque sia, l'Ebola Sudan uccise alcune centinaia di persone nell'Africa centrale, e le uccise con la rapidità con cui un incendio consuma un mucchio di paglia prima di raggiungerne il centro e lentamente estinguersi; diverso in questo dal virus dell'AIDS, più simile a un fuoco che cova sotto la cenere, impossibile da spegnere. Ebola Sudan si ritirò nel cuore della giungla, dove senza alcun dubbio vive tuttora, ripetendo ininterrottamente il suo ciclo nell'organismo di un ospite a noi sconosciuto, capace di mutare e di assumere caratteristiche diverse e sempre potenzialmente in grado di penetrare tra gli uomini sotto un'altra forma.

Due mesi dopo l'emergenza Sudan – si era ai primi di settembre del 1976 – un filovirus ancora più letale fece la sua comparsa a 800 chilometri più a ovest, in una provincia dello Zaire denominata Bumba Zone, un tratto di foresta pluviale tropicale costellato da radi villaggi e bagnato dal fiume Ebola, affluente del Congo. La varietà Ebola Zaire era quasi due volte più letale di Ebola Sudan. Parve erompere dal nulla con l'implacabilità di una forza mossa da imperscrutabili intenzioni. A tutt'oggi, non è stato ancora possibile individuare il primo caso umano di Ebola Zaire.

In quei primi giorni di settembre, qualcuno che probabilmente viveva sulla sponda meridionale del fiume Ebola, toccò forse qualcosa di sanguinolento, potrebbe essere stata carne di scimmia, la gente di quella zona se ne ciba abitualmente, o magari un elefante o un pipistrello, oppure chissà, quella persona toccò un insetto schiacciato, o fu morso da un ragno. Qualunque fosse il primo ospite del virus, è probabile che sia stato un contatto ematico a permettergli di penetrare nel mondo degli uomini. Forse, la porta che gli garantì tale accesso fu una ferita sulla mano di questo individuo sconosciuto.

Il virus si manifestò allo Yambuku Mission Hospital, una clinica dell'entroterra gestita da suore belghe. Il piccolo ospedale, un'accozzaglia di tetti di lamiera e muri imbiancati a calce, sorgeva nella giungla, vicino a una chiesa da cui scaturivano ogni giorno le melodie degli inni religiosi e le formule liturgiche della messa celebrata in bantù. Nei pressi, gli ammalati aspettavano in fila che una religiosa somministrasse loro un'iniezione contro la febbre malarica.

La missione di Yambuku ospitava anche una scuola. Verso la fine di agosto, uno degli insegnanti si recò in vacanza con alcuni amici nelle regioni settentrionali dello Zaire. Per il viaggio, presero in prestito una Land Rover della missione, e a mano a mano che si dirigevano a nord si divertirono a esplorare il paese, percorrendo piste malconce, senza dubbio finendo qualche volta impantanati nel fango, come sempre accade quando si cerca di attraversare in auto lo Zaire. Le piste erano quasi sempre semplici sentieri sormontati da verdi baldacchini di foglie, e sempre in ombra, così da dare l'impressione di avanzare lungo un tunnel. Giunsero infine sulle sponde del fiume Ebola, e attraversatolo a bordo di un traghetto, proseguirono verso nord. Nelle vicinanze del fiume Obangui, fecero sosta in un mercatino all'aperto dove l'insegnante comprò della carne fresca di antilope, mentre un suo amico acquistava una scimmia uccisa da poco. La carne venne stipata nel bagagliaio della Land Rover e chiunque di loro può averla toccata, mentre l'auto avanzava sobbalzando sul sentiero.

Al loro ritorno, la moglie del maestro cucinò per la famiglia la carne di antilope. La mattina seguente l'uomo non si sentiva bene e prima di presentarsi al lavoro, si fermò all'ospedale, sull'altro lato della chiesa, per farsi fare un'iniezione.

Ogni mattina le suore dello Yambuku Hospital disponevano su un tavolo cinque siringhe ipodermiche che utilizzavano per le iniezioni dell'intera giornata. Cinque aghi al giorno per somministrare farmaci alle centinaia di persone che affollavano il reparto pazienti esterni dell'ospedale e la clinica ostetrica. Di tanto in tanto, dopo un'iniezione li sciacquavano in una bacinella di acqua calda, così da eliminarne il sangue, ma più spesso tralasciavano anche questa elementare precauzione, passando da un braccio all'altro e mescolando sangue a sangue. Dato che Ebola è altamente contagioso, e che cinque o dieci particelle di esso bastano ad avviare attraverso il contatto ematico un'amplificazione di larga portata in un nuovo ospite, ecco che l'agente disponeva di un'eccellente opportunità per diffondersi.

Pochi giorni dopo, il maestro si ammalò. Il suo era il primo caso noto di Ebola Zaire, ma è probabile che lo abbia contratto da uno degli aghi non sterilizzati dalle suore, e ciò significa che qualcuno già infetto era passato dall'ospedale e che su di lui era stato utilizzato lo stesso ago impiegato successivamente per il maestro. Con ogni probabilità fu questo sconosciuto a dare il via all'esplosione epidemica di Ebola nello Zaire. Come era già accaduto in Sudan, la comparsa di una forma di vita che avrebbe potuto in teoria diffondersi su tutta la terra, cominciò con *un solo* individuo contagiato.

Il virus eruppe simultaneamente in cinquantacinque villaggi circostanti l'ospedale. Prima uccise le persone a cui era stata praticata l'antimalarica, quindi si diffuse tra le loro famiglie, accanendosi con particolare ferocia sulle donne, a cui in Africa spetta il compito di preparare i morti alla sepoltura. Spinta da un'implacabile volontà di replicarsi, l'entità si era introdotta nell'organismo di un individuo che nella foresta aveva toccato qualche cosa di sanguinolento e che, accusando in seguito mal di testa, aveva deciso di recarsi allo Yambuku Hospital per farsi fare un'iniezione. E quella prima persona fu presumibilmente infettata da quattro o cinque particelle virali di cui solo Dio conosce la provenienza.

Il virus imperversò per lo Yambuku Hospital uccidendo buona parte delle infermiere e quindi le suore belghe. Fra di loro, la prima a essere contagiata fu l'ostetrica che aveva assistito alla nascita di un nato morto. La madre, affetta dal virus, lo aveva trasmesso al feto, che evidentemente era morto dissanguato quando ancora si trovava nell'utero. La suora che si era occupata di questo grottesco parto si imbrattò abbondantemente di sangue le mani. Era sangue altamente infetto, e lei doveva avere un'escoriazione o un graffio su una mano. Il virus la colpì con micidiale violenza e di lì a cinque giorni era morta.

Quando un'altra religiosa che all'epoca lavorava allo Yambuku Hospital e oggi è nota come suor M.E., cadde vittima dell'«*Epidemie*», come avevano cominciato a chiamarla, un sacerdote decise di portarla a Kinshasa, capitale dello Zaire, dove avrebbe potuto essere curata in modo migliore. Lui e un'altra suora, suor E.R., trasportarono l'ammalata a bordo di una Land Rover fino alla città di Bumba, capitale regionale della Bumba Zone, una cittadina di edifici di calcestruzzo di scorie e baracche di legno appollaiata sulle sponde del fiume Congo. Da lì, raggiunsero Kinshasa a bordo di un piccolo aereo, e una volta in città portarono suor M.E. al Ngaliema Hospital, un ospedale privato gestito da suore svedesi, dove le venne assegnata una camera singola. Lì, la religiosa sopportò un'atroce agonia e infine affidò la propria anima a Cristo.

Ebola Zaire attacca tutti gli organi e i tessuti del corpo umano tranne le ossa e i muscoli scheletrici: è un parassita perfetto, dato che trasforma virtualmente ogni parte del corpo in un ammasso semiliquido di particelle virali. In qualche modo, le sette misteriose proteine di Ebola lavorano insieme con la spietatezza di una macchina tesa alla distruzione totale dell'organismo. A mano a mano che l'infezione progredisce, grumi di sangue si formano nel circolo ematico, il sangue si fa più denso, la circolazione più lenta, e i grumi iniziano ad aderire alle pareti dei vasi sanguigni. È questo un fenomeno conosciuto come «pavimentazione» perché i grumi compongono una sorta di mosaico che va a formarsi sul rivestimento dei vasi sanguigni. Il mosaico si ispessisce e produce altri grumi che vengono trasportati attraverso il circolo ematico nei piccoli capillari, dove si insediano. In questo modo, svariate parti del corpo non sono più irrorate dal sangue, il che dà il via a processi di necrosi nel cervello, nel fegato, nei reni, nei polmoni, nell'intestino, nei testicoli, nelle mammelle (negli uomini come nelle donne) e nell'epidermide su cui compaiono chiazze rosse, dette «petecchie», a indicare la presenza di emorragie sottocutanee. Ebola attacca con particolare ferocia il tessuto connettivo, si moltiplica nel collagene, ossia il tessuto che sovrintende alla compattezza della pelle e mantiene le cellule unite tra di loro. Il collagene si trasforma in una sorta di poltiglia, e gli strati più profondi dell'epidermide muoiono e si liquefanno. In superficie, invece, esplodono minuscole vesciche bianche e rosse che rispondono al nome di esantema maculopapulare. Tale esantema è stato paragonato al *pudding* di tapioca. Sulla pelle compaiono anche lacerazioni spontanee da cui sgorga sangue emorragico. Le chiazze rosse si moltiplicano e si allargano fondendosi insieme fino a diventare estesissimi ematomi, la pelle si fa molle e cedevole, e si strappa se sottoposta a una pressione anche lieve. La bocca sanguina e così le gengive, e a volte si verificano emorragie delle ghiandole salivari – letteralmente tutti gli orifizi del corpo, i piccoli come i grandi, sanguinano. La lingua assume una tonalità rosso brillante, quindi si stacca per venire ingoiata o sputata. Si tratta, pare, di un fenomeno dolorosissimo. Può anche capitare che la pelle della lingua si laceri durante gli accessi di vomito nero. Altrettanto facilmente può staccarsi il rivestimento della trachea, e il tessuto morto scivola nei polmoni o viene espulso con l'espettorato. Il cuore sanguina *all'interno*; il muscolo cede e negli atri e nei ventricoli si verificano emorragie; con i battiti, il sangue viene espulso dal cuore e va a riempire la cavità toracica. Il cervello si intasa di globuli rossi, una condizione nota come «agglutinazione del cervello». Infine, Ebola aggredisce il rivestimento dei bulbi oculari, che a volte si riempiono di sangue provocando cecità. Piccole gocce di sangue compaiono sulle palpebre e rigano le guance dell'ammalato, senza coagularsi. A questo punto non è esclusa una paresi emisferica, che nel caso di Ebola è irrimediabilmente fatale. Benché gli organi interni siano ormai intasati di sangue coagulato, quello che fuoriesce dal corpo non si raggruma e assomiglia al siero della ricotta. Basta versarne un po' in una provetta per accorgersi che è ormai distrutto. I globuli rossi sono morti. È come se il sangue fosse stato frullato con un frullatore elettrico.

Ebola attiva una necrosi strisciante, discontinua, che interessa tutti gli organi interni. Il fegato si gonfia e diventa giallo, comincia a liquefarsi e infine si spacca. Profonde fenditure lo attraversano per tutta la superficie fino a quando l'organo muore e imputridisce. Intasati da grumi sanguigni e cellule morte, i reni smettono di funzionare. Con la cessazione delle funzioni renali, l'urina intossica il sangue, la milza si tramuta in un unico, enorme agglomerato di sangue solidificato, grande più o meno come una palla da baseball. Spesso anche l'intestino si satura di sangue. Il suo rivestimento muore, si distacca e viene eliminato con le feci insieme con grandi quantitativi di sangue. Negli uomini, i testicoli si gonfiano e assumono una colorazione livida, lo sperma si satura di Ebola e a volte i capezzoli sanguinano. Nelle donne, le labbra della vagina si fanno blu, livide e sporgenti, e può verificarsi una massiccia emorragia vaginale. Il virus ha inoltre effetti devastanti sulle donne incinta. Il feto, abortito spontaneamente, di solito è infetto e presenta i primi sintomi della malattia: occhi arrossati e naso sanguinante.

Ebola distrugge il cervello più ampiamente e più diffusamente di quanto faccia il virus Marburg, e spesso nello stadio terminale le sue vittime soffrono di crisi epilettiche. Durante le convulsioni, genericamente indicate come attacchi di *grand mal*, tutto il corpo comincia a rabbrividire e a tremare, e gli occhi, che a volte colano sangue, si rovesciano all'indietro. Spesso, il sangue del paziente finisce con lo spargersi tutt'intorno, e forse tale fenomeno è una delle riuscite strategie di Ebola, che ha così maggiori possibilità di introdursi in un altro ospite.

Ebola e Marburg si moltiplicano con tanta rapidità ed efficacia che le cellule dell'organismo infettato diventano veri e propri blocchi di particelle virali simili a cristalli. Questi cristalloidi, autentici vivai di virus che si preparano a lasciare la cellula, sono noti come «mattoni». Essi appaiono inizialmente nei pressi del nucleo della cellula, per poi migrare verso la superficie. Una volta raggiunta la parete, si disintegrano in centinaia di particelle singole, sbucano dalla parete della cellula e si diffondono nel circolo ematico dell'ospite. Le particelle di Ebola così generate si attaccano alle cellule di ogni parte del corpo, penetrano in esse e lì continuano a moltiplicarsi. Ebola si moltiplica nel cuore, negli intestini, negli occhi, letteralmente ovunque. Continua a moltiplicarsi finché intere aree di tessuto non sono sature di cristalloidi che a loro volta generano altre particelle; la moltiplicazione continua inesorabile fino a quando una sola goccia del sangue dell'ospite arriva a contenere anche cento milioni di virus. Dopo la morte, il cadavere si decompone con estrema rapidità: gli organi interni, morti parzialmente o per intero ormai da giorni, hanno già cominciato a dissolversi e si verifica una sorta di fenomeno di liquefazione; i tessuti connettivi, la pelle e gli organi, già costellati di zone morte, riscaldati dalla febbre e danneggiati dallo shock, cominciano appunto a liquefarsi e le secrezioni emesse dal cadavere sono naturalmente sature di Ebola.

Quando tutto fu finito, il pavimento e le pareti della camera d'ospedale che ospitava suor M.E. erano chiazzati di sangue. Qualcuno che ebbe modo di vedere la stanza mi disse che, una volta portato via il cadavere, nessuno acconsentì a entrarvi per pulirla; le infermiere e i medici avevano addirittura paura di respirarne l'aria, e la camera finì per essere chiusa a chiave, e così rimase per parecchi giorni. Forse, il terrificante spettacolo che presentava suscitò nella mente di un paio di persone qualche interrogativo sulla natura dell'Essere Supremo o forse, per quelli meno inclini alle speculazioni filosofiche, il sangue sui muri divenne un memento sulla natura della Natura.

Nessuno sapeva che cosa avesse ucciso la suora, ma si trattava chiaramente di un agente in grado di replicarsi, e i sintomi non erano tali da potersi considerare con freddezza. Ad aggravare la situazione, contribuivano le voci secondo cui l'agente sconosciuto stava spopolando interi villaggi lungo il Congo. Non era così, in realtà: il virus selezionava le famiglie da colpire, ma nessuno era in grado di capirlo dato che il flusso di notizie in arrivo veniva prontamente soffocato. I medici dell'ospedale di Kinshasa che studiarono il caso della religiosa, cominciarono a sospettare che a ucciderla fosse stato il virus Marburg o un altro simile a esso.

Fu quindi la volta di suor E.R., la religiosa che aveva accompagnato a Kinshasa suor M.E. Anche lei venne ricoverata in una stanza singola, dove cominciò a manifestare gli stessi sintomi che avevano ucciso la consorella.

All'ospedale di Ngaliema lavorava una giovane infermiera di nome Mayinga N. (Mayinga è il nome proprio; del cognome si conosce solo l'iniziale). L'infermiera stava assistendo suor M.E. quando questa era spirata, ed è probabile che si fosse sporcata con il sangue o il vomito nero della religiosa. Comunque fosse, Mayinga cominciò ad accusare mal di testa e senso di affaticamento. Pur consapevole di essere ammalata, non volle tuttavia riconoscerlo neppure con se stessa. Proveniva da una famiglia povera ma ambiziosa, e aveva vinto una borsa di studio per un college europeo. Temeva quindi che una malattia le avrebbe impedito di recarsi all'estero. Quando insorse l'emicrania, Mayinga lasciò l'ospedale e scomparve per due interi giorni che trascorse in città, dove sperava di ottenere i necessari permessi di viaggio prima che il suo stato diventasse evidente. Per un'intera giornata fece la coda negli uffici del ministero degli Esteri dello Zaire, nel tentativo di farsi rilasciare immediatamente la documentazione. Il giorno dopo si sentiva peggio, ma invece di presentarsi al lavoro tornò in città. Questa volta raggiunse in taxi il più grande ospedale di Kinshasa, il Mama Yemo Hospital. Ormai, il mal di testa si era fatto accecante, lo stomaco le doleva e lei era spaventatissima. Perché non tornò al Ngaliema Hospital, dove i medici la conoscevano e si sarebbero presi cura di lei? Con ogni probabilità, il suo fu un rifiuto psicologico. Mayinga non voleva ammettere neanche con se stessa di essere stata contagiata. Sperando forse di avere contratto semplicemente la malaria, andò al Mama Yemo Hospital, l'ultima spiaggia dei poveri della città, e attese a lungo nella sala del pronto soccorso affollata di persone vestite di stracci.

La vedo con gli occhi della fantasia, l'infermiera Mayinga, la prima fonte del virus ora conservato nei congelatori dell'esercito degli Stati Uniti. Era il 12 ottobre 1976. Mayinga era una bella africana sulla ventina, dai modi affabili e pacati; una ragazza piena di sogni e di progetti che cercava di convincersi che ciò che le stava accadendo non stesse accadendo davvero. Dicono che i suoi genitori l'amassero moltissimo, che fosse la pupilla dei loro occhi, e ora eccola seduta nella sala d'attesa del pronto soccorso del Mama Yemo, fra malarici e bambini dal ventre gonfio, e nessuno le presta attenzione, perché l'unico sintomo evidente in lei sono gli occhi arrossati. Un medico le pratica l'antimalarica e le consiglia di mettersi in quarantena per l'intera durata dell'attacco. Ma non c'è posto nel reparto infettivi del Mama Yemo Hospital, così Mayinga lascia l'ospedale a bordo di un altro taxi. Dice all'autista di condurla all'University Hospital, dove forse sapranno come curarla. Ma neppure i medici di quell'ospedale riescono a formulare una diagnosi più precisa; Mayinga presenta solo vaghi sintomi forse attribuibili alla malaria. Intanto, il mal di testa è peggiorato ancora, e quando la immagino seduta nella sala d'aspetto di questo secondo ospedale, sono quasi certo che sta piangendo. In ultimo, Mayinga prende atto della propria impotenza: torna al Ngaliema Hospital e chiede di esservi ammessa come paziente. Viene ricoverata in una stanza singola, dove cade in uno stato letargico, e il suo viso si congela in una sorta di maschera.

Ormai da tempo giungevano dalla giungla voci sull'epidemia e le sue conseguenze, e ora la scoperta che una donna contagiata aveva girato Kinshasa in lungo e in largo per due giorni interi, entrando a contatto con chissà quante persone in stanze affollate e luoghi pubblici, scatenò il panico in città. L'inquietante notizia si diffuse in primo luogo tra i membri delle missioni, i dipendenti governativi e i diplomatici che frequentavano i cocktail party, e successivamente raggiunse anche l'Europa. Quando si seppe dell'accaduto, negli uffici ginevrini dell'Organizzazione Mondiale della Sanità, il panico dilagò come un'ondata. In seguito alcuni raccontarono che nei corridoi la paura era quasi tangibile, e che il direttore dell'Organizzazione era visibilmente scosso. L'infermiera Mayinga sembrava essere divenuta a tutti gli effetti il vettore di una devastante catena di contagio in un'affollata città del terzo mondo la cui popolazione si aggirava intorno ai due milioni di persone. Funzionari dell'Organizzazione Mondiale della Sanità cominciarono a temere il profilarsi di una catastrofe di portata mondiale. I governi europei presero in considerazione l'opportunità di impedire l'atterraggio agli aerei provenienti da Kinshasa. In sostanza, il fatto che una persona infetta avesse vagabondato per la città per due giorni, invece di restare segregata in una camera d'ospedale, cominciò ad assumere le connotazioni di un evento potenzialmente pericoloso per l'intera umanità.

Il presidente Mobutu Sese Seko, primo cittadino dello Zaire, fece intervenire l'esercito. L'ospedale di Ngaliema venne circondato e i soldati ricevettero l'ordine di non lasciare entrare o uscire nessuno se non il personale medico. Buona parte dei dottori erano già in quarantena all'interno dell'ospedale stesso, ma l'intervento militare rappresentò un'ulteriore garanzia. Il presidente Mobutu ordinò inoltre all'esercito di chiudere la Bumba Zone con blocchi stradali e di sparare a chiunque tentasse di uscirne. Il principale tramite di collegamento della zona con il mondo esterno era rappresentato dal fiume Congo, ma i capitani delle imbarcazioni fluviali, informati di quanto stava accadendo, si rifiutarono di fare sosta nel tratto di fiume che attraversava la Bumba Zone, senza curarsi dei capannelli di gente che li implorava dalla riva. Poi, anche i contatti radio cessarono. Nessuno sapeva più che cosa stesse accadendo nella zona chiusa, quanti fossero i morti e come stesse agendo il virus. Era come se Bumba fosse sparita dalla faccia della terra per precipitare nel cuore silenzioso del nulla.

Mentre la prima suora ricoverata all'ospedale Ngaliema era agonizzante, i medici che la curavano decisero di effettuare una «agobiopsia», ossia un prelievo di campioni di tessuto da eseguire nell'imminenza della morte, in sostituzione dell'autopsia vera e propria. La suora apparteneva a un ordine religioso che proibiva determinati interventi, ma i dottori erano troppo ansiosi di scoprire che cosa si stesse replicando nel suo organismo. Quando subentrarono le convulsioni e lo shock terminale, le inserirono un ago nella parte superiore dell'addome e aspirarono una certa quantità di fegato. L'organo aveva cominciato a liquefarsi, e l'ago era piuttosto grosso, cosicché fu possibile prelevarne quanto bastava per riempire una siringa da biopsia. Probabilmente fu durante questa operazione che il sangue della morente schizzò sulle pareti. I medici si procurarono inoltre campioni di sangue da cui provvidero a estrarre il siero. Qualche giorno dopo, parte di questo siero finì nello Special Pathogens Branch of the Centers for Disease Control di Atlanta, Georgia – una particolare sezione in cui si studiano gli agenti patogeni speciali.

Tale sezione, che si occupa appunto dell'individuazione di virus sconosciuti, è stata fondata in epoca recente da un virologo, Karl M. Johnson, che ha operato soprattutto nelle foreste pluviali dell'America centromeridionale (nessuna parentela con Gene Johnson, lo scienziato, né con il colonnello Tony Johnson, il patologo). Karl Johnson era a capo dell'équipe che analizzò il sangue della suora contagiata.

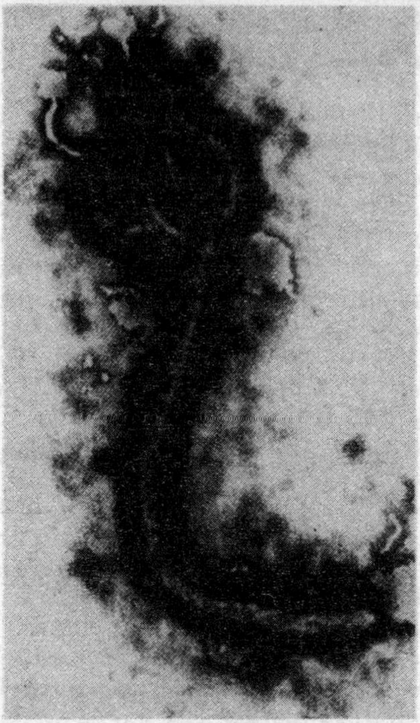

*Una particella del virus Ebola che presenta un'accentuata curvatura (detta «*shepherd's crook*», bastone da pastore), in questo caso un doppio uncino aggrovigliato. È una delle prime fotografie dell'Ebola. Fu scattata il 13 ottobre 1976 da Frederick A. Murphy, all'epoca collaboratore dei Centers for Disease Control. Le formazioni grumose filiformi all'interno della particella sono proteine strutturali. Circondano un'unica catena di RNA, che costituisce il codice genetico del virus. L'immagine è ingrandita 112.000 volte.* (Fotografia di Frederick A. Murphy/Centers for Disease Control.)

I campioni arrivarono in alcune provette conservate in una scatola di ghiaccio secco. Fu un membro dell'équipe, Patricia Webb, all'epoca sposata con Karl Johnson, ad aprire la confezione. Le provette si erano rotte e il sangue si era sparso all'interno. La Webb riuscì comunque a recuperarne quanto bastava per dare inizio ai test. Nel maneggiare il siero, non si preoccupò di usare speciali precauzioni (si era nel 1976, molto prima che l'AIDS diventasse una questione d'attualità), e Johnson e i suoi ignoravano quasi tutto di quanto stava accadendo nello Zaire. Sapevano soltanto che in quel paese alcuni individui stavano morendo di una «febbre» che presentava «sintomi generalizzati» – nessun particolare significativo era arrivato fino a loro dalla giungla, né dall'ospedale in cui la suora era morta.

Della squadra di Johnson faceva parte anche un medico di nome Frederick A. Murphy, uno dei più importanti tra i fotografi di virus che utilizzano il microscopio elettronico (le sue immagini sono state esposte in molti musei d'arte). Murphy voleva dare un'occhiata da vicino alle cellule morenti per vedere se ci fosse la possibilità di fotografare i virus in esse contenuti. Il tredici ottobre – lo stesso giorno in cui l'infermiera Mayinga si aggirava per gli ospedali di Kinshasa – Murphy utilizzò queste cellule per allestire un preparato per il microscopio elettronico.

Ciò che vide lo lasciò stupefatto. Il materiale brulicava letteralmente di particelle virali; mai prima d'ora gli era capitato di assistere a un simile spettacolo, e la sorpresa gli mozzò il fiato mentre osservava quei minuscoli organismi, molto simili nella forma ai lombrichi. «Marburg» pensò. Nel 1976, infatti, quello era l'unico filovirus noto nel mondo. Murphy non aveva mai visto una tale quantità di virus ammassata in un campione così ridotto.

Si rialzò bruscamente, pervaso da una strana sensazione. Il laboratorio in cui aveva preparato i campioni era caldo, caldo come l'inferno. Uscì chiudendo la porta dietro di sé, e percorse quasi correndo il corridoio che portava al laboratorio dove aveva manipolato il sangue della suora. Lo lavò da cima a fondo con il Clorox, senza trascurare un solo piano d'appoggio, un solo lavello. Disinfettò la stanza con estrema meticolosità e, solo dopo aver finito, telefonò a Patricia Webb per informarla della sua scoperta. Lei si mise immediatamente in contatto col marito. «Karl, faresti meglio a venire subito al laboratorio. Fred ha esaminato un campione e vi ha trovato dei *vermi*.»

Insieme, i tre medici si sforzarono di classificare le varie forme dei cosiddetti vermi. Individuarono così virus a forma di serpenti, di code di maiale, di rami, di *Y*, e ancora scarabocchi simili a piccole *g* e altri identici alla lettera *U* e sinuosi 6. Notarono anche una delle forme classiche, a cui diedero il nome di «bastone da pastore».

Altri esperti di Ebola definiscono invece quella particolare forma a «*golfare*», da uno speciale bullone reperibile nei negozi di ferramenta.

Il giorno seguente, Patricia Webb effettuò alcuni esami sul virus così battezzato, e scoprì che non reagiva a nessuno dei test messi a punto per Marburg o altri virus noti. Era dunque evidente che si trattava di un agente sconosciuto. Poiché erano stati i componenti del team a isolare la nuova varietà, a loro spettava il diritto di deciderne il nome. Karl Johnson si pronunciò per Ebola.

Karl Johnson non lavora più al CDC, e adesso passa il suo tempo a pescare trote nel Montana. Si occupa anche di consulenze su svariate questioni, tra cui la progettazione di zone calde pressurizzate. Una volta appreso che era possibile raggiungerlo tramite un numero di fax di Big Sky, nel Montana, gli inviai un messaggio in cui mi dichiaravo affascinato dal virus Ebola. So per certo che il fax arrivò a destinazione, ma non ottenni alcuna risposta, e dopo un giorno di attesa gliene mandai un altro. Anche questo, tuttavia, non sortì alcun effetto. Forse, Johnson era troppo occupato a pescare per preoccuparsi di rispondermi. Avevo ormai rinunciato, quando il mio fax entrò improvvisamente in funzione:

Signor Preston,
a meno che nella categoria delle esperienze «affascinanti» non rientri anche lo sguardo del cobra, «affascinato» non è esattamente il modo in cui mi sento quando penso a Ebola. Che gliene pare di «spaventato a morte»?

Due giorni dopo che il virus Ebola era stato isolato per la prima volta, Karl Johnson partì per lo Zaire in compagnia di Joel Breman, anche lui medico del CDC. Atterrarono a Kinshasa all'alba, insieme con diciassette scatoloni di attrezzature varie.

Ecco come Karl Johnson mi descrisse la scena:

«Kinshasa si era trasformata in una specie di manicomio. Dalla provincia di Bumba non arrivavano più notizie, e i contatti radio erano stati interrotti. Sapevamo che laggiù la situazione era molto grave, e che ci trovavamo di fronte a qualcosa di completamente nuovo. Non sapevamo ancora se il virus avesse la capacità di diffondersi nell'aria attraverso minute goccioline, un po' come fa quello dell'influenza. Se Ebola avesse avuto questa caratteristica, oggi il mondo sarebbe un posto molto diverso.»

«In che senso?» chiesi io.

«Be', non saremmo più così tanti. Perché capisce, sarebbe stato *insormontabilmente* difficile tenere sotto controllo il virus in presenza di una componente respiratoria significativa. All'epoca immaginai che se Ebola apparteneva alla varietà Andromeda – una varietà incredibilmente letale che si diffonde attraverso l'aria – allora in tutto il mondo non ci sarebbe stato un solo posto in cui considerarsi al sicuro. Di conseguenza, era preferibile lavorare là dov'era l'epicentro della crisi, piuttosto che farsi contagiare durante uno spettacolo al teatro dell'Opera di Londra.»

«Lei considera belli i virus?»

«Oh, sì» mormorò lui. «Non è forse vero che quando si fissa un cobra negli occhi si scopre che la paura ha un'altra faccia? Il timore quando si comincia a cogliere l'essenza della bellezza. Esaminare Ebola a un microscopio elettronico è un po' come guardare uno splendido castello scolpito nel ghiaccio. Qualcosa di intensamente freddo e totalmente puro.»

Karl Johnson divenne il capo di un team internazionale dell'Organizzazione Mondiale della Sanità che si riunì a Kinshasa per cercare di porre un freno alla prevista esplosione epidemica, mentre Joel Breman entrava a far parte della squadra operativa che raggiungeva l'entroterra a bordo di un Buffalo C-130 adibito ai trasporti militari.

Il Buffalo, di fabbricazione americana, era in dotazione all'aeronautica zairese, ed equipaggiato con sedili rivestiti di pelliccia di leopardo, letti pieghevoli e bar. Era infatti l'aereo privato del presidente Mobutu, che lo utilizzava per raggiungere la Svizzera con la sua famiglia. Una sorta di palazzo presidenziale, dunque, che ora tuttavia trasportava nella zona calda i collaboratori dell'Organizzazione Mondiale della Sanità. Comodamente seduti, i medici contemplavano le interminabili distese di foresta pluviale e di fiume marrone, un paesaggio monotono interrotto soltanto dal bagliore di un giogo per buoi o da un grappolo di capanne disposte come perline lungo una strada a malapena visibile o un sentiero. Fu mentre guardava il cuore dell'Africa sotto di lui, che Breman scoprì di essere terrorizzato dalla prospettiva di mettere piede a terra – stava andando nella Bumba Zone a morirvi, fu l'inquietante pensiero che si affacciò alla sua mente. Non avrebbe più rivisto sua moglie e i suoi due figli, rimasti nel Michigan. Con sé, Breman aveva una borsa in cui aveva infilato, oltre allo spazzolino da denti, qualche mascherina chirurgica di plastica, alcuni camici e dei guanti di gomma. Certo non l'equipaggiamento adatto per affrontare un agente caldo. Il Buffalo cominciò la discesa, e comparve la città di Bumba, un malconcio porto tropicale che si allargava lungo il Congo.

Il Buffalo atterrò su una pista nei sobborghi della città, e fu subito evidente che l'equipaggio era terrorizzato, timoroso perfino di respirare l'aria del posto; non spensero neppure i motori mentre spingevano i medici lungo il corridoio e scaraventavano letteralmente dietro di loro i bagagli. Di lì a poco i dottori si ritrovarono in piedi nell'aria mossa dall'elica, mentre il Buffalo rullava per decollare di nuovo.

In città, si incontrarono con il governatore di Bumba, un politico locale chiaramente sconvolto, che si era improvvisamente trovato in guai più grossi di lui. «La situazione è grave» annunciò ai medici. «Non siamo riusciti a procurarci né sale né zucchero.» Nella sua voce vibrava il pianto quando aggiunse: «E neppure la birra».

Ma nella squadra c'era un dottore belga che sapeva come gestire simili situazioni. Con un ampio inchino, posò sul tavolo una borsa nera da pilota e la rovesciò, facendone cadere una considerevole quantità di banconote. «Forse con questo le cose andranno un po' meglio, governatore» disse.

«Ma che sta facendo?» sibilò Breman.

Il belga si strinse nelle spalle. «È così che funzionano le cose da queste parti.»

Il governatore si affrettò a impadronirsi del denaro e assicurò alla squadra la sua totale collaborazione insieme con tutte le risorse del governo a sua disposizione... dopodiché, prestò loro due Land Rover.

Si diressero a nord, in direzione del fiume Ebola.

Si era nella stagione delle piogge e la «strada» era una sequela ininterrotta di pozzanghere attraversate da torrentelli. Le ruote giravano vorticosamente e i motori gemevano mentre il piccolo convoglio avanzava a passo d'uomo nella foresta, oppresso dalla pioggia incessante e dal caldo. Di tanto in tanto, si imbattevano in un villaggio, preannunciato da un blocco stradale fatto di tronchi. Resi esperti da secoli di convivenza con il vaiolo, gli anziani avevano preso le misure necessarie a contenere la diffusione del virus, isolando le loro comunità dal mondo esterno. Era una forma di quarantena al rovescio, e una pratica antica in Africa, dove in tempi di malattia i villaggi si barricano contro gli stranieri e allontanano chiunque voglia penetrarvi. «Chi siete? cosa volete?» gridavano verso le Land Rover da dietro le barriere di alberi.

«Siamo dottori! Siamo venuti per aiutarvi!»

Di solito alla fine i tronchi venivano rimossi e la squadra poteva riprendere il viaggio. Nel corso di una lunga, disperante giornata, si inoltrarono nella foresta per un'ottantina di chilometri, allontanandosi sempre di più dal fiume Congo, e verso sera arrivarono a una fila di capanne di paglia dalla pianta rotonda. Al di là di esse, proprio nel mezzo della foresta, si ergeva una chiesetta bianca, vicino alla quale erano visibili due campi di calcio. Al centro di uno di questi i medici notarono un cumulo di materassi bruciati. Ancora duecento metri, e arrivarono allo Yambuku Mission Hospital, un gruppo di edifici in cemento imbiancati a calce, con i tetti di lamiera ondulata.

Tutto era silenzio; l'ospedale sembrava deserto. I letti, in ferro o in legno, erano privi di materassi – quelli insanguinati erano stati bruciati nel campo di calcio – e i pavimenti rilucevano di pulizia. La squadra scoprì tre suore e un sacerdote ancora vivi, insieme con un gruppetto di devote infermiere africane. Erano stati loro a ripulire l'ospedale dopo che il virus aveva ucciso tutti gli altri e ora erano impegnati a spruzzare le stanze di insetticida. Solo una sala non era stata ripulita, perché nessuno, neppure le infermiere, avevano trovato il coraggio di entrare nel reparto maternità. Quando Joel Breman e i suoi collaboratori vi si recarono, trovarono bacinelle di acqua sporca abbandonate in mezzo a siringhe chiazzate di sangue. La sala era stata evacuata quando alcune madri, ormai morenti, avevano abortito feti contagiati da Ebola. Quella stanza apparve ai medici come l'apoteosi del virus, un luogo oscuro ai confini della terra, dove la speranza che scaturisce da ogni nascita si era trasformata in un incubo di sangue e morte.

Piovve per tutto il giorno e tutta la notte. Intorno all'ospedale e alla chiesa si ergevano alberi della canfora e di teak, piante belle e feroci, le cui chiome si intrecciavano l'una con l'altra, bisbigliavano nella pioggia e si agitavano quando gruppi di scimmie li attraversavano come un vento, lanciando intraducibili grida. Il giorno seguente, la squadra si inoltrò ancora più profondamente nella foresta, toccando alcuni villaggi dove l'epidemia aveva imperversato. In alcuni casi, le vittime erano state isolate nelle capanne che sorgevano ai margini del villaggio, una tecnica adottata da sempre in Africa a protezione dal vaiolo, e le casupole in cui si erano verificati dei decessi erano state date alle fiamme. Ma la virulenza dell'agente patogeno andava già calando e gran parte delle persone condannate a morire erano già morte – tanta era la rapidità con cui l'agente si era diffuso per tutta la provincia di Bumba. Un'ondata di emozione si abbatté su Joel Breman quando comprese, con la lucidità di un medico che scopre improvvisamente di poter vedere nel cuore delle cose, che le vittime erano state contagiate all'ospedale. Era nelle suore che il virus aveva inizialmente attecchito, per poi compiere la sua terribile opera fra tutti coloro che erano andati a cercare l'aiuto delle spose di Cristo.

Cercarono di mettersi in contatto con Kinshasa via radio, per informare Karl Johnson e gli altri che l'epidemia aveva già raggiunto il suo acme. Una settimana dopo, ci stavano ancora provando. Constatata l'inutilità dei loro sforzi, i membri della squadra fecero ritorno a Bumba e si predisposero all'attesa. Un giorno sentirono un aereo ronzare sopra le loro teste. Il velivolo fece un giro sopra la città, poi atterrò, e loro gli si precipitarono incontro.

L'infermiera Mayinga era stata ricoverata in una stanza privata a cui si accedeva attraverso una sorta di anticamera, una zona intermedia in cui infermiere e medici sostavano a indossare l'equipaggiamento bioprotettivo prima di entrarvi. Mayinga era assistita da un medico sudafricano di nome Margaretha Isaäcson; inizialmente la dottoressa la visitava proteggendosi con una delle maschere antigas in dotazione all'esercito, che tuttavia il caldo tropicale rendeva terribilmente scomoda. Non riesco a sopportarla, si disse un giorno, e comunque sarà un miracolo se riuscirò a uscire viva di qui. Pensò ai suoi figli. Sono cresciuti, ormai, si disse; possono fare a meno di me. Così si tolse la maschera, e prestò le ultime cure alla morente senza affidarsi ad alcuna protezione.

La dottoressa Isaäcson fece tutto quanto in suo potere per salvare Mayinga, ma davanti al virus era impotente come lo erano stati i medici del Medioevo davanti alla peste nera. («Non era come l'AIDS» raccontò in seguito. «Paragonato a quel virus, l'AIDS è un gioco da ragazzi.») Poiché Mayinga aveva la gola in fiamme, Margaretha le dava cubetti di ghiaccio da succhiare, e per tenerla calma le somministrava del Valium. «Sto morendo, lo so» disse in un'occasione Mayinga.

«Sciocchezze!» ribatté la dottoressa. «Non morirai.»

Poi Mayinga cominciò a sanguinare dal naso e dalla bocca. Il sangue non sgorgava a fiotti, ma lo sgocciolo era incessante e non si verificava coagulazione. Era un'epistassi emorragica, di quelle che non cessano se non quando il cuore smette di battere. Furono necessarie tre trasfusioni di sangue intero per sostituire quello che l'ammalata perdeva dal naso. Mayinga rimase lucida fino alla morte. Nello stadio terminale, i battiti cardiaci accelerarono enormemente. Ebola era penetrato anche lì. Quei battiti impazziti spaventarono la giovane in modo inesprimibile, e durante la notte un attacco cardiaco la stroncò.

La sua stanza era sporca di sangue, e naturalmente c'era ancora da decidere come disporre della camera in cui era morta la religiosa, ancora chiusa. «Ora come ora non c'è molto altro che io possa fare» disse la dottoressa Isaäcson ai suoi collaboratori, e armata di secchio e straccio andò a pulire le due camere.

I medici della squadra si sparpagliarono per la città, e così facendo riuscirono a individuare trentasette delle persone che si erano trovate a diretto contatto con Mayinga durante i suoi giorni di vagabondaggio. Tutte vennero rinchiuse per un paio di settimane nei due padiglioni di biocontenimento allestiti presso l'ospedale. Avvolsero i cadaveri delle suore e di Mayinga in lenzuoli impregnati di disinfettanti chimici, poi in alcuni fogli di plastica e infine li adagiarono in bare a chiusura ermetica. Il servizio funebre si tenne all'ospedale, sotto la sorveglianza dei dottori.

Intanto Karl Johnson, non ricevendo notizie, stava cominciando a temere che fossero tutti morti e che il virus imperversasse ancora per la città. Organizzò quindi una nave ospedale che venne ormeggiata nel fiume Congo. Quella nave sarebbe stata la zona d'ombra, il rifugio dei medici. All'epoca vivevano nello Zaire circa un migliaio di americani, e negli Stati Uniti, l'Ottantaduesima Divisione Aerotrasportata era già stata allertata, e avrebbe provveduto a evacuarli non appena Ebola avesse raggiunto la città. Ma, con infinito sollievo dello Zaire e del mondo intero, ciò non avvenne mai. Alle sorgenti del fiume Ebola il virus arrestò la sua marcia e tornò nel suo nascondiglio nella foresta. L'agente Ebola non sembrava in grado di trasmettersi in assenza di contatti fisici, né di viaggiare nell'aria. Nessuna delle trentasette persone che erano state a contatto con l'infermiera Mayinga si ammalò, neppure quella che aveva diviso con lei una bibita gasata. L'emergenza si era conclusa.

8

CARDINAL

2 settembre 1987 - primavera 1988

Proprio come per Ebola, il nascondiglio segreto dell'agente Marburg era sconosciuto. Dopo essersi manifestato in Charles Monet e nel dottor Shem Musoke, Marburg scomparve, e nessuno riuscì a capire dove si fosse rifugiato. Era come se fosse svanito dalla faccia della terra, ma questo i virus non lo fanno mai, e Marburg continuò certamente il suo ciclo vitale in qualche serbatoio di animali o insetti africani.

Il 2 settembre 1987, verso l'ora di cena, Gene Johnson, l'esperto civile di rischio biologico aggregato all'USAMRIID, si trovava nella zona accoglienza del Dulles International Airport, vicino a Washington. Era in attesa di un volo KLM da Amsterdam, su cui viaggiava un passeggero in arrivo dal Kenya. Poco dopo, un uomo con una sacca da viaggio superò la dogana e rivolse a Johnson un cenno di saluto che lui ricambiò.

(«Ometterò il nome di questa persona» mi disse Johnson durante il nostro incontro. «Le basti sapere che era qualcuno che conoscevo e di cui mi fidavo.») L'uomo aprì la borsa e ne estrasse una scatola di cartone priva di contrassegni e sigillata con nastro adesivo, avvolta in parecchi asciugamani. La tese a Johnson e dopo aver scambiato solo poche parole, i due si separarono. Johnson uscì dal terminal, depose la scatola nel bagagliaio della sua auto, poi si mise al volante e partì alla volta dell'Istituto. La scatola conteneva il siero del sangue di un ragazzino di dieci anni che qui chiameremo Peter Cardinal, morto circa ventiquattro ore prima all'ospedale di Nairobi in seguito a una combinazione di gravissime patologie che suggerivano l'intervento di un virus non identificato del Quarto Livello.

Mentre guidava, Johnson rifletteva sul da farsi. Non gli sarebbe dispiaciuto sterilizzare il contenuto della scatola in un forno e quindi ridurlo in cenere, per poi dimenticarsene. Buona parte dei campioni che arrivavano all'Istituto – campioni di sangue e tessuto arrivavano continuamente da ogni parte del mondo – non contenevano nulla di insolito, nessun virus interessante. In altre parole, erano in buona parte dei falsi allarmi e Johnson non era certo di voler sprecare tempo ad analizzare campioni di siero che con ogni probabilità non avrebbero rivelato alcunché. Nondimeno, quando fu ai cancelli di Fort Detrick, aveva deciso di procedere all'esame. Sapeva che il lavoro lo avrebbe tenuto impegnato per buona parte della notte, ma bisognava farlo subito, prima che il siero si deteriorasse.

Protetto da guanti di gomma e camice da chirurgo, portò la scatola nella stanza di acclimatazione di Terzo Livello della suite Ebola, dove la aprì. Tra le sferette di polistirolo espanso, pescò un cilindro metallico sigillato e contrassegnato dal simbolo di pericolo di contaminazione biologica. Lungo la parete della stanza, si allineavano alcuni contenitori di sicurezza in acciaio inossidabile con manipolatori. Si trattava di attrezzature del Quarto Livello di sicurezza, da sigillare ermeticamente mentre l'operatore maneggiava con gli appositi guanti di gomma – i manipolatori – l'agente caldo contenuto all'interno. Molto simili a quelli comunemente utilizzati per la manipolazione di elementi di bombe nucleari, i contenitori in dotazione all'Istituto erano stati progettati per impedire agli esseri umani di entrare in contatto diretto con certe forme di vita. Johnson svitò alcuni dadi ad alette e infilò in uno di essi il cilindro metallico. Poi richiuse lo sportello.

Dopo aver infilato i guanti, prese il cilindro e sorvegliando l'operazione dall'apposita finestrella, staccò il nastro adesivo che lo sigillava. Maledizione! imprecò quando il nastro rimase attaccato ai guanti. Erano già le otto, e di quel passo non sarebbe riuscito a tornare a casa a un'ora decente. Finalmente riuscì ad aprire il cilindro: conteneva un tampone di fazzolettini di carta impregnati di disinfettante. All'interno del piccolo involto, c'era una busta Ziploc che a sua volta ospitava un paio di provette di plastica con tappo a vite. Johnson le aprì e ne estrasse altre due provette piene di liquido chiaro: il siero del sangue di Peter Cardinal.

I genitori del ragazzo, che lavoravano in Kenya per conto di un'organizzazione assistenziale danese, abitavano nella cittadina di Kisumu, sul lago Vittoria. Peter viveva in un collegio in Danimarca, ma quell'agosto si era recato in visita ai genitori e alla sorella maggiore, studentessa presso una scuola privata di Nairobi. Lei e Peter erano molto vicini e quando il ragazzino si trovava in Kenya, trascorrevano insieme gran parte del tempo.

Dopo l'arrivo di Peter, la famiglia Cardinal partì per una

vacanza. Contavano di attraversare il Kenya in auto, per mostrare al ragazzo le molteplici bellezze del paese. Si trovavano a Mombasa, in un hotel vicino al mare, quando a Peter si arrossarono gli occhi. Visitato dai medici dell'ospedale, gli venne diagnosticato un attacco di malaria. Sua madre però non credette alla diagnosi, e intuendo che il figlio stava per morire, diede in escandescenze, insistendo perché venisse trasportato a Nairobi, dove avrebbe potuto ricevere le cure adatte. Il Flying Doctors, un servizio aereo di ambulanze, si occupò del trasferimento al Nairobi Hospital, dove il ragazzo venne affidato alle cure del dottor David Silverstein, lo stesso che aveva assistito il dottor Musoke dopo che era rimasto contaminato dal vomito nero di Charles Monet.

«Peter Cardinal era un robusto ragazzino di dieci anni, alto e snello, con i capelli biondi e gli occhi azzurri» mi raccontò il dottor Silverstein, mentre bevevamo tè e caffè nel bar del centro commerciale vicino a casa sua, nei sobborghi di Washington. Una bambina seduta lì vicino scoppiò improvvisamente in lacrime, ma sua madre la zittì. Intorno a noi la gente andava e veniva, ma io non staccavo gli occhi dal viso del dottor Silverstein – occhiali con la montatura in metallo, baffi, occhi fissi nel vuoto – che riviveva con sorprendente disinvoltura gli insoliti avvenimenti a cui aveva assistito. «Quando lo portarono da me, aveva la febbre, ma era ancora vivace e comunicativo. L'indagine radiologica rivelò che aveva i polmoni pieni di un muco acquoso, causa evidente della sua difficoltà respiratoria. Il quadro sintomatico era quello tipico dell'ARDS – Acute Respiratory Distress Syndrome, sindrome acuta da incapacità respiratoria –, riscontrabile anche nella prima fase della polmonite. Poco dopo, il paziente cominciò ad assumere un colorito bluastro – il fenomeno era evidente soprattutto sulla punta delle dita – e la pelle si riempì di piccole chiazze rosse. Avevo ordinato a tutti di infilare i guanti prima di toccarlo. Non eravamo spaventati come nel caso del dottor Musoke, ma certe precauzioni sono sempre opportune. Nel giro di ventiquattro ore, si rese necessario l'uso del respiratore. Notammo quindi che sanguinava con facilità dai fori delle iniezioni e che la funzionalità epatica era danneggiata. Le piccole chiazze rosse si trasformarono in estesi ematomi, la pelle assunse una sfumatura nero-bluastra sempre più accentuata, le pupille si dilatarono, chiaro segno di morte cerebrale. Era in corso un'emorragia intorno al cervello.

«Cominciò a gonfiarsi, e sulla pelle comparvero vere e proprie sacche di sangue. In alcuni punti, l'epidermide quasi si staccava dal tessuto connettivo sottostante. Questo si verificò nell'ultima fase, quando il ragazzo era già collegato al respiratore, e il fenomeno è noto come "terzo stadio".» Nel primo l'emorragia interessa i polmoni; nel secondo, lo stomaco e l'intestino. Nel terzo, si sanguina tra la pelle e il muscolo. La pelle si solleva e si stacca formando una sorta di sacca. Peter Cardinal aveva sanguinato a morte sotto la pelle.

Più si studiano i virus caldi, meno questi appaiono simili a parassiti e più a predatori. È infatti una caratteristica tipica dei predatori quella di diventare invisibili nel corso dei silenziosi e a volte lunghissimi agguati che precedono l'attacco. L'erba della savana si increspa sulle pianure e l'unico suono nell'aria è il canto delle colombe africane appollaiate sulle acacie, un pulsare che si prolunga per l'intera durata del giorno, senza rallentare né spegnersi mai. In lontananza, fra le vibrazioni create dal caldo, pascola un branco di zebre. Improvvisamente, l'erba è percorsa da un movimento fulmineo ed ecco che il leone è già in mezzo a loro e le morde alla gola. L'animale lancia un grido simile a un latrato, subito interrotto, e predatore e preda, avvinti, sembrano danzare, finché una nube di polvere non li nasconde alla nostra vista; il giorno dopo, le ossa della zebra sono nere di mosche. Alcuni dei predatori che si nutrono di carne umana vivono sulla terra da molto tempo, da molto più tempo di noi uomini, e sembra che le loro origini risalgano quasi agli inizi del mondo. Quando un essere umano diventa carne per belve, soprattutto in Africa l'evento si inquadra in precisi orizzonti di spazio e di tempo, e ha in sé qualcosa di immensamente antico. Ogni morte è un'altra uccisione, e la conclusione di una vita umana è come un sogno foriero di catastrofe per l'intera specie.

Attoniti, i genitori di Peter Cardinal guardavano il figlio che lentamente veniva sbranato da un invisibile predatore. Erano incapaci di comprendere la sua sofferenza. Peter aveva intrapreso un viaggio in una terra di orrori dove loro non potevano raggiungerlo né confortarlo. Mentre il sangue sgorgava, i suoi occhi restavano aperti e dilatati, fissi e senza fondo e non c'era modo di sapere che cosa vedesse, pensasse o sentisse dietro quello sguardo immobile. Le onde trasmesse dal cervello sul monitor erano quasi piatte, ma di tanto in tanto avevano un sussulto, come se qualcosa, forse un frammento della sua anima distrutta, lottasse ancora nel corpo del ragazzo.

Si trattava ora di decidere se disattivare o meno il respiratore. «Sarebbe meglio non lasciarlo sopravvivere, per via del danno al cervello» disse il dottor Silverstein ai Cardinal.

«Se solo l'avessero trasferito prima da Mombasa» gemette la madre.

«Sarebbe stato bello, sì, ma non è andata in questo modo» replicò Silverstein. «Era già condannato quando l'hanno portato qui.»

Protetto dai guanti di gomma, Gene Johnson prelevò un piccolo campione del siero di Peter e lo lasciò cadere in alcuni «palloni» contenenti cellule viventi di scimmia. Se nel sangue di Peter Cardinal c'era qualcosa di vivo, forse avrebbe cominciato a replicarsi nelle cellule. Dopodiché Johnson andò a casa a dormire un po'. Aveva lavorato fino alle tre del mattino.

Nei giorni successivi, Johnson ebbe modo di constatare che le cellule di scimmia esplodevano e morivano, evidentemente infettate da qualcosa. La varietà Cardinal era quindi senza alcun dubbio da considerarsi un agente caldo – uccideva le cellule in gran quantità, e le uccideva in fretta.

Passò quindi alla fase successiva, quella dell'isolamento del virus. Prelevò un po' del liquido contenuto nelle «bottiglie» e lo iniettò in tre scimmie Rhesus. Due degli animali morirono – implosero – mentre il terzo, pur cadendo in stato di shock e perdendo sangue, riuscì a sopravvivere. Era così dimostrata l'estrema letalità dell'agente Cardinal, in grado di replicarsi con rapidità e di uccidere le scimmie. «Sapevo maledettamente bene che si trattava di Marburg» mi disse più tardi Johnson.

Lo scienziato prese una certa quantità dell'agente e lo iniettò ad alcuni porcellini d'India. Morirono come mosche. Non solo, ma i testicoli dei maschi si gonfiarono fino a diventare grandi come palline da golf e assunsero una tonalità porpora. La varietà Cardinal era un organismo sofisticato che sapeva bene cosa voleva, ed era una forma di vita invasiva, devastante e promiscua, oscena come a volte solo la natura può essere, di un'oscenità tanto esasperata da stemperarsi impercettibilmente nella bellezza. Ma l'aspetto più interessante era che poteva moltiplicarsi con facilità in innumerevoli specie, nelle scimmie come negli esseri umani e nei porcellini d'India, e che le attaccava con particolare ferocia, indicando che il suo ospite originale non era né la scimmia, né l'uomo, né il porcellino d'India, perché di norma un virus non uccide l'ospite naturale. Marburg era un virus viaggiatore, in grado di *saltare* da una specie all'altra, varcando le frontiere che le separano e seminando ovunque devastazione. Era un virus che non conosceva barriere, né sapeva che cosa fossero gli esseri umani, o forse lo sapeva anche troppo bene: per Marburg gli esseri umani erano cavie.

Una volta isolata la varietà Cardinal e avuta la conferma che si trattava del virus Marburg, Johnson cominciò a interessarsi alle modalità secondo cui era avvenuto il contagio: dov'era stato Peter Cardinal? Quali erano stati i suoi movimenti? Erano questi gli interrogativi che lo tormentavano, perché ormai da anni lottava per scoprire i serbatoi segreti dei filovirus.

Telefonò a un amico e collega keniota, il dottor Peter Tukei, scienziato presso il Kenya Medical Research Institute di Nairobi. «Sappiamo per certo che si tratta di Marburg» gli disse. «Puoi scoprire tutto il possibile sul ragazzo? Scoprire dove è stato e cosa ha fatto?»

Il dottor Tukei promise di trovare i genitori del bambino e di parlare loro.

Telefonò una settimana dopo. «Sai dove è stato il ragazzo?» furono le prime parole che rivolse a Johnson. «A Kitum Cave, a Mount Elgon.»

Gene avvertì uno strano formicolio sul cuoio capelluto. Le strade di Charles Monet e Peter Cardinal si erano incrociate in un solo luogo sulla terra, e quel luogo era Kitum Cave. Che cosa avevano fatto lì dentro? Che cosa ci avevano trovato? Che cosa avevano toccato o respirato? Che cosa viveva a Kitum Cave?

9

IN PROFONDITÀ

Seduto a un tavolo da picnic nei pressi di uno stagno, a Fort Detrick, Eugene Johnson era proteso verso di me e mi guardava. Era una calda giornata di mezza estate e lui si proteggeva gli occhi con un paio di occhiali da sole. A quel punto della narrazione, posò i grossi gomiti sul tavolo e se li tolse per stropicciarsi gli occhi. Alto un metro e ottantotto, e pesante almeno centodieci chili, aveva occhi castani profondamente incavati nel viso barbuto e segnati da occhiaie profonde. Sembrava stanco.

«Così Peter Tukei mi telefonò e mi disse: "Sai dov'è stato il ragazzo? Nella Kitum Cave"» riprese. «Mi vengono ancora i brividi quando ci penso. Poche settimane dopo, volai a Nairobi per parlare con David Silverstein, il medico che aveva assistito il ragazzo. Con me c'era anche Peter Tukei. Ripercorremmo l'itinerario seguito dalla famiglia Cardinal, fino ad arrivare alla loro casa, una bella abitazione di Kisumu, nei pressi del lago Vittoria. Era una costruzione di stucco circondata da un alto muro, e i Cardinal avevano alle loro dipendenze una cuoca, un autista e alcuni custodi. La casa era pulitissima, con le pareti imbiancate a calce; sul tetto stava appollaiata una pernice bianca che in seguito scoprimmo essere domestica. Vidi anche due cicogne, e poi capre e conigli e ogni sorta di uccelli, ma neppure un pipistrello.»

Johnson fece una pausa. Eravamo soli a eccezione delle poche anatre che nuotavano nello stagno. «La prospettiva di quella visita mi innervosiva moltissimo» riprese. «Capisce, io amo lavorare sul campo. Mia moglie e io non abbiamo figli; non sono la persona adatta per consolare una madre, e per di più lavoro per l'esercito statunitense. Proprio non avevo idea di come affrontare la situazione. Cercai allora di mettermi nei loro panni e ripensai a quello che avevo provato alla morte di mio padre. Lasciai che parlassero a ruota libera del figlio. Peter e sua sorella, mi dissero, erano stati inseparabili fin dal momento in cui lui era arrivato in Kenya. Passavano tutto il tempo insieme, e facevano tutto insieme. Perché allora solo Peter era stato contagiato? C'era una sola cosa che non avevano in comune, ed era la passione di Peter per la geologia. Si era forse ferito con un cristallo? Era una possibilità da prendere in considerazione. Peter, venimmo a sapere, aveva detto ai genitori di voler raccogliere alcuni cristalli a Kitum Cave, e per riuscirci, con un martelletto aveva staccato dalle pareti dei pezzi di roccia e da esse aveva poi estratto i cristalli. Era stato l'autista a spaccare le rocce, mentre il cuoco aveva provveduto a lavarle. Esaminammo il sangue dei due uomini, ma non risultò positivo al test del Marburg.

Sembrava probabile che il punto di contatto fossero state le mani del ragazzo, ossia che il virus fosse entrato nel suo circolo ematico attraverso qualche piccola ferita. Forse si era graffiato un dito con un cristallo contaminato dall'urina di qualche animale o dai resti di un insetto schiacciato. Forse le cose erano andate come nella favola della Bella Addormentata, tranne per il fatto che la maledizione non aveva lasciato scampo a Peter. Ma anche se la nostra ipotesi era corretta, non bastava a rivelare l'habitat del virus; non identificava il suo ospite naturale.

«Entrammo nella caverna... ben protetti, naturalmente. Sapevamo che il Marburg si trasmette per via aerea.»

Nel 1986, un anno prima della morte di Peter Cardinal, Gene Johnson e Nancy Jaax avevano effettuato un esperimento che dimostrava come gli agenti Marburg ed Ebola potessero effettivamente viaggiare nell'aria. I due scienziati infettarono delle scimmie semplicemente lasciandole respirare i virus, e scoprirono che una dosa ridottissima era sufficiente per avviare una reazione esplosiva nell'animale cavia. Grazie a questo esperimento, dunque, si era provato che il virus poteva attecchire nei polmoni e causarvi un'infezione fatale. Di conseguenza, Johnson pretese che i membri della spedizione indossassero le apposite tute all'interno della grotta.

«Portammo con noi anche certe maschere antigas in dotazione all'esercito e dotate di filtri. E ovviamente avevamo bisogno di proteggere la testa, per evitare di ritrovarci con escrementi di pipistrello fra i capelli. In un emporio locale comperammo delle federe; ricordo che erano bianche con un motivo a grossi fiori. Ecco come andò quella nostra prima visita alla grotta... un gruppo di kenioti e io, con indosso maschere antigas e federe a fiori infilate sulla testa.»

Esplorarono la grotta e disegnarono una mappa. Dopo quella prima perlustrazione, Gene Johnson persuase l'esercito a sponsorizzare una spedizione di dimensioni più imponenti; erano passati sei mesi dalla morte di Peter Cardinal quando, nella primavera del 1988, Gene arrivò a Nairobi con venti casse piene di strumenti scientifici e attrezzature. Questa volta, era quasi certo di riuscire a inchiodare il virus. Anche se viveva all'interno di Kitum Cave, localizzarlo non sarebbe stato facile, ma lui sentiva di essere troppo vicino all'obiettivo per fallire. Il mostro si celava in quella grotta, e lui lo avrebbe scovato.

Il governo keniota accettò di chiudere ai turisti Kitum Cave per tutta la durata della spedizione keniota-statunitense. Il capo era il dottor Peter Tukei, del Kenya Medical Research Institute, ma fu Gene Johnson a lanciare l'idea e reperire le attrezzature e il denaro necessari. In totale, i membri erano trentacinque, prevalentemente kenioti, e fra loro si annoveravano naturalisti, scienziati, dottori e semplici operai. Li accompagnavano un numero considerevole di porcellini d'India e diciassette scimmie, tra cui babbuini, scimmie di Sykes e cercopitechi grigioverde. Scimmie e porcellini d'India fungevano da animali-sentinella, come fanno i canarini nelle miniere di carbone. Le loro gabbie sarebbero state collocate all'interno e nei pressi della Kitum Cave, nella speranza che in alcuni di loro si palesasse l'intervento di Marburg. Non esistono strumenti in grado di individuare un virus; l'unico modo per riuscirci, almeno per il momento, consiste nel collocare l'animale-sentinella nella località dove presumibilmente il virus si nasconde, e sperare che si ammali. Se una delle cavie fosse «implosa», pensava Johnson, lui sarebbe stato in grado di isolare il virus, e forse anche di scoprire la via del contagio.

Primavera 1988

La spedizione stabilì il proprio quartier generale al *Mount Elgon Lodge*, un albergo ormai in rovina costruito negli anni Venti, quando l'Inghilterra dominava ancora l'Africa orientale. Destinato a ospitare soprattutto sportivi e pescatori di trote, era situato su un promontorio da cui si scorgeva la strada di terra rossa che si snodava su per la montagna fino a Kitum Cave. I giardini all'inglese che un tempo lo circondavano erano ormai pieni di erbacce, ma all'interno, i pavimenti di legno duro venivano passati con la cera tutti i giorni. Nelle torri si aprivano stanze dalla forma circolare e porte medievali, intagliate a mano nel legno dell'olivo africano, e il soggiorno era dominato da un immenso camino con una mensola intagliata. Il personale parlava un inglese stentato, ma appariva deciso a garantire una perfetta ospitalità di stile britannico ai rari ospiti che di tanto in tanto capitavano. Il *Mount Elgon Lodge* era un monumento al non completo fallimento dell'impero britannico che a distanza di anni dalla sua caduta ancora si tramanda, con l'automatismo di un tic incontrollabile, nelle più remote province africane. Di sera, poco prima del calar della notte, il personale accendeva il fuoco nei camini, e secondo la migliore tradizione britannica la cucina era orribile. C'era, nondimeno, un bar fantastico, un angolino bizzarro ritagliato in una sala rotonda e stipato di lucenti file di bottiglie di birra Tusker, aperitivi francesi e oscuri brandy africani. Era piacevole starsene seduti lì a bere Tusker, o a raccontare storie appoggiati alla mensola del camino, dopo una dura giornata di lavoro nella grotta. Vicino alla conciergerie, un cartello avvisava che, avendo i fornitori cessato di fare credito all'albergo, la direzione era *sfortunatamente* costretta ad adottare la medesima politica nei confronti dei gentili ospiti.

Risalirono la montagna a gradi, per permettere agli animali di acclimatarsi. Quando furono nella vallata che conduce alla grotta, ripulirono una parte del terreno e montarono delle incerate blu a mo' di tenda. Di per sé, la grotta era considerata un'area di Quarto Livello, e le incerate più vicine al suo ingresso delimitavano una zona d'ombra, un luogo dove i due mondi si incontrano. Era sotto quei teli che gli uomini si sottoponevano alle docce chimiche destinate a decontaminare le tute dopo un'escursione nella caverna. Un'altra incerata copriva un'area di compensazione di Terzo Livello, dove i membri della spedizione si mettevano e si toglievano le tute. Una terza racchiudeva un'area di Quarto Livello destinata all'esecuzione delle autopsie. Lì, si sezionavano i piccoli animali presi in trappola, nella speranza di individuare tracce del virus Marburg.

«Ci stavamo spingendo là dove nessuno si era mai spinto fino ad allora» mi raccontò Johnson. «Portammo la filosofia del Quarto Livello di sicurezza biologica nel profondo della giungla.».

All'interno della grotta gli uomini si proteggevano con tute Racal color arancione. La Racal è una tuta pressurizzata portatile, dotata di una riserva d'aria alimentata a batteria. Viene utilizzata in situazioni operative che prevedono il contatto con agenti presumibilmente aerotrasportati. La Racal è nota anche come «tuta arancio» per via del colore. È più leggera di una

Centurion e, a differenza di questa, estremamente maneggevole e dotata di un respiratore incorporato. Fatta eccezione per il casco e i dispositivi di espansione, è interamente biodegradabile, cosicché è possibile bruciarla dopo uno o due impieghi. Con indosso le tute Racal, i membri della spedizione tracciarono un sentiero che penetrava nella Kitum Cave e che delimitarono con apposite aste in modo che fosse impossibile smarrirlo. Lungo il sentiero, collocarono le gabbie delle scimmie e dei porcellini d'India, che provvidero poi a circondare con del filo ad alta tensione, alimentato da una batteria, per scoraggiare i leopardi. Alcune scimmie vennero poste sotto le colonie di pipistrelli che affollavano il soffitto della grotta, per verificare se gli escrementi dei piccoli mammiferi alati erano o meno veicoli di contagio.

Dalla grotta prelevarono tra i trentamila e i settantamila insetti – Kitum Cave ne è letteralmente piena. «Mettevamo strisce di carta adesiva sulle fenditure, per catturare quelli che strisciavano» mi raccontò Johnson «e appendevamo alcune luci per attirare quelli dotati di ali. Erano luci alimentate a batteria, naturalmente. Lei sa come si fa a catturare le zecche? Fiutano l'anidride carbonica del respiro umano e saltano fuori per morderti il sedere. Così portammo dentro enormi taniche di anidride carbonica e le utilizzammo per catturare le zecche. Per i roditori impiegammo delle trappole Havaheart. Sul fondo, vicino alla pozza d'acqua, scoprimmo i flebotomi, insetti mordaci anche questi, e dappertutto c'erano impronte di leopardo e di bufalo cafro. Ma non ci procurammo campioni di sangue di animali di grossa taglia; né di leopardo né di bufalo, e neppure di antilope.»

«È possibile che Marburg viva nei grandi felini africani?» chiesi. «Potrebbe essere un virus del leopardo?»

«Forse. Il fatto è che non eravamo autorizzati a catturare leopardi. Intrappolammo però civette e zibetti, ma erano puliti.»

«E se l'ospite naturale di Marburg fosse l'elefante?»

«Ha mai provato a cavare sangue da un elefante? Noi no.»

I naturalisti kenioti intrappolarono centinaia di uccelli, roditori, procavie e pipistrelli. Li sezionarono nell'area destinata alle autopsie e prelevarono campioni di sangue e tessuto che congelarono in flaconi pieni di azoto liquido. Poiché alcuni indigeni, i Masai di Elgon, avevano vissuto all'interno di alcune grotte di Mount Elgon e vi avevano tenuto il bestiame, i medici kenioti sottoposero anche loro all'esame del sangue e ne ricostruirono l'anamnesi. Né i Masai né i loro animali risultarono positivi agli anticorpi di Marburg, ma nonostante ciò, non erano pochi tra i Masai di Elgon quelli che avevano visto sanguinare a morte un figlio, una giovane moglie o un altro parente. Li avevano visti «implodere», ma chi poteva sapere se era stato Marburg o un altro virus a causarne la morte? Probabilmente i Masai locali conoscevano l'agente Marburg, ma non gli dettero mai un nome.

Nessuna delle scimmie-sentinelle si ammalò, anche se si annoiavano parecchio, costrette com'erano a restare in gabbia per intere settimane. L'esperimento prevedeva che in ultimo venissero sacrificate per cercare nei loro tessuti eventuali tracce di infezione, ma Gene Johnson era riluttante a ucciderle, e attese fuori della grotta mentre un altro membro della squadra somministrava alle scimmie massicce dosi di sedativo che le avrebbe addormentate per sempre.

«Non mi è mai piaciuto ammazzare gli animali» mi disse. «Dopo averle nutrite per un mese intero, per me quelle scimmie erano delle amiche. Ricordo che le alimentavo a banane. Fu una cosa terribile, sbagliata.» Dopo, Johnson infilò la sua tuta Racal e sezionò le scimmie, sempre più triste e frustrato a mano a mano che le trovava tutte in buona salute.

L'esperimento non aveva sortito alcun esito. Gli animali-sentinella non si erano ammalati, e il sangue e i tessuti degli altri animali, così come quello dei Masai e del loro bestiame, non mostravano tracce di contagio. Per Gene Johnson, la delusione fu tale che non trovò mai il coraggio di pubblicare un resoconto della spedizione e delle sue scoperte. Che senso avrebbe avuto, visto che non aveva trovato nulla? La sola cosa che potesse affermare con certezza era che Marburg viveva nelle ombre di Mount Elgon.

Ciò che allora Johnson ignorava, benché forse lo intuisse, era che l'esperienza acquisita a Kitum Cave, e l'equipaggiamento che riportò con sé all'Istituto, gli sarebbero stati utili in un altro momento e in un altro luogo. Johnson era un uomo riservato, geloso delle sue cose, e teneva la sua attrezzatura per il contenimento del rischio biologico nascosta tra i pantaloni militari verde oliva ammucchiati nei magazzini, e nei rimorchi per trattori parcheggiati dietro gli annessi dell'Istituto – non voleva che nessun altro la toccasse. E a volte gli tornava alla mente una frase di Louis Pasteur che amava in modo particolare: «Il caso favorisce la mente che si fa trovare pronta». È stato Pasteur a mettere a punto i vaccini contro la rabbia e l'antrace.

Per l'esercito era sempre stato un problema decidere l'utilizzo di Nancy e Jerry Jaax, sposati e ufficiali di pari grado del Veterinary Corps. Cosa fare di una coppia di «dottori dei cani» che bisognava promuovere, tenendo conto anche del fatto che uno di loro (la moglie) era un'esperta di tute biologiche? In ultimo, i Jaax vennero destinati all'Institute of Chemical Defense, nei pressi di Aberdeen, nel Maryland, dove si trasferirono con tutti gli animali dopo aver venduto la casa vittoriana. La loro nuova abitazione rispondeva molto di più al gusto di Nancy e per hobby vi avviarono un piccolo allevamento ittico in vasche. Nancy venne inserita in un progetto dell'esercito che studiava gli effetti del gas nervino sul cervello dei ratti. A lei spettava il compito di aprire la testa delle cavie per individuare i danni verificatisi. Era un lavoro più sicuro e riposante del precedente, ma anche un po' noioso. In seguito, lei e Jerry furono entrambi promossi tenente colonnello e sulle loro spalline comparvero le foglie di quercia d'argento. I ragazzi crescevano. Jaime divenne un'ottima atleta, piccola e robusta come la madre, e Nancy e Jerry cominciarono a fantasticare di vederla qualificarsi, se non per le Olimpiadi, almeno per la squadra nazionale. Jason si trasformò in un ragazzo alto e tranquillo, e in sostanza l'unico a non cambiare fu Herky. I pappagalli vivono a lungo e lui continuò imperturbabile a gridare «Mamma! Mamma!» e a fischiettare la marcetta tratta dal *Ponte sul fiume Kway*.

Il colonnello Tony Johnson, che era stato superiore di Nancy all'USAMRIID, ne rammentava con piacere la competenza, e non gli sarebbe dispiaciuto averla di nuovo con sé. Sentiva che il posto giusto per Nancy era lì, all'Istituto. In seguito, quando fu nominato capo patologo del Walter Reed Army Medical Center, sollecitò l'esercito ad affidare a Nancy Jaax il suo precedente incarico di responsabile del reparto di patologia all'Istituto, e nell'estate del 1989 Nancy ottenne il posto. Contemporaneamente, Jerry Jaax venne messo a capo del reparto veterinaria. Fu così che entrambi divennero figure di spicco nel loro settore. Nancy tornò a lavorare con la tuta, e sebbene Jerry non ne fosse del tutto soddisfatto, col tempo vi si abituò.

In seguito a queste promozioni, i Jaax vendettero la casa di Aberdeen e nell'agosto del 1989 tornarono a Thurmont. Questa volta, però, Nancy insistette per partecipare alla scelta della nuova casa, e disse a Jerry che in nessun caso avrebbero acquistato un edificio vittoriano. Comprarono infatti una casa moderna in stile Cape Cod, con le finestre negli abbaini e intorno prati e boschi dove i cani potevano correre e i bambini giocare. La casa si ergeva sulle pendici più basse della Catoctin Mountain, e al di là della distesa di meli si intravedeva la città. Dalla finestra della cucina, invece, si scorgeva in lontananza la terra coltivata e leggermente ondulata attraverso cui avevano marciato gli eserciti durante la guerra civile. Il Maryland centrale si stendeva all'orizzonte fra pieghe e avvallamenti, filari d'alberi e campi costellati di sili. In alto, i jet solcavano i cieli, lasciando dietro di sé candide scie.

PARTE SECONDA

LA CASA DELLE SCIMMIE

10

RESTON

4 ottobre 1989

La cittadina di Reston, in Virginia, è una prosperosa comunità situata a una quindicina di chilometri da Washington, appena oltre la Beltway. In autunno, quando un vento di ponente rende limpida l'aria, dai piani alti dei palazzi di uffici è possibile vedere la punta color crema del monumento a Washington, proprio al centro del Mall. Negli ultimi anni, la popolazione di Reston è aumentata, e società che si occupano di alta tecnologia e di consulenze finanziarie si sono trasferite nei suoi centri direzionali, dove negli anni Ottanta sono sorti edifici di vetro simili a cristalli. Prima della loro comparsa, Reston era soprattutto una comunità agricola, e di prati e pascoli ce n'è ancora in abbondanza. In primavera, è tutta un'esplosione di galassie di fiori giallo senape, mentre pettirossi e toxostomi cantano appollaiati sulle tulipifere e sui frassini bianchi. La città vanta alcuni bei quartieri residenziali, parchi, campi da golf, ottime scuole, e asili eccellenti per i più piccoli. A Reston ci sono laghi che prendono il nome da alcuni naturalisti americani (lago Thoreau, lago Audobon), e su cui si affacciano abitazioni di lusso. Il centro di Washington è comodamente raggiungibile. Lungo Leesburg Pike, che incanala il traffico in città, sono sorti insediamenti di case eleganti nei cui vialetti sono spesso parcheggiate alcune Mercedes Benz. Ma qualcosa dell'anima contadina di Reston vive ancora; fra tante belle case, capita a volte di vedere un bungalow con alla finestra un pezzo di cartone a sostituire un vetro rotto e un *pickup* parcheggiato nel piccolo cortile. E in autunno, lungo Leesburg Pike spuntano bancarelle che vendono zucche e polpa di noce americana.

Non lontano da qui, c'è un piccolo centro direzionale. Costruito negli anni Sessanta, non è moderno e pieno di vetri come quelli più recenti, ma è pulito e ordinato, e intorno a esso sono cresciuti sicomori e *liquidambar.* Al di là della strada c'è un McDonald's che all'ora di colazione è affollato di impiegati. Fino a poco tempo fa, una società di nome Hazleton Research Products, utilizzava un edificio a un piano per ospitarvi delle scimmie. La Hazleton Research Products è una consociata della Corning, una società produttrice di recipienti in pirex. La Hazleton, invece, tratta l'importazione e la vendita di animali da laboratorio, e la casa delle scimmie Hazleton era nota come Reston Primate Quarantine Unit, il reparto quarantena per primati di Reston.

Ogni anno, circa sedicimila scimmie provenienti dalle regioni tropicali della terra vengono importate negli Stati Uniti, e in ottemperanza alla legge vengono sottoposte a un mese di quarantena prima di raggiungere le loro definitive destinazioni. Questo, per impedire la diffusione di malattie infettive che potrebbero uccidere altri primati, uomini compresi. Nell'autunno del 1989, era Dan Dalgard il veterinario del Reston Primate Quarantine Unit incaricato di assistere le scimmie che si ammalavano o avevano in qualche modo bisogno di assistenza medica. Dalgard era in effetti uno degli scienziati responsabili di un'altra società appartenente alla Corning, la Hazleton Washington. Questa società ha la sua sede in Leesburg Pike, non lontano dalla casa delle scimmie, così che Dalgard non aveva difficoltà a raggiungere in auto Reston ogniqualvolta se ne presentava la necessità. Alto, sui cinquant'anni, Dalgard aveva slavati occhi azzurri nascosti dietro un paio di occhiali dalla montatura di metallo e un accento strascicato che aveva preso frequentando la facoltà di veterinaria dell'Università del Texas. Quando lavorava nel suo ufficio, vestiva abitualmente di grigio, mentre quando era con gli animali portava un camice bianco da laboratorio. Come veterinario specializzato in primati, godeva di fama internazionale ed era calmo e per nulla emotivo, o almeno così lo giudicavano molti.

La sera e durante i weekend, Dalgard si dedicava al suo hobby: la riparazione di orologi antichi. I lavori di precisione lo rilassavano e non gli capitava mai di spazientirsi davanti a un guasto troppo complicato. A volte sognava di lasciare la veterinaria per dedicarsi a tempo pieno agli orologi.

Il 4 ottobre 1989, un mercoledì, la Hazleton Research Products ricevette un carico di cento scimmie selvatiche provenienti dalle Filippine. Luogo della spedizione era la Ferlite Farms, un centro di vendita all'ingrosso di scimmie non lontano da Manila. Quanto agli animali, provenivano dalle foreste pluviali costiere dell'isola di Mindañao. Erano arrivate alla Ferlite Farms a bordo di un'imbarcazione, e lì erano state ospitate in una serie di gabbie prima di venire spedite ad Amsterdam a bordo di un volo adeguatamente attrezzato della KLM, per poi raggiungere New York City. Dal JFK International Airport, avevano percorso in camion la costa orientale degli Stati Uniti, fino alla casa delle scimmie di Reston.

Le scimmie erano per la precisione macachi di Giava, una varietà che vive lungo i fiumi e le paludi di mangrovie dell'Asia sudorientale e usati di frequente come cavie perché ampiamente diffusi, facilmente catturabili e poco costosi. Hanno lunghe code arcuate simili a frustini, e il pelo è biancastro sul torace e color crema sulla schiena. Il nome scientifico è *Macaca fascicularis*, ma a volte vengono chiamati semplicemente «macachi dalla lunga coda». Hanno musi appuntiti, vagamente simili a quelli dei cani, con larghe narici e canini aguzzi. La pelle è grigio-rosata, abbastanza simile a quella degli uomini di razza caucasica. Anche le mani assomigliano moltissimo alle nostre, fornite come sono di un pollice e dita delicate munite di unghie. Le femmine hanno inoltre mammelle di aspetto sorprendentemente umano, con pallidi capezzoli.

Ai macachi di Giava gli esseri umani non piacciono, e spesso sono in competizione con gli abitanti della foresta pluviale. Adorano le verdure, soprattutto le melanzane, e si divertono a danneggiare i raccolti. Si spostano abitualmente in gruppi, saltellando pazzamente tra gli alberi e urlando: «*Kra! Kra!*». Sanno benissimo che dopo una razzia di melanzane, il contadino darà loro la caccia armato di fucile, e devono essere pronte a dileguarsi nella foresta al minimo segnale di pericolo. Così, la vista di un fucile basta a scatenare il loro grido d'allarme. «*Kra! Kra! Kra!*» In alcune regioni del mondo, queste scimmie sono chiamate Kras, appunto per via dei suoni che emettono, e molti degli abitanti delle foreste pluviali asiatiche le considerano un'autentica calamità. Col calare della notte, il gruppo si raduna su un albero morto, senza foglie. È facile intuirne il motivo: un albero privo di fronde consente a esse un'ampia visuale d'insieme e di distinguere in lontananza l'avvicinarsi di esseri umani o di altri predatori. Di solito, gli alberi preferiti dalle scimmie si protendono su un fiume, così da permettere ai suoi occupanti di defecare senza sporcare il terreno.

Quando si destano, all'alba, le scimmie danno rumorosamente il benvenuto al sole. La madre raduna i piccoli e li guida da un albero all'altro, in cerca di frutta. Le scimmie sono onnivore; oltre alla frutta e alla verdura, mangiano insetti, erba, radici e anche frammenti d'argilla, che masticano a lungo prima di deglutire, forse per soddisfare il bisogno dell'organismo di sali e minerali. Vanno pazze per i granchi, e quando il desiderio si fa impellente, tutta la famiglia si dirige verso una palude di mangrovie per un'orgia di crostacei. Entrano nell'acqua, nei pressi delle tane scavate dai granchi, e appena ne vede emergere uno, la madre è pronta a ghermirlo. Le scimmie hanno un modo tutto loro di neutralizzare i granchi: li afferrano da tergo non appena escono dalla buca e gli strappano le chele che gettano via prima di divorare il resto. Capita a volte che una scimmia non sia abbastanza rapida, e allora le chele si serrano intorno alle sue dita, strappandole un grido di dolore. Comincia allora a scuotere la mano, nel tentativo di liberarsi del piccolo torturatore, e saltella qua e là nell'acqua. Si può sempre capire quando è in corso un banchetto a base di granchi dalle grida che di tanto in tanto si levano dalla palude.

La comunità è organizzata secondo una rigorosa struttura gerarchica. A guidarla è un maschio dominante, di solito il più grosso e aggressivo, che mantiene la disciplina semplicemente con lo sguardo. Guarda dall'alto in basso gli inferiori che osano sfidarlo. Se un umano fa altrettanto con un maschio dominante chiuso in gabbia, questi restituirà l'occhiata e ben presto finirà preda a un vero e proprio accesso di collera, che lo porterà a catapultarsi contro le sbarre nel tentativo di aggredire lo sfidante. Avrà una gran voglia di uccidere l'uomo che lo sta fissando: non può permettersi di mostrarsi impaurito quando la sua autorità viene messa in discussione da un altro primate. Se due maschi dominanti vengono collocati nella stessa gabbia, solo uno ne uscirà vivo.

I macachi di Giava ospiti a Reston disponevano di una gabbia a testa, illuminata artificialmente, e venivano nutriti con frutta e biscotti. La casa delle scimmie era costituita da dodici stanze indicate con le lettere dell'alfabeto: dalla A alla L. Due degli animali arrivati il 4 ottobre giacevano morti nelle casse utilizzate per il trasporto aereo. Nulla di insolito in questo: capita abbastanza di frequente che qualche esemplare non resista al lungo viaggio, ma nelle tre settimane successive, nella casa delle scimmie di Reston cominciò a morirne un numero insolitamente alto.

Il 4 ottobre, ossia il giorno in cui il carico di scimmie raggiunse la struttura di Reston, accadde qualcosa che doveva cambiare per sempre la vita del colonnello Jerry Jaax. Questi aveva un fratello minore, John, che abitava a Kansas City con la moglie e due bambini piccoli. John era un importante uomo d'affari, socio fra le altre cose in una fabbrica che produceva plastica per carte di credito. Separati da un paio d'anni soltanto, i due fratelli erano cresciuti insieme in una fattoria del Kansas e insieme avevano frequentato l'università di stato. Erano anche molto simili fisicamente: alti, con i capelli prematuramente grigi, naso a becco, occhi profondi e modi pacati. La sola differenza visibile era che John portava i baffi mentre Jerry è glabro. Quella sera, John Jaax e sua moglie contavano di partecipare a una riunione di genitori e insegnanti presso la scuola dei loro figli. Ma nel tardo pomeriggio, John telefonò a casa per avvisare la moglie che avrebbe lavorato fino a tardi. Non trovandola in casa, fu costretto a lasciare il messaggio sulla segreteria telefonica: dall'ufficio sarebbe andato direttamente alla riunione, disse. Si sarebbero trovati lì. Quando non si fece vedere, la moglie, preoccupata, si recò in macchina alla fabbrica.

La trovò deserta e silenziosa. Attraversò tutto il pianoterra e salì le scale. La porta dell'ufficio di John era socchiusa; entrò. John giaceva a terra, colpito da numerosi proiettili, e la stanza era piena di sangue. Qualcuno lo aveva ucciso.

L'agente della squadra omicidi di Kansas City che si occupò del caso si chiamava Reed Buente. Aveva lavorato come guardia giurata per la banca di Kansas City quando John ne era il presidente, e nutriva per lui stima e ammirazione. Era quindi determinato a risolvere il caso e a trascinare in tribunale il suo assassino. Ma il tempo passò senza che si verificassero sviluppi, e l'agente investigativo cominciava a sentirsi scoraggiato. Poiché John Jaax aveva avuto rapporti difficili con il suo socio, John Weever, i sospetti della squadra omicidi si appuntarono su di lui. (Quando di recente ho telefonato all'agente investigativo Buente, lui mi ha confermato questo particolare. Nel frattempo, Weever è morto per un attacco cardiaco, e il caso rimane aperto, dato che gli omicidi insoluti non vengono mai archiviati.) Gli indizi tuttavia erano scarsi, e ben presto risultò che Weever aveva un alibi. Né queste furono le uniche difficoltà incontrate dall'agente investigativo, che in un'occasione disse a Jerry: «Non è difficile trovare qualcuno disposto a uccidere. E costa poco. Si può far ammazzare un uomo per la cifra che lei sborserebbe per comprare una scrivania».

La morte di John precipitò Jerry in un baratro di sofferenza. Si dice che il tempo sani le ferite, ma in questo caso ciò non accadde, anzi Nancy cominciò a temere che il marito fosse caduto in un grave stato depressivo.

«Ho la sensazione che la mia vita sia finita» le disse lui. «Niente è più come prima. E non riesco a capacitarmi del fatto che John avesse nemici.» Al funerale, Jaime e Jason, i figli di Nancy e Jerry, guardarono nella bara e poi esclamarono: «Cavoli, papà, sembri proprio tu».

Nei mesi di ottobre e novembre, Jerry telefonò alla squadra omicidi di Kansas City quasi ogni giorno, ma non c'erano mai novità. A un certo punto cominciò a pensare che avrebbe dovuto procurarsi una pistola per uccidere il socio di John. Ma se lo farò, mi metteranno in carcere, pensava, e che ne sarà dei miei bambini? E se non fosse lui il mandante dell'omicidio? In questo caso, ucciderei un innocente.

1° novembre, mercoledì.

Il responsabile della casa delle scimmie di Reston era un uomo massiccio, che chiameremo Bill Volt. Con il moltiplicarsi dei decessi, la sua preoccupazione crebbe e il 1° novembre, a meno di un mese dall'arrivo degli animali, telefonò a Dan Dalgard per riferirgli dell'insolita moria. Su cento scimmie, fino a quel momento ne erano morte ventinove, vale a dire quasi un terzo del totale. Contemporaneamente, si erano verificati dei problemi con gli impianti di riscaldamento e condizionamento d'aria. Il termostato si era guastato, e i termosifoni funzionavano a pieno ritmo senza che fosse possibile mettere in funzione il sistema di condizionamento, cosicché all'interno dell'edificio il caldo era quasi insopportabile. Volt si chiedeva se l'eccessiva calura non avesse in qualche modo favorito i decessi. Aveva infatti notato che gran parte di questi si erano verificati nella stanza F, uno dei locali che si aprivano su un lungo corridoio nel retro del fabbricato.

Dalgard acconsentì ad andare a dare un'occhiata alle scimmie, ma era un uomo impegnato e non poté recarsi a Reston che la settimana seguente. Protetti da camici bianchi e mascherine chirurgiche, lui e Volt percorsero il lungo corridoio di calcestruzzo di scorie sui cui lati si allineavano le porte d'acciaio delle varie stanze. Il caldo era intenso e ben presto cominciarono entrambi a sudare. Al di là delle finestrelle ritagliate nelle porte, centinaia di occhi seguivano il loro passaggio. Le scimmie si dimostravano straordinariamente sensibili alla presenza di esseri umani.

Nella stanza F erano ospitati soltanto i macachi di Giava

spediti in ottobre dalla Ferlite Farms. Ciascuno disponeva di una gabbia singola e tutti avevano l'aria piuttosto mogia. Solo un paio di settimane prima si divertivano a dondolarsi tra i rami degli alberi, e naturalmente non erano soddisfatti del cambiamento intervenuto nelle loro vite. Dalgard passò di gabbia in gabbia, osservando gli animali. Era capace di capire molte cose dallo sguardo e dal linguaggio del corpo di una scimmia, e in quel momento era attento soprattutto a eventuali sintomi di malessere o di insolita passività.

Prevedibilmente, il suo sguardo mandò su tutte le furie gli animali, e quando passò davanti alla gabbia del maschio dominante, questi cercò di avventarglisi contro. Finalmente, Dalgard individuò una scimmia i cui occhi, invece che vivaci e brillanti, erano velati sotto le palpebre abbassate. Di norma, nelle scimmie le palpebre sono ritratte, così da rendere visibile l'intera iride, e gli occhi di un esemplare in buona salute assomigliano a due cerchi luminosi. L'iride di questo, invece, non era altro che un ovale sottile.

Dalgard si infilò un paio di robusti guanti di pelle e, aperta la porta della gabbia, costrinse la scimmia a sdraiarsi. Poi, toltosi un guanto, le tastò rapidamente il ventre. L'animale era caldo al tocco, segno che aveva la febbre, e il naso gli colava. Richiuse lo sportello. Non pensava che l'animale avesse contratto un raffreddore o addirittura la polmonite, ma piuttosto che fosse prostrato dal caldo, e consigliò a Bill Volt di insistere perché l'impianto di riscaldamento venisse riparato. Trovò poi un secondo animale che esibiva lo stesso sguardo vitreo e anch'esso caldo al tatto. C'erano dunque due scimmie ammalate nella stanza F.

Entrambe le scimmie morirono durante la notte. Bill Volt le scoprì il mattino seguente, raggomitolate in un angolo delle rispettive gabbie, con gli occhi semichiusi. Profondamente turbato, decise di effettuare un'autopsia per cercare di individuare la causa della morte. Trasportò i due cadaveri in una saletta in fondo al corridoio e chiuse la porta dietro di sé, perché le altre scimmie non lo vedessero. (È impossibile sezionare una scimmia morta davanti alle sue compagne, poiché la loro reazione è inevitabilmente violenta.) Aprì gli animali con un bisturi e iniziò l'esame. Non gli piacque ciò che vide, né lo capì, così telefonò nuovamente a Dalgard. «Non potrebbe venire a dare un'occhiata?»

Dalgard lo raggiunse immediatamente e anche lui rimase

stupito dall'esito dell'autopsia. Apparentemente, era stata l'eccessiva calura a uccidere le scimmie, ma la milza appariva insolitamente ingrossata, e quello non era un sintomo che si potesse attribuire a un colpo di calore. La scoperta successiva lo precipitò nello sconcerto: tutti e due gli animali avevano sangue nell'intestino. Non erano morte di polmonite, ne era certo. Che cosa, allora, aveva provocato il decesso?

Quello stesso giorno, arrivò dalla Ferlite Farms un altro grosso carico di macachi di Giava che Volt rinchiuse nella stanza H, due porte più giù rispetto alla F. Intanto, la preoccupazione di Dan Dalgard cresceva; lo tormentava il sospetto che nella stanza F si fosse diffusa una qualche sorta di malattia infettiva. La presenza di sangue nell'intestino, infatti, era una tipica manifestazione di un virus noto con il nome di febbre emorragica delle scimmie. Si tratta di un virus mortale per questi primati, ma innocuo per gli uomini, nel cui organismo non può sopravvivere. La febbre emorragica è estremamente contagiosa, e può annientare in pochissimo tempo un'intera colonia.

Si era ormai a venerdì 10 novembre, e Dalgard tornò a casa per il fine settimana. Mentre allineava sul banco di lavoro i pezzi di un orologio antico che doveva riparare, scoprì di non riuscire a liberarsi del pensiero delle scimmie. Era preoccupato. Infine, disse alla moglie che aveva una commissione da sbrigare, e tornò a Reston. Quando aprì la porta di vetro della casa delle scimmie, fu investito da una ventata di calore, e dalle strida familiari degli animali. Andò direttamente nella stanza F. «*Kra! Kra!*» gridarono allarmate le scimmie nel vederlo entrare. Ne erano morte altre tre. Se ne stavano acciambellate nelle gabbie, gli occhi aperti e privi di espressione. Sempre più sconcertato, Dalgard le trasportò in sala autopsie, e cominciò la dissezione.

Poco tempo dopo, Dalgard cominciò a tenere un diario. Aveva aperto un *file* sul suo personal computer, e ogni giorno lo arricchiva con qualche annotazione. Battezzò il diario «Cronologia degli eventi». La metà di novembre era ormai vicina, nel pomeriggio il sole scompariva presto all'orizzonte, il traffico intasava Leesburg Pike, e Dalgard scriveva il suo diario. Mentre le dita si muovevano sui tasti, con gli occhi della mente rivedeva ciò che aveva scoperto nelle scimmie.

«Risultano un'accentuata splenomegalia (ingrossamento della milza) con insolita secchezza dell'organo, reni ingrossati e emorragie sporadiche in numerosi organi – sotto il profilo clinico, prima della morte gli animali hanno accusato sintomi improvvisi di anoressia e letargia. In seguito all'insorgenza dell'anoressia, le loro condizioni si sono rapidamente deteriorate. La temperatura rettale degli esemplari sacrificati non era elevata; non risultavano evidenti epistassi o perdita di altre secrezioni dal naso, e nelle feci non c'era traccia di sangue. Gli animali erano in ottime condizioni, con uno strato adiposo ben più spesso di quanto sia abituale in scimmie vissute fino a poco tempo prima allo stato selvaggio.»

Mentalmente, Dalgard si scoprì a paragonare le scimmie a grossi tacchini, sani, ben nutriti, con un bel po' di adipe sotto la pelle. Il giorno del Ringraziamento era vicino, ed evidentemente anche lui aveva la mente rivolta alla festa.

Non c'era nulla di particolarmente preoccupante negli animali morti, nulla, almeno, che si potesse identificare con sicurezza. Semplicemente, avevano smesso di mangiare ed erano morte. Erano morte con gli occhi aperti e un'espressione del muso insolitamente vacua, come se avessero avuto un colpo. Di qualunque malattia si trattasse, le cause della morte non erano affatto palesi. Un attacco cardiaco? Una febbre? Che cosa?

Restava la stranezza delle milze ingrossate; la milza è una sorta di borsa con la funzione di filtrare il sangue, e gioca un ruolo importante nel sistema immunitario. In condizioni normali, si presenta come una sacca morbida con un nucleo rosso e stillante, e a Dalgard rammentava una frittella alla marmellata. Se sezionata con un bisturi, una milza sana evidenzia una consistenza molto simile a quella di una ciambella, e da essa sgorga parecchio sangue. Ma le milze delle scimmie morte erano gonfie e dure come sassi e invece di avere le dimensioni di una noce, erano grandi come mandarini. A Dalgard rammentarono un pezzo di salame... carnoso, duro e asciutto. Il bisturi quasi ci scivolò sopra, costringendolo a esercitare una forte pressione, e ugualmente non riuscì a far penetrare di molto la lama. Ciò che non comprese – che non avrebbe potuto comprendere, perché si trattava di un fenomeno quasi inconcepibile – era che la milza era diventata un solido, compatto grumo di sangue. Il suo bisturi stava lavorando su un grumo sanguigno delle dimensioni di un mandarino.

Dalgard trascorse la mattina della domenica, 12 novembre, girando per casa, a riparare oggetti e sbrigare piccoli lavori domestici. Dopo colazione, tornò ancora una volta alla casa delle scimmie, dove scoprì che il mistero si andava infittendo. Altre tre scimmie erano morte nella stanza F. Ormai, morivano con regolarità, notte dopo notte.

A uno degli esemplari deceduti era stato dato il nome di 053. Dalgard portò la sua carcassa in sala autopsie e dopo averla incisa esaminò la cavità corporea. Con un bisturi, rimosse un frammento della milza che era enorme, dura e asciutta. Con la cannula prelevò dalla gola un po' di muco che poi trasferì in una provetta piena d'acqua distillata. Se nel muco c'era qualcosa di vivo, nella provetta si sarebbe temporaneamente conservato.

11

NEL TERZO LIVELLO

13 novembre 1989, lunedì

Il lunedì mattina, ossia il giorno successivo all'autopsia sulla Scimmia 053, Dan Dalgard decise di sottoporre il problema all'attenzione dell'USAMRIID di Fort Detrick. Aveva saputo che lì lavoravano esperti in grado di diagnosticare tutte le malattie delle scimmie, e voleva una identificazione certa del morbo che stava uccidendo le sue. Fort Detrick si trovava a circa un'ora di macchina a nordovest di Reston, sull'altra sponda del Potomac.

All'USAMRIID, Dalgard finì col parlare con un virologo civile di nome Peter Jahrling, che, si diceva, era informatissimo sui virus delle scimmie. Era la prima volta che i due uomini si incontravano. «Credo che tra le nostre scimmie si siano verificati dei casi di febbre emorragica» annunciò Dalgard. «La milza, quando la si incide, ha la consistenza di un pezzo di salame.» Chiese poi a Jahrling di esaminare alcuni campioni e il virologo, incuriosito, acconsentì.

Dopo un periodo trascorso in America centrale, dove era andato a caccia di virus nella foresta pluviale (scoprendone parecchie varietà sconosciute) Jahrling lavorava ormai da molto tempo all'Istituto. Aveva capelli biondi che cominciavano a ingrigire, occhiali con la montatura d'acciaio, un viso gradevole, intensamente mobile, e un asciutto senso dell'umorismo. Di temperamento era cauto, circospetto. Trascorreva lunghi periodi di tempo con indosso una tuta biologica Centurion; studiava le possibili difese contro i virus caldi – vaccini, terapie farmacologiche – e oltre a ciò effettuava ricerche mediche sui virus della foresta pluviale. La sua specialità erano quelli più letali e meno noti. Ma a dispetto del suo lavoro, si sforzava di pensare il meno possibile ai loro effetti. In caso contrario, si ripeteva, molto presto avrebbe finito col desiderare di trovare un altro modo di guadagnarsi da vivere.

Jahrling abitava con la moglie e i figli a Thurmont, non lontano da Jerry e Nancy Jaax, in una casa di mattoni tipo ranch, circondata da una staccionata bianca che delimitava un cortile privo di alberi e il garage in cui era parcheggiata una grossa auto marrone. A dispetto della vicinanza, gli Jahrling e gli Jaax non si frequentavano; avevano figli di età diverse e non meno diverse erano le abitudini familiari, ma sul lavoro Peter andava ragionevolmente d'accordo con Nancy come con Jerry.

Peter Jahrling falciava regolarmente l'erba del suo prato, in modo che i vicini non potevano accusarlo di trasandatezza. Esteriormente, conduceva una esistenza normalissima, e a dispetto della targa personalizzata che recitava «LASSA», erano in pochissimi a sapere dove si dirigeva ogni mattina l'auto color fango. Il Lassa è un virus del Quarto Livello originario dell'Africa occidentale, ed era anche una delle forme di vita che Peter Jahrling prediligeva: lo trovava affascinante e di grande bellezza, a prescindere da ciò che faceva alla gente. Nelle sue mani guantate aveva tenuto praticamente tutti gli agenti caldi conosciuti, fatta eccezione per Ebola e Marburg. Quando qualcuno gli chiedeva perché non avesse mai lavorato con questi due virus, la sua risposta era sempre la stessa: «Non ci tengo affatto a morire».

Peter Jahrling rimase sorpreso e infastidito quando, il giorno successivo alla sua telefonata con Dalgard, un fattorino recapitò all'Istituto alcuni frammenti di carne surgelata – i campioni prelevati dalla Scimmia 053. A irritarlo fu la constatazione che la carne era stata avvolta nella carta argentata, quasi fossero i resti di un hot dog.

Quei frammenti appartenevano alla milza della scimmia, e il ghiaccio che l'aveva protetta cominciava già a sciogliersi e a sgocciolare. Tra i campioni era inclusa anche la provetta contenente un po'di muco prelevato dalla gola e del siero. Jahrling portò il tutto in un laboratorio del Terzo Livello. A quel livello non c'è bisogno di indossare una tuta di protezione, e chi vi lavora adotta abitualmente la tenuta dei chirurghi. Quel giorno, Peter Jahrling portava una mascherina di carta, un camice e guanti di gomma. Affiancato da un patologo, aprì l'involto di carta stagnola: la carne era rosea e dura, proprio come l'aveva descritta Dalgard. Assomigliava a quell'oggetto misterioso che è la carne che servono nelle mense scolastiche, non poté fare a meno di pensare Jahrling poi, voltandosi verso il collega, osservò: «È una bella fortuna che non si tratti di Marburg». I due uomini ridacchiarono.

Più tardi, quello stesso giorno, Jahrling telefonò a Dalgard e gli rivolse più o meno queste parole: «Mi consenta di spiegarle la corretta procedura relativa all'invio di un campione. Forse qui all'Istituto siamo un po' paranoici, ma ci innervosiamo quando ne riceviamo uno che sgocciola sul tappeto».

Uno dei modi per identificare un virus consiste nel prepararne una coltura all'interno di cellule vive. Basta lasciar cadere il campione di virus in una piccola «bottiglia» piena di terreno di coltura per cellule, perché si diffonda tra esse e, se le trova di suo gradimento, cominci a moltiplicarsi. Uno o due virus possono diventare un miliardo in pochi giorni – una Cina di virus in un contenitore non più grande di un pollice.

Fu un tecnico civile di nome Joan Rhoderick a occuparsi della coltura dell'agente sconosciuto che aveva ucciso la Scimmia 053. Servendosi di un mortaio e di un pestello, frantumò un pezzetto di fegato, in modo da ridurlo a una poltiglia sanguinolenta. Lo depositò quindi in «una bottiglia» contenente cellule vive prelevate dal rene di una scimmia. In un altro mise parte del muco prelevato dalla gola della Scimmia 053 e in un terzo, una piccola quantità del suo siero. In ultimo, fece incubare i contenitori in una stufa termostatica regolata sulla temperatura corporea, e sperò che qualcosa crescesse. La crescita di un virus in coltura ricorda per molti versi il processo di fabbricazione della birra. Basta seguire la ricetta e tenere la mistura al caldo perché, prima o poi, qualcosa accada.

Il giorno seguente, Dalgard non si recò alla casa delle scimmie, ma telefonò a Volt per avere notizie. L'uomo gli riferì che tutti gli animali sembravano in buona salute, e che durante la notte non si era verificato alcun decesso. La misteriosa malattia, qualunque essa fosse, sembrava in recessione spontanea e Dalgard, sollevato, pensò che la sua società aveva schivato un pericoloso proiettile.

Ma cosa stavano facendo i ricercatori dell'esercito? Chiamò Jahrling e da lui apprese che era troppo presto per avere delle risposte. Per ottenere una coltura di virus sono necessari parecchi giorni.

Ma l'indomani Bill Volt lo chiamò per informarlo che otto scimmie della stanza F avevano smesso di mangiare. Otto scimmie si stavano preparando a morire; la misteriosa malattia era ricomparsa.

Dalgard si precipitò sul posto, dove scoprì che la situazione si andava rapidamente deteriorando. Erano ormai moltissimi gli animali con gli occhi vitrei e le palpebre abbassate. Di qualunque morbo si trattasse, era evidente che si era ormai diffuso in tutta la stanza. Metà delle scimmie erano morte, e se non si fosse intervenuti al più presto, il virus le avrebbe uccise tutte. Dalgard non vedeva l'ora di sentire Peter Jahrling.

Arrivò giovedì, 16 novembre, e con esso la notizia che la moria si era diffusa anche fra le scimmie ospitate nelle stanze successive alla F. Nella tarda mattinata, Dan Dalgard ricevette finalmente la telefonata tanto attesa. Un patologo dell'Istituto aveva esaminato attentamente i campioni e formulato una diagnosi provvisoria di febbre emorragica, innocua per gli uomini ma letale per le scimmie.

Dalgard comprese che avrebbe dovuto agire con prontezza, se voleva contenere l'esplosione epidemica e impedire al virus di propagarsi ulteriormente. La febbre emorragica delle scimmie è infatti altamente contagiosa. Quel pomeriggio, si recò al centro direzionale di Reston, e alle cinque di un pomeriggio grigio e piovoso, mentre i pendolari rientravano in massa da Washington, lui e un altro veterinario della Hazleton somministravano a tutti gli esemplari della stanza F dosi letali di anestetico. Fu tutto molto rapido, e nel giro di pochi minuti le scimmie erano morte.

Dalgard provvide quindi a sezionarle, e rimase turbato e sorpreso nel constatare che in nessuna erano evidenti gli effetti della febbre emorragica. Erano stati animali belli e pieni di salute, e lui li aveva uccisi nella certezza di trovarsi in presenza di una grave malattia. Ora sentiva più che mai imperativa la necessità di fare il possibile per salvare le scimmie sopravvissute. Il morbo misterioso aveva fatto la sua comparsa ai primi di ottobre, e ormai si era alla metà di novembre. Quanto agli specialisti dell'esercito, questi gli avevano fornito una diagnosi possibile, probabilmente la migliore che ci si potesse aspettare, e adesso era sua la responsabilità di mantenere in vita gli animali superstiti. Era stanco e sfiduciato quando quella sera tornò a casa, e sul suo diario scrisse: «Era evidente l'assenza di qualsivoglia componente emorragica. In generale, gli animali erano insolitamente in carne (dei veri ciccioni), giovani (nessuno superava i cinque anni) e in ottime condizioni».

Prima di lasciare la casa delle scimmie, lui e l'altro veterinario infilarono i cadaveri in sacchetti di plastica che poi misero in un congelatore. Anche un congelatore, quindi, può essere caldo come l'inferno, ma sfortunatamente non esistono sensori né strumenti in grado di evidenziare tale condizione. I corpi delle scimmie erano ben visibili al di là della plastica trasparente dei sacchi – irrigiditi in forme contorte, con l'intestino che fuoriusciva dall'addome, e da cui pendevano ghiaccioli rossastri. Tenevano le mani chiuse a pugno o spalancate come artigli, quasi cercassero di afferrare qualcosa; i musi erano maschere prive di espressione e gli occhi fissi nel vuoto ricoperti di ghiaccio.

12

ESPOSIZIONE

17 novembre 1989, venerdì

In attesa di conseguire la specializzazione in microbiologia, Thomas Geisbert si guadagnava da vivere come tecnico di laboratorio all'Istituto. A ventisette anni, era un giovane alto, con gli occhi di un azzurro intenso e capelli castani un po' troppo lunghi e divisi al centro che gli ricadevano sulla fronte e le orecchie. Abile sia con il fucile sia con la canna da pesca, amava passare molto tempo all'aperto. Vestiva sempre in jeans e stivali da cowboy, e tendeva a ignorare l'autorità. Era un ragazzo del posto, cresciuto vicino a Fort Detrick e suo padre, capo tecnico dell'Istituto, sovrintendeva al funzionamento delle zone calde. Da adolescente, quando il padre l'aveva portato a visitare l'Istituto, Tom era rimasto a lungo a fissare le persone in tuta che si muovevano al di là della pesante lastra di vetro. Doveva essere divertente lavorare in quel modo, si era detto, e adesso era felice di essere uno di loro.

L'Istituto lo aveva assunto come addetto al microscopio elettronico, uno strumento che utilizza un fascio di elettroni per riprodurre le immagini di oggetti molto piccoli, come ad esempio i virus. Si tratta di uno strumento assolutamente essenziale in un laboratorio di virologia, dato che grazie a esso è possibile fotografare un minuscolo frammento di carne e così scoprirvi l'eventuale presenza di agenti patogeni. Per Tom, l'identificazione di varietà calde e la classificazione delle varie classi di virus equivaleva al raccogliere fiori o collezionare farfalle – era un lavoro gradevole, a condizione che nella tuta di protezione non si aprissero squarci. Amava la solitudine che le sue mansioni gli garantivano, la sensazione di vivere in un mondo a parte. Si sentiva in pace con se stesso quando si aggirava per una zona calda con in mano una rastrelliera di provette contenenti un agente sconosciuto, e gli piaceva entrare solo nel Quarto Livello, soprattutto in piena notte. Sfortunatamente, la sua dedizione al lavoro aveva cominciato a influenzare la sua vita privata e il suo matrimonio stava andando a rotoli. Lui e la moglie si erano separati in settembre, ma in Tom le difficoltà familiari non avevano che rafforzato la sua inclinazione a seppellirsi nel Quarto Livello.

L'altro grande amore di Tom era la natura: amava andare a caccia di cervi e a pesca di spigole. Cacciava per la carne, poiché era solito regalare la selvaggina ai parenti, ma una volta procuratosi la carne, inseguiva il trofeo. Ogni anno intorno al giorno del Ringraziamento, ossia all'apertura della stagione venatoria, prendeva in affitto con alcuni amici una casa in Virginia. I suoi compagni di vacanza non sapevano granché del suo lavoro, né lui raccontava loro nulla.

All'Istituto, Tom si sforzava di trovare il tempo per esaminare tutti i campioni in arrivo, così da affinare la sua abilità nell'utilizzo del microscopio elettronico. Stava imparando a identificare a occhio nudo gli agenti caldi guardandone semplicemente le fotografie. Quando dall'Africa erano giunti i campioni del piccolo Cardinal, Tom li aveva studiati per giorni e giorni, sentendosi inesplicabilmente attratto da quell'ammasso di *6, U, g, Y* e serpentelli, mescolati a carne umana parzialmente liquefatta. Anzi, aveva dedicato così tanto tempo all'esame del virus, uno degli autentici orrori presenti in natura, che le sue forme gli si erano impresse in modo indelebile nella mente.

Quando sentì parlare delle scimmie ammalatesi in Virginia, Tom pensò che gli sarebbe piaciuto fotografare i campioni di tessuti per vedere se riusciva a individuarvi particelle virali di febbre emorragica. Il venerdì 17 novembre, ossia il giorno dopo l'uccisione degli esemplari della stanza F da parte di Dan Dalgard, decise di dare un'occhiata alle cellule di scimmia che andavano crescendo. Voleva esaminarle con un microscopio a luce trasmessa prima di partire per la sua vacanza venatoria, per vedere se si erano verificati mutamenti.

Alle nove di quel venerdì mattina, Tom mise camice e mascherina e raggiunse il laboratorio del Terzo Livello dove le bottiglie erano tenute al caldo. Lì incontrò Joan Rhoderick, il tecnico che aveva iniziato la coltura Reston. La donna era china sul microscopio, intenta a esaminare alcune cellule che erano state infettate con il virus della febbre emorragica proveniente dalla Scimmia 053.

«C'è qualcosa che si sta sfaldando qui dentro» osservò rivolgendosi a Geisbert.

La bottiglia era di quelle usate abitualmente, grande più o

meno come un pollice e in plastica trasparente, così da poter essere esaminata comodamente al microscopio. Il tappo a vite era nero.

Quando Geisbert si chinò sulla lente oculare del microscopio, si trovò di fronte un mondo di incredibile complessità. Come sempre avviene in biologia, il vero problema stava nel sapere che cosa cercare; gli schemi della natura sono intricati e complessi e in costante mutazione. Geisbert vide cellule dappertutto; sacche minuscole, ciascuna con un nucleo più scuro più o meno al centro. Assomigliavano vagamente alle uova fritte, dove il tuorlo era raffigurato dal nucleo.

Di norma, le cellule aderiscono al fondo del contenitore in modo da formare una sorta di tappeto vivente – si tratta di un comportamento abituale durante la crescita. Ma questo tappeto sembrava essere stato divorato dalle tarme; le cellule erano morte e si erano spostate qua e là, creando ampi spazi.

Geisbert esaminò anche le altre bottiglie e constatò che presentavano quasi tutte lo stesso aspetto. A quel punto ebbe la certezza che qualcosa stesse uccidendo le cellule; erano gonfie, notò, come se fossero gravide, e costellate di puntini scuri simili a grani di pepe. Sì, sembrava proprio che qualcuno avesse cosparso di pepe le uova fritte. Forse colse dei riflessi luminosi nei granelli, come se la luce splendesse attraverso dei cristalli. Cristalli? Ma quelle cellule erano malate oltre ogni ragionevole dubbio! *Molto malate* anzi, perché il fluido era lattiginoso e letteralmente intasato di cellule morte, esplose.

Decisero che era necessario mostrarle a Peter Jahrling, il loro superiore. Fu Geisbert ad andare a cercarlo. Lasciato il Terzo Livello, si spogliò, fece una doccia e dopo aver indossato nuovamente i suoi abiti, andò nell'ufficio di Jahrling. Tornarono insieme poco dopo, e sedettero davanti al microscopio.

«Sta succedendo qualcosa di molto strano» disse Geisbert. «Ma temo di non sapere che cosa. Certo non sembra febbre emorragica delle scimmie.»

Jahrling guardò, e vide che le pareti della piccola bottiglia si erano fatte lattiginose. «È materiale contaminato» dichiarò allora. «Le cellule sono state distrutte. E *puzzano*.» Jahrling ipotizzò che fosse stata una varietà di batteri a invadere la coltura, un evento fastidioso ma frequente. I batteri divorano la coltura, e crescendo sprigionano un pessimo odore, a differenza dei virus, che invece uccidono le cellule senza emanarne alcuno. Forse, continuò Jahrling, il contenuto della bottiglia era stato distrutto da un comune batterio del terreno, lo *pseudomonas*, che vive nello sporco; lo si può trovare in qualunque cortile e sotto le unghie. È una delle forme di vita più comuni del pianeta, e spesso riesce a introdursi nelle colture di cellule e a distruggerle.

Svitò quindi il piccolo tappo nero e sventolò la mano sopra l'imboccatura della fiasca, prima di annusarla. Strano, pensò allora. Nessun odore.

«Ha mai sentito l'odore degli *pseudomonas*?» chiese a Tom Geisbert.

«No.»

«Puzzano come il succo di pompelmo *Welch*. Ma questo...» gli passò la fiasca.

Anche Tom annusò. Non sentì nulla.

Jahrling gliela riprese e la fiutò di nuovo. Niente. Eppure la bottiglia era lattiginosa, e le cellule spazzate via. Sempre più perplesso, la passò di nuovo a Tom dicendo: «La metta nel raggio; sarà bene dare un'occhiata». Dicendo di «metterla nel raggio» intendeva dire che voleva esaminarla con il microscopio elettronico, molto più potente di quello a luce trasmessa, e in grado di sondare più in profondità i misteri dell'universo.

Geisbert versò un po' del liquido lattiginoso in una provetta che poi infilò nella centrifuga. Sul fondo della provetta si era raccolto un «bottoncino» di limo grigiastro – un minuscolo agglomerato di cellule morte e morenti, non più grandi della punta di uno spillo e di un pallido colore brunastro. Assomigliava, pensò lui, a un frammento di purea di patate. Lo sollevò con una bacchetta di legno e lo mise a bagno in resina fenolica per conservarlo. Ma pur lavorando, i suoi pensieri continuavano a tornare alla caccia. Quel pomeriggio sul tardi, tornò a casa per fare i bagagli. Aveva progettato di partire con la sua Ford Bronco, ma l'auto si era guastata e furono i suoi amici a passare a prenderlo con un *pickup*. Caricarono la sacca di Tom e la custodia del fucile a bordo, e partirono per la Virginia occidentale. Quando un filovirus comincia a svilupparsi in un essere umano, il periodo di incubazione va dai tre ai diciotto giorni, durante i quali il numero delle particelle virali presenti nel circolo ematico cresce con regolarità. Poi subentra il mal di testa.

13
IL GIORNO DEL RINGRAZIAMENTO

20-25 novembre

Per Nancy e Jerry Jaax, quello fu il peggior giorno del Ringraziamento della loro vita. Partirono a bordo della loro familiare mercoledì, 22 novembre, e viaggiarono per tutta la notte, diretti in Kansas. Jaime e Jason, ormai rispettivamente di dodici e tredici anni, erano abituati ai lunghi tragitti, e dormirono tranquillamente. Quanto a Jerry, dopo la morte del fratello, non dormiva quasi più, e Nancy rimase sveglia al suo fianco, per dargli periodicamente il cambio al volante. Arrivarono a Wichita il giorno del Ringraziamento, che festeggiarono con un pranzo a base di tacchino in compagnia del padre di Nancy, Curtis Dunn.

Curtis, che abitava con il figlio, stava morendo di cancro. Era sempre stato un ipocondriaco, terrorizzato soprattutto dal cancro – in un'occasione era rimasto a letto per otto interi mesi sostenendo, a torto, di essere irrimediabilmente malato; ma questa volta purtroppo i suoi timori erano più che fondati. Quell'autunno era dimagrito parecchio, pesava meno di cinquanta chili e ormai assomigliava più a uno scheletro che a un uomo, ma era ancora relativamente giovane, come testimoniavano i capelli ancora neri e resi lucidi dal *Vitalis*. Aveva un aspetto talmente orrendo che i bambini, spaventati, si rifiutarono persino di guardarlo. Quanto a lui, fece del suo meglio per dimostrare a Jerry che gli era vicino. «È davvero terribile quello che è successo a voi Jaax» disse, ma Jerry non volle parlarne.

Il padre di Nancy passava buona parte della giornata su una sedia inclinabile. Di notte, il dolore gli impediva di riposare e spesso, svegliandosi alle tre del mattino, lasciava il letto e cominciava a girare per casa in cerca di chissà che cosa. Fumava di continuo e si lamentava di non sentire più i sapori e di aver perso l'appetito. Pur sentendosi addolorata per lui, Nancy avvertiva tra di loro una distanza incolmabile. Suo padre era un uomo autoritario e dalle forti convinzioni, e da certi suoi borbottii lei aveva creduto di capire che progettava di vendere la fattoria e utilizzare il ricavato per trasferirsi in Messico a seguire una terapia basata sui noccioli di pesca. La bizzarria di quell'idea la faceva infuriare, ma la sua era una collera venata di pietà.

Terminato di mangiare, i Jaax ripartirono per Andale, una cittadina a nordest di Wichita, per trovarsi con Ada, la madre di Jerry, e gli altri componenti della sua famiglia. Vedova, Ada viveva sola in un ranch che dava su un'ampia distesa di campi di grano. I campi, che erano stati seminati nel tardo autunno, erano spogli, ma lei aveva preso l'abitudine di sedersi in soggiorno a contemplarli. Non poteva guardare la televisione perché non sopportava la vista delle armi. Anche gli altri sedettero in soggiorno con lei, sforzandosi di tener viva la conversazione. Raccontarono vecchi aneddoti, ridendo, scherzando e cercando in ogni modo di divertirsi. Ma quando improvvisamente saltò fuori il nome di John, cadde il silenzio e tutti rivolsero lo sguardo a terra senza sapere più cosa dire, e ci fu chi cominciò a piangere e ben presto anche il viso di Ada si rigò di lacrime. Era sempre stata una donna forte, e nessuno dei suoi figli l'aveva mai vista crollare. Quando sentiva di non farcela più, preferiva alzarsi e andare a chiudersi in camera sua.

Apparecchiarono in cucina e mangiarono roast beef – ai Jaax il tacchino non piaceva. Dopo un po', si trasferirono alla spicciolata in soggiorno, ciascuno col suo piatto in mano, per guardare una partita di football. Le donne, Nancy compresa, pulirono la cucina e si occuparono dei bambini. Successivamente, Nancy e Jerry tornarono a Wichita dove si fermarono qualche giorno per accompagnare Curtis all'ospedale, dove veniva sottoposto ad alcune terapie. Al termine della vacanza, tornarono nel Maryland con i loro bambini.

Per Dan Dalgard la settimana del giorno del Ringraziamento fu un periodo di inquietudine. Il lunedì chiamò Peter Jahrling all'Istituto per chiedere se ci fossero novità sul misterioso agente assassino. Jahrling gli confermò di aver elaborato una diagnosi provvisoria, che attribuiva la morte delle scimmie alla febbre emorragica. Disse che era fortemente persuaso dell'esattezza della sua diagnosi, ma che prima di pronunciarsi in modo definitivo avrebbe atteso il risultato delle ultime analisi.

Quando riappese, Dalgard era ormai convinto di aver fatto l'unica cosa possibile, uccidendo le scimmie della stanza F. Colpiti dalla febbre emorragica, gli animali sarebbero morti comunque, ma senza il suo intervento la malattia si sarebbe diffusa per tutto il fabbricato, uccidendone molti altri. Adesso, a preoccuparlo era la possibilità che il virus fosse riuscito a fuggire dalla stanza F per mettersi silenziosamente all'opera negli altri locali. Se così era, sarebbe stato arduo riuscire a contenere i danni.

La mattina del giorno del Ringraziamento, sul presto, Dan e sua moglie si recarono a Pittsburgh, dai genitori di lei. Tornarono in Virginia il venerdì successivo, e Dan proseguì per la casa delle scimmie. Rimase sgomento nello scoprire che nel corso di quei pochi giorni cinque scimmie erano morte nella stanza H, due porte più in giù rispetto alla stanza F. Dunque il virus era attivo e, cosa ancora più grave, nella sua marcia mortale saltava addirittura le stanze. Come era possibile? Cinque scimmie perite in un solo locale nell'arco di una notte – non si era mai sentito tanto inquieto.

14

MEDUSA

27 novembre 1989, lunedì, ore 07:00

La mattina del lunedì successivo alla settimana del Ringraziamento, Tom Geisbert si presentò all'Istituto con indosso jeans, camicia di flanella e stivali da cowboy, una sorta di memento della sua vacanza nei boschi. Era ansioso di controllare le condizioni delle cellule che prima di partire aveva estratto dalla provetta. Le avrebbe esaminate al microscopio elettronico per cercare la prova visiva della febbre emorragica.

Il «bottoncino» formatosi era un puntino non più grande di una briciola di pane, incastonato in un tappo di plastica gialla. Da un armadietto, Geisbert prese uno scalpello a punta di diamante. È questo un oggetto metallico non più grande di un temperamatite, lungo appena due centimetri e mezzo e il cui costo si aggira intorno ai sei milioni. La sua lama è costituita appunto da un diamante, una grossa gemma priva di imperfezioni e di ottima qualità.

Con lo scalpello e il tappo di plastica contenente il grumo di cellule, Geisbert si trasferì in una saletta attrezzata con un microtomo. Sedette al tavolo di fronte alla macchina e vi inserì la punta di diamante, attento a non sfiorarla con le dita. Un contatto anche lievissimo sarebbe stato sufficiente a distruggerla, e al tempo stesso a incidergli la carne. Una punta di diamante, infatti, è in grado di spaccare un virus in due, e di farlo senza sbavature, proprio come la lama di un rasoio fa con una nocciolina. Per avere un'idea della sua precisione, basti pensare che il puntino di una «i» può contenere cento milioni di virus. Se incidentalmente vi ferite con una punta di diamante, la sentirete penetrare nella pelle senza trovare resistenza, e penetrando distruggerà le ematie che incontrerà nel suo cammino. A quel punto, coperta di grasso epidermico e di sangue, la lama sarebbe irrimediabilmente rovinata.

Tom si chinò sul microscopio collegato al microtomo. Ora vedeva con chiarezza la briciola. Premette un interruttore, la macchina si avviò con un ronzio e la briciola cominciò a spostarsi avanti e indietro, scivolando lungo la punta di diamante. La macchina lavorava con estrema delicatezza e ogni fetta della briciola era più o meno di queste dimensioni:

Cadendo, le fette andavano a posarsi su una minuscola goccia d'acqua. Ogni fetta conteneva almeno diecimila cellule, e una dopo l'altra andavano a sparpagliarsi sull'acqua come foglie di ninfea.

Tom alzò la testa e si guardò intorno finché non vide sul tavolo quello che stava cercando: un bastoncino di legno su cui era stato incollato un ciglio umano mediante una goccia di smalto per unghie. Era quello lo strumento abitualmente utilizzato per manipolare le fette. Il ciglio apparteneva a una delle impiegate del laboratorio – era opinione comune che avesse le ciglia ideali per questo genere di impiego, né troppo spesse né troppo sottili, e terminanti in una punta esilissima. Con il ciglio, agitò l'acqua per separare le fette l'una dall'altra. Poi, con la punta del ciglio, ne estrasse le poche che erano state danneggiate e le depositò su un fazzolettino di carta.

Quindi, usando un paio di pinzette, agganciò una piccola griglia di rame grande più o meno così: (●). La immerse nell'acqua e la calò lentamente sotto una delle fette galleggianti, con gli stessi gesti che un pescatore avrebbe usato per raccogliere una rete. Quando la fetta aderì alla griglia, la estrasse dall'acqua e la infilò in una minuscola scatola. Si trasferì quindi in una camera oscura al centro della quale era collocata una torre metallica più alta di un uomo. Il mio microscopio elettronico, pensò Tom con un empito d'affetto. Aprì la scatoletta, ne estrasse con le pinzette la griglia e la fissò a un'asta d'acciaio inossidabile delle dimensioni di una chiave svitabulloni, il cosiddetto portacampioni. Fece poi scivolare l'asta nel microscopio finché uno scatto non gli disse che era agganciata. Ora la griglia era posizionata proprio al centro del raggio di elettroni. «Mettila sotto il raggio e diamogli un'occhiata» gli aveva detto Peter Jahrling.

Tom spense le luci e sedette a una *console* coperta di quadranti e di *display*. Al centro, campeggiava uno schermo. La stanza era divenuta il ponte di comando di una navicella spaziale, e lo schermo una finestrella che guardava nell'infinito.

Premette un pulsante e si curvò sulla sedia, accostando la testa allo schermo. Il suo viso, reso verdastro dalla luce, si rifletteva nel vetro: capelli lunghi, espressione grave, occhi incavati che scandagliavano il terreno. Ciò che si stendeva davanti ai suoi occhi era uno scenario immenso, complesso, con più dettagli di quanti la mente umana potesse recepire. Avrebbe potuto essere il pilota di una navicella spaziale intento a sorvolare un immenso pianeta sconosciuto. Si possono passare giornate intere a esaminare delle cellule in cerca di un virus. In una fetta possono esserci fino a diecimila cellule da esplorare, e a volte capita che non si sappia che cosa si sta cercando. L'aspetto più sorprendente degli organismi viventi è che, a prescindere dalle dimensioni, sono sempre estremamente complicati. Vide forme che assomigliavano a fiumi, a corsi d'acqua e ad anse, puntolini che avrebbero potuto essere città e ampie fasce di vegetazione. Quello che stava sotto gli occhi di Tom era, in sostanza, una veduta aerea della foresta pluviale. La cellula era tutto un mondo, e da qualche parte nella giungla si celava un virus.

Girò una manopola e il paesaggio cellulare si spostò nel suo campo visivo; zumò, e la cellula parve sollevarsi per andargli incontro.

Di colpo il fiato gli si mozzò in gola. C'era qualcosa che non andava in quella cellula. Era un *casino*. Non era semplicemente morta – era stata distrutta, spappolata, e brulicava di *vermi. Da parete a parete*, la cellula era piena di microrganismi e in alcuni punti le particelle virali erano così numerose da sembrare un viluppo inestricabile di corda. C'era una sola varietà di virus che avesse quella forma. Un filovirus. Marburg, pensò. Questa roba ha tutta l'aria di essere Marburg. Si accostò un po' di più allo schermo e in quel momento sentì che lo stomaco gli si rovesciava e gli sembrò che qualcosa gli strisciasse addosso – la tipica sensazione che un ricercatore prova nel trovarsi faccia a faccia con un agente caldo. Il fattore nausea. Quasi si lasciò prendere dal panico, quasi corse fuori della stanza gridando: «Marburg! È Marburg!». Poi pensò: tutto questo sta realmente accadendo? Non sapeva se la cosa che aveva sotto gli occhi era davvero il virus Marburg, ma, sicuro come l'oro, aveva tutta l'aria di un filovirus. Poi un'immagine gli balenò alla mente, l'immagine delle cellule del fegato di Peter Cardinal che esplodevano e si riempivano di serpentelli. Si sforzò di renderla più nitida e la paragonò con quella che riempiva lo schermo. Conosceva con esattezza l'aspetto della varietà Cardinal, dato che ne aveva memorizzato ogni voluta, ogni sinuosità. L'effetto devastante del virus sui tessuti del ragazzo... Mio Dio! Mio Dio, Pete e io abbiamo annusato questa roba! Pete e io l'abbiamo manipolata, e si tratta di un agente del Quarto Livello. Marburg... oh Cristo, oh

Cristo... Ho a che fare con un virus umano che uccide in percentuali elevatissime e lo fa nel modo più sgradevole che si possa pensare... Un'ondata d'angoscia lo travolse; vide i propri testicoli, lividi e grossi come limoni, che scoppiavano, mentre la pelle si staccava a brani.

Cominciò a scattare fotografie con il microscopio e non appena i negativi furono pronti si trasferì in camera oscura. Nel buio fitto, ebbe il tempo di riflettere. Calcolò i giorni trascorsi dalla presunta esposizione. Vediamo, aveva annusato la fiasca il venerdì prima della partenza, ossia dieci giorni addietro. Qual era il periodo di incubazione per l'agente Marburg? Si accorse di non saper rispondere subito. Nelle scimmie che lo avevano inalato, la malattia aveva impiegato parecchio tempo a manifestarsi, per l'esattezza da sei a diciotto giorni. E lui era al decimo.

Il momento giusto per cominciare a sentirmi male! Ho avuto mal di testa ieri? Ho mal di testa oggi? Ho la febbre? Si portò una mano alla fronte. Era fresca! Ma solo perché non ho mal di testa il decimo giorno, ciò non significa che non ne soffrirò il dodicesimo. Ho inspirato molto profondamente mentre annusavo la fiasca? L'ho svitata troppo rapidamente, così da spargere in giro qualche goccia? Mi sono strofinato gli occhi, dopo? Non ricordo. Mi sono toccato la bocca? Potrei anche averlo fatto, ma proprio non lo so.

Si chiese se non avesse commesso un errore. Forse non si trattava di Marburg. Dopotutto, lui era solo uno studente, aveva ancora tanto da imparare! Individuare uno dei più letali agenti del Quarto Livello, e nei sobborghi di Washington, perdipiù, non è cosa che i tecnici di laboratorio facciano tutti i giorni. Forse non è affatto un filovirus. Come faccio a esserne certo? Se ne parlassi col capo e poi risultasse che ho preso una cantonata, potrei dire addio alla carriera. Nel nostro campo non c'è spazio per gli errori. Se prendi un abbaglio, per prima cosa scateni il panico e dopo diventi lo zimbello di tutti.

Tom accese la luce ed estrasse i negativi dalla soluzione in cui erano immersi.

Vide particelle virali a forma di serpenti, cobra bianchi intrecciati fra di loro, come i capelli di Medusa. Erano il volto stesso della Natura, l'oscena dea rivelata nella sua nudità. Al tempo stesso, era uno spettacolo così bello da togliere il fiato, e mentre lo contemplava lui si sentì sempre più lontano dal mondo dei suoi simili e sempre più vicino a una dimensione misteriosa in cui le barriere morali si dissolvevano. Era smarrito nello stupore e nell'ammirazione, pur non dimenticando che proprio *lui* era la preda. Davvero un peccato che non potesse abbattere il predatore con un colpo di fucile!

Vide qualcos'altro, nei negativi, che lo riempì di timore e di soggezione. Il virus aveva alterato la struttura della cellula fino a renderla quasi irriconoscibile, trasformandola in qualcosa che assomigliava a un sacco di mattoni – blocchi di virus puro simili a cristalli. Tom li conosceva con il nome di «corpi inclusi».

Erano covate di virus pronte a nascere. A mano a mano che l'agente si sviluppa all'interno di una cellula, al centro compaiono questi cristalloidi, o mattoni, che successivamente si spostano verso l'esterno. Una volta raggiunta la superficie interna della parete cellulare, si frantumano in centinaia di particelle individuali a forma di filo. Questi attraversano la parete e spuntano al di fuori della cellula, come fili d'erba dalla terra. A mano a mano che i mattoni si spostano verso l'esterno, la cellula si gonfia e muta forma fino a esplodere. I fili irrompono fuori di essa ed entrano nel circolo ematico dell'ospite, moltiplicandosi e prendendo possesso di altre cellule, per formare altri cristalloidi e continuare così il ciclo.

Tom comprese che ciò che aveva definito «grani di pepe» nell'esaminare la bottiglia, dieci giorni addietro, erano in realtà queste formazioni cristalloidi, e che a esse era dovuta la dilatazione delle cellule. Erano gravide di cristalloidi, e si stavano preparando a esplodere.

15
IL PRIMO ANGELO

Ore 10:00

Tom Geisbert stampò i negativi su carta lucida formato venti per venticinque, e con le foto si diresse verso l'ufficio del suo capo, Peter Jahrling. Percorse un lungo corridoio, scese di sotto, varcò una porta che si aprì quando sottopose al sensore il suo lasciapassare ed entrò in un fitto dedalo di stanze. Rivolse un cenno di saluto a un soldato – c'erano soldati dappertutto, ciascuno affaccendato nelle proprie mansioni –, salì un'altra rampa di scale e oltrepassò una sala riunioni sulla cui parete era affissa una carta del pianeta. In quella sala, i vertici dell'esercito discutevano le insorgenze epidemiche, e una riunione era in corso anche in quel momento. Tom arrivò a un gruppo di uffici, tutti così disordinati da togliere il fiato. Erano le stanze di Gene Johnson, l'esperto di contaminazione biologica che era stato a capo della spedizione a Kitum Cave. L'ufficio di Peter Jahrling era lì di fronte. Piccolo e ordinato, aveva persino una finestra, e sotto di essa Jahrling aveva fatto collocare la sua scrivania, così da sfruttare al massimo la luce esterna. Alla parete aveva appeso alcuni disegni fatti dai suoi bambini. In uno, opera di sua figlia, era raffigurato un coniglio sotto uno sfolgorante sole giallo. Uno scaffale ospitava una scultura africana rappresentante una mano con un uovo in bilico sulla punta delle dita; l'impressione era che qualcosa di molto interessante fosse in procinto di vedere la luce.

«Che cosa c'è, Tom?» chiese Jahrling.

«Abbiamo un problema, un problema grosso.» Tom dispose le fotografie in fila sulla scrivania del suo superiore. Era una grigia giornata di novembre e il chiarore che entrava dalla finestra illuminava con discrezione le immagini di Medusa. «Dalle cellule delle scimmie di Reston» spiegò. «Credo che si tratti di un filovirus, con ogni probabilità Marburg.»

Jahrling rammentò di avere annusato la fiasca e disse: «Come scherzo non è divertente. Battitela».

«Non sto scherzando, Pete.»
«Ne sei sicuro?» insistette lui.
Tom ne era sicurissimo.
Jahrling si chinò a esaminare con più attenzione le fotografie. Sì, eccoli lì i vermi. Ecco i corpi inclusi... i mattoni. E sì, lui e Tom avevano annusato quella maledetta roba. Be', almeno per il momento, nessuno dei due aveva mal di testa. Ricordò allora le parole scherzose che aveva rivolto al patologo, mentre tagliava il pezzetto di carne rosea e misteriosa avvolta nella carta argentata. «È una fortuna che non si tratti di Marburg.»
Già, proprio così.
«Le dimensioni sono quelle giuste?» domandò, mentre prendeva un regolo per misurare le particelle.
«Sembrerebbero un po' troppo lunghe per essere Marburg» replicò Geisbert. Sapeva che le particelle di Marburg formano una sorta di cappio, mentre quelle assomigliavano più a spaghetti. Paragonarono le foto di Tom alle immagini di un testo di consultazione.
«Io direi che ci siamo» affermò Jahrling. «Le mostrerò a C.J. Peters.»

Jahrling, un civile, aveva deciso di informare gli alti vertici militari. Il primo fu il colonnello Clarence James Peters, dottore in medicina. Peters era il capo del reparto di diagnostica dell'Istituto, il medico militare che trattava con i misteri biologici più pericolosi. «La roba interessante» la definiva lui. Aveva creato quella divisione quasi da solo, e da solo la gestiva. Era uno strano tipo di militare, bonario e incidentalmente anche brillante. Portava occhiali dalla montatura di metallo incastonati in una faccia rubizza e gradevole, le labbra sormontate da un paio di baffi, e si esprimeva con un leggero accento texano. Non era grasso, ma gli piaceva mangiare e pensava di essere sovrappeso. Parlava un ottimo spagnolo, che aveva imparato durante gli anni passati nelle giungle dell'America centromeridionale, a caccia di agenti caldi. Il regolamento militare prevedeva che si presentasse al lavoro alle otto del mattino, ma di solito non arrivava mai prima delle dieci. Non amava le uniformi; portava jeans sbiaditi con una vistosa camicia hawaiana, sandali e calze bianche, una tenuta che gli dava l'aria di aver appena trascorso la notte in un hotel messicano. Giustificava il fatto di non indossare l'uniforme con il piede d'atleta, una malattia tropicale che aveva contratto in America centrale e di cui non era mai riuscito a liberarsi; il piede d'atleta, o epidermofizia interdigitale, lo costringeva a portare calze e sandali per consentire all'aria di circolare tra le dita, e i jeans e la camicia hawaiana ne erano il naturale complemento. Peters lavorava dodici ore al giorno e spesso lasciava l'Istituto a notte fonda, quando tutti gli altri se n'erano andati da un pezzo.

Perdipiù, sapeva nuotare nel mare della burocrazia con la disinvoltura di uno squalo. Ispirava forti sentimenti di lealtà nei suoi collaboratori, ma se gli conveniva, era altrettanto abile nel farsi dei nemici. Guidava una Toyota rossa piuttosto malconcia per essere rimasta coinvolta in svariati piccoli incidenti – il tipo di auto che viene spesso fermata dalla polizia perché priva del tagliando della revisione. Durante le sue escursioni nella foresta pluviale e nelle savane tropicali, si adeguava senza difficoltà alle abitudini alimentari degli indigeni. Si era nutrito di rane, serpenti, carne di zebra, meduse, lucertole e rospi cotti nella loro pelle, ma *credeva* di non aver mai mangiato salamandre, o perlomeno era certo di non averle mai identificate in una zuppa. In compenso, aveva assaggiato la coscia di scimmia bollita e bevuto birra di banana fatta fermentare con la saliva. Durante una spedizione in Africa centrale, alla ricerca del virus Ebola, non aveva esitato a fare sosta presso i termitai per mangiare le termiti a mano a mano che sciamavano fuori. Diceva che avevano un sapore gradevole, simile a quello della noce, e le apprezzava al punto che le teneva in fresco insieme con i campioni di sangue per mangiarle con il gin che beveva come aperitivo quando il sole tramontava sulle pianure africane. Era goloso anche di porcellini d'India cotti nel loro stesso sangue. Questo animaletto, una volta cotto, si apre come un libro offrendo autentici tesori, e a lui piaceva piluccarne i polmoni, il cervello e le ghiandole surrenali. E dopo, inevitabilmente, ne pagava il prezzo. «Finisco sempre con lo star male, ma ne vale la pena» disse una volta. Credeva fermamente nell'utilità delle carte geografiche, e ce n'erano sempre molte appese alle pareti del suo ufficio, con indicati i luoghi in cui si erano verificate le varie esplosioni epidemiche. «Ovunque si vada, bastano una mappa e una bottiglia di gin per stare da Dio» amava ripetere.

Jahrling infilò le foto di Geisbert in una cartella. Non voleva che qualcuno le vedesse. Trovò Peters nella sala riunioni. «Non so cosa tu stia facendo, C.J.» disse allungandogli un colpetto sulla spalla. «Ma qui ho qualcosa di sicuramente più importante da mostrarti.»

«Sarebbe?»

Jahrling agitò la cartella. «È materiale delicato, e non voglio sbandierarlo in giro.» La aprì quanto bastava perché C.J. potesse dare un'occhiata agli spaghetti, e la richiuse.

Sul viso del colonnello balenò un'espressione sorpresa. Si alzò, e senza una parola di scusa agli altri partecipanti alla riunione, lasciò la stanza con Jahrling. Tornarono nell'ufficio di quest'ultimo e chiusero la porta alle loro spalle. Tom li stava aspettando. Jahrling dispose le fotografie sulla scrivania e il colonnello si chinò a esaminarle.

«Da dove viene questa roba?» volle sapere.

«Dalle scimmie di Reston. E a me ha fatto una pessima impressione, C.J. Secondo Tom, si tratta di Marburg.»

«Non sarebbe la prima volta che prendiamo un abbaglio» replicò l'altro.

«Verissimo.»

«Ci sono un sacco di cose che assomigliano a vermi» insistette C.J., gli occhi fissi sulle foto. Ma era il primo a non credere a quanto stava dicendo. Avrebbe riconosciuto quei vermi ovunque... e poi c'erano i cristalloidi, i mattoni, no, sembrava proprio che non ci fosse nessun dubbio. Lo sentiva. Pensò: la pressione salirà alle stelle, e avvertì l'insorgere di quello che avrebbe definito un massiccio effetto nausea. Sarà un grosso problema per quella città in Virginia, pensò ancora. E per la gente che ci lavora. «La prima domanda» disse ad alta voce «è: quali sono le possibilità di una contaminazione in laboratorio?» Certo, poteva sempre trattarsi della varietà Cardinal in possesso dell'esercito, fuggita in qualche modo dal congelatore e approdata in quelle bottiglie, ma era una possibilità remota. E più i tre ci pensavano, più erano inclini a escluderla. La varietà Cardinal veniva conservata in una zona diversa dell'edificio, protetta da parecchie pareti di biocontenimento, e molto lontana dalle bottiglie in questione. I dispositivi di sicurezza tesi a impedire la fuga accidentale di un virus della portata del Marburg Cardinal erano innumerevoli. No, non poteva trattarsi di una contaminazione casuale. Ma se non fosse stato un virus, bensì qualcos'altro?

«Da queste parti, quando vedono qualcosa di lungo e simile allo spago» disse C.J. «pensano subito ai filovirus. Ma per quanto mi riguarda, sono scettico. Ci sono un sacco di cose che assomigliano a Marburg.»

«Sono d'accordo» assentì Jahrling. «Potrebbe essere una sciocchezza qualsiasi. Un altro mostro di Loch Ness.»

«Che cosa conti di fare?» chiese il colonnello.

Jahrling avrebbe trattato le cellule con specifiche miscele che, in caso di presenza di Marburg, avrebbero conferito loro una particolare luminosità.

«Questo per quanto riguarda Marburg» assentì C.J. «Ma che ne diresti di includere anche un test di reazione a Ebola?»

«Sicuro, ci avevo già pensato.»

«Quando avrai i risultati? Se si tratta davvero di Marburg, dovremo decidere il da farsi e dovremo deciderlo in fretta.»

Dan Dalgard, per esempio, aveva sezionato la scimmia, e in caso di contagio sarebbe stato il primo a mostrare i sintomi.

«Avremo una risposta certa entro domani» gli assicurò Jahrling.

A Tom Geisbert, C.J. disse di volere altre prove. Voleva delle immagini che mostrassero l'agente in fase di crescita nel fegato di un esemplare deceduto nella casa delle scimmie. Questo avrebbe dimostrato che il virus viveva appunto in questi animali.

C.J. vedeva profilarsi all'orizzonte una crisi politica e militare. Se l'opinione pubblica fosse stata informata degli effetti di Marburg, sarebbe stato impossibile contenere il panico. Si alzò tenendo in mano una fotografia: «Prima di annunciare che Marburg si è manifestato nei pressi di Washington, faremmo bene ad avere la certezza assoluta di non sbagliarci». Poi lasciò cadere la foto sulla scrivania e se ne tornò alla sua riunione, sotto la carta geografica del mondo.

Uscito C.J., tra Peter Jahrling e Tom Geisbert si svolse una conversazione quanto mai delicata a proposito della bottiglia che avevano annusato. Nessuno dei due ne aveva fatto cenno col colonnello C.J. Peters, ma ora sentivano la necessità di chiarire la situazione.

Erano passati dieci giorni da quando avevano aperto la bottiglia e fiutato quella che minacciava di rivelarsi *Eau de Marburg*. L'indomani sarebbe stato l'undicesimo giorno; ciò significava che erano nel pieno del periodo di incubazione. Che cosa dovevano fare? E come dovevano comportarsi con le rispettive famiglie?

Sapevano che cosa avrebbe fatto il colonnello Peters se avesse scoperto ciò che era accaduto: li avrebbe spediti di filato nella Segreta, l'ospedale per il contenimento di rischio biologico del Quarto Livello. L'avrebbe fatto, perché non avrebbe avuto alternative. E loro sarebbero finiti dietro una doppia porta di acciaio inossidabile, assistiti da infermiere e dottori con indosso tute di protezione. Un mese intero nella Segreta, con i dottori che incombevano su di loro e prelevavano in continuazione campioni di sangue, in attesa di vederli implodere.

Le porte della Segreta erano sempre chiuse e anche le telefonate venivano monitorate; capitava che i ricoverati della Segreta perdessero il controllo dei nervi e tentassero di fuggire. Di norma, era nel corso della seconda settimana che cominciavano psicologicamente a cadere in pezzi. Cedevano alla depressione e smettevano di comunicare, riducendosi a fissare la parete, muti e passivi, senza guardare neppure la televisione. Alcuni si agitavano o si tormentavano con mille paure. Ad altri era necessario somministrare dosi costanti di Valium per evitare che si scaraventassero contro le pareti, fracassassero le vetrate o distruggessero le attrezzature mediche. Erano nel braccio della morte, isolati dal resto del mondo, in attesa dell'insorgere della febbre, del dolore che strazia gli organi interni, delle lesioni cerebrali e infine dell'ultimo atto, con i suoi improvvisi, incontrollabili sbocchi di sangue. Molti protestavano a gran voce di non essere stati esposti ad alcun contagio, negando che in loro ci fosse qualcosa che non andava e di solito era davvero così, almeno sul piano fisico, e lasciavano la Segreta in buona salute. Ma per quanto riguardava le loro menti, la questione era ben diversa. Nella Segreta erano diventati paranoici, si erano convinti che la burocrazia militare li avesse dimenticati, e che sarebbero rimasti a marcire lì in eterno. Così, al momento di uscire, la sensazione dominante era il disorientamento. Varcavano la porta della camera di compensazione pallidi e tremanti, furiosi con l'esercito e con se stessi. Nel tentativo di rallegrarli, le infermiere presentavano loro una torta di compleanno con tante candeline quanti erano i giorni che avevano trascorso nella Segreta. Ma loro indietreggiavano e sbattevano le palpebre, confusi e terrorizzati da quell'ammasso di fiammelle, forse più numerose di quelle che decorano le loro *vere* torte di compleanno. Un tizio era rimasto chiuso nella Segreta per quarantadue giorni. Quarantadue giorni sulla sua torta-Segreta.

Erano in molti, fra coloro che avevano vissuto quest'esperienza, a decidere di non lavorare più al Quarto Livello. Cominciavano ad addurre ogni sorta di scuse per spiegare che quel giorno proprio non potevano indossare la tuta di protezione, e che non avrebbero potuto farlo neppure l'indomani né il giorno dopo ancora. E numerosi erano anche quelli che finivano con l'abbandonare il lavoro e l'Istituto.

Peter Jahrling era dell'opinione che per lui e Tom il rischio del contagio non fosse molto alto. E comunque, si diceva, lo avrebbe saputo anche troppo presto. L'esame del sangue sarebbe risultato positivo, oppure sarebbe insorto un mal di testa che nessun analgesico avrebbe potuto debellare. Comunque fosse, era fermamente persuaso che non fosse facile farsi contagiare da Marburg, e non credeva che ci fosse pericolo né per la sua famiglia né per nessun altro in città.

Ma per Dan Dalgard, che aveva sezionato le scimmie, la faccenda era diversa. Lui si era chinato su quegli animali, li aveva *respirati*.

Si era chinato sugli animali e li aveva *respirati* mentre ne apriva il ventre, invaso da sangue brulicante di Marburg. Perché allora non era morto? Forse si trovava ancora nel periodo di incubazione? E da dove proveniva l'agente patogeno? Si trattava di una nuova varietà? Quali erano i suoi effetti sugli esseri umani? Un nuovo virus prende il nome dal suo scopritore – Jahrling pensò anche a questo. Ma se lui e Tom fossero finiti nella Segreta, non avrebbero avuto la possibilità di effettuare ulteriori ricerche, e tutta la gloria sarebbe andata a qualcun altro. L'isolamento di un filovirus nei pressi di Washington – quale scienziato avrebbe potuto chiedere di più?

Per tutte queste ragioni, i due decisero di tenere la bocca chiusa.

Decisero anche di far analizzare il loro sangue. Se l'esame avesse dato esito positivo, ne avrebbero immediatamente informato chi di dovere. In caso contrario, avrebbero taciuto: il rischio di contagiare i loro familiari o altre persone sarebbe stato minimo.

Ovviamente, non volevano che fosse un'infermiera dell'esercito a provvedere al prelievo, e preferirono rivolgersi a un amico, un tecnico civile che, pur comprendendo perfettamente quanto era accaduto, giurò di tenere la bocca chiusa. Dopo il prelievo, Jahrling infilò la tuta e portò i campioni di sangue nel suo laboratorio del Quarto Livello. Prese con sé anche le bottiglie piene di sostanza lattiginosa che avevano annusato. Era una strana sensazione, quella di manipolare il proprio sangue con indosso una tuta protettiva, e tuttavia sarebbe stato troppo rischioso lasciarlo dove qualcuno avrebbe potuto entrarvi inavvertitamente in contatto. Avrei dovuto agire con maggiore cautela, si rimproverò. Dopotutto, sapevo che si trattava di carne proveniente dalla carcassa di una scimmia.

Da parte sua, Tom Geisbert andò in cerca di un campione

di fegato di scimmia da fotografare per accertare l'eventuale presenza di virus. Trovò una bottiglia di plastica contenente frammenti sterilizzati del fegato della Scimmia 053 e ne prelevò alcune schegge che poi incluse nella plastica. Era un lavoro lento, e impiegò parecchio tempo a portarlo a termine. Dopo, andò a casa con l'intenzione di dormire un po'.

16

IL SECONDO ANGELO

28 novembre 1989, martedì

Tom Geisbert viveva in una cittadina della Virginia occidentale, al di là del fiume Potomac. Dopo che lui e la moglie si erano separati, i figli avevano vissuto per qualche tempo con la madre, ma successivamente si erano trasferiti da lui, o per la precisione, dato che erano ancora molto piccoli, dai suoi genitori, che abitavano in fondo alla strada.

Quel giorno Geisbert si alzò alle quattro del mattino, ma non fece colazione e si accontentò di una tazza di caffè. Era ancora buio quando a bordo della sua Bronco attraversò il Potomac e percorse l'Antietam Battlefield, un ampio rilievo di terra coltivata, punteggiata da monumenti funebri. Varcò il cancello di Fort Detrick, e dopo aver parcheggiato e superato i controlli, raggiunse la saletta che ospitava il suo microscopio.

Era una giornata grigia, calda e ventosa, e una luce del colore dell'alluminio invecchiato bagnava l'Istituto mentre Tom affettava il fegato di scimmia e quindi lo esaminava al microscopio elettronico. Pochi minuti dopo, cominciò a scattare fotografie di unità virali che spuntavano dalle cellule; il fegato della Scimmia 053 brulicava letteralmente di vita e quelle foto rappresentavano la prova certa che il virus si moltiplicava nelle scimmie di Reston – ossia che non si trattava di una contaminazione casualmente verificatasi in laboratorio. All'interno delle cellule individuò anche alcuni cristalloidi; l'organo si andava gradatamente cristallizzando.

Portò le foto da Peter Jahrling e si recò con lui da C.J. Peters. Questa volta, il colonnello si dichiarò soddisfatto: le scimmie erano state contagiate dall'agente Marburg. Ora, non dovevano fare altro che aspettare i risultati dei test effettuati da Jahrling, vale a dire l'ultima e definitiva conferma.

Ansioso di arrivare al più presto a un risultato certo, Jahrling passò buona parte della giornata in laboratorio. Verso mezzogiorno, decise di chiamare Dan Dalgard. Benché i risultati dei test non fossero ancora arrivati, sentiva di non poter rimandare ancora. Voleva avvertirlo del pericolo, ma voleva farlo con la dovuta cautela, così da non precipitare nel panico l'intera casa delle scimmie. «È certo che fra i vostri animali si è diffusa la febbre emorragica» esordì. «Ora ne abbiamo la certezza. C'è però la possibilità che un *secondo agente* sia presente in almeno alcuni esemplari.»

«Un secondo agente? Non può dirmi di più?» chiese Dalgard.

«Al momento preferisco non fornire alcuna identificazione; non voglio suscitare il panico. Ma se risulterà essere quello che credo, ci troveremo davanti a una situazione di potenziale pericolo per la salute pubblica.»

Qualcosa nel modo di parlare di Jahrling indusse Dalgard a pensare a Marburg. Chiunque lavorasse con le scimmie sapeva della sua esistenza, e si trattava certamente di un virus suscettibile di scatenare reazioni incontrollate di panico. «È Marburg o qualcosa di simile?» insistette.

«Sì, qualcosa di simile. Oggi stesso ne avremo la conferma. Al momento sto lavorando su certi esami, ma ritengo *improbabile* che diano risultati positivi per quanto riguarda questo secondo agente. Nondimeno, eviti di effettuare altre autopsie finché non ne sapremo di più. Non vorrei metterla in allarme, ma sarà bene che lei e i suoi collaboratori non entriate in quella stanza a meno che non sia *assolutamente necessario*.»

«Quando mi darà una risposta definitiva? Abbiamo bisogno di saperlo al più presto possibile.»

«La richiamerò più tardi» promise Jahrling.

Dalgard era turbato quando riappese, ma esteriormente conservò la sua calma abituale. Un secondo agente, e molto probabilmente Marburg. Gli uomini che erano morti in Germania, lo sapeva, avevano manipolato carne sanguinolenta di scimmia. Le unità virali si erano depositate sulle loro mani o addirittura sulle palpebre, quando si erano stropicciati gli occhi. Lui e parecchi suoi collaboratori stavano sezionando scimmie ammalate fin da ottobre – e tuttavia fino a quel momento nessuno aveva accusato sintomi sospetti. Di questo, forse, potevano ringraziare i guanti di gomma che non mancavano mai di infilare. Dalgard non aveva paura per se stesso, si sentiva in ottima forma, ma stava cominciando a temere per gli altri. Se anche si tratta di Marburg, pensò, la situazione non sarà peggiore di quello che già è. Siamo comunque nei guai, e il problema è come uscirne. Chiamò Bill Volt e gli ordinò di sospendere le dissezioni. Poi non gli rimase che aspettare, sempre più irritato a mano a mano che le ore passavano senza che Peter Jahrling si facesse vivo. E se uno degli uomini si fosse ferito con un bisturi mentre effettuava l'autopsia di una scimmia ammalata? si chiese. Non era infrequente che simili incidenti non venissero riportati. Per quanto lo riguardava, era certissimo di non essersi mai tagliato, ma come dimenticare che aveva ucciso circa cinquanta animali in una sola volta? Era entrato in contatto con *cinquanta* scimmie. Quanto tempo era passato da allora? Ormai, rifletté, avrebbe dovuto manifestare qualche sintomo: sangue dal naso, febbre e così via.

Alle cinque e mezzo chiamò Jahrling, ma gli rispose un soldato. «Mi dispiace, signore, ma il dottor Jahrling non è in ufficio. Nossignore, non so dove sia, signore. No, non ha lasciato l'Istituto. Vuole lasciare un messaggio, signore?» Sempre più stizzito, Dalgard lo pregò di riferire a Jahrling che aspettava una sua chiamata.

Ore 15:00

Con indosso la tuta di protezione, Jahrling lavorò per tutto il pomeriggio nel suo laboratorio, nella zona calda AA-4. I test da effettuare comportavano l'esposizione dei campioni ai raggi ultravioletti: un'accentuata luminosità avrebbe confermato con assoluta certezza la presenza del virus.

A questo scopo, Jahrling utilizzava speciali reagenti messi a punto da Gene Johnson. I preparati erano tre e ciascuno conteneva anticorpi clonati da vittime umane. Due di queste persone erano morte; una era sopravvissuta.

1. *Musoke.* Test di reazione a Marburg. Dal dottor Shem Musoke, sopravvissuto. (Presumibilmente reattivo alla varietà Kitum Cave, isolata per la prima volta in Charles Monet e penetrata negli occhi del dottor Musoke attraverso il vomito nero.)
2. *Boniface.* Test di reazione a Ebola Sudan. Da un uomo di nome Boniface, morto in Sudan.
3. *Mayinga.* Test di reazione a Ebola Zaire. Dall'infermiera Mayinga.

Erano esami delicati, e ci vollero ore per completarli, tanto più che i movimenti di Jahrling erano ostacolati dalla goffa tuta di protezione. Per prima cosa, il ricercatore collocò su dei vetrini alcune gocce di cellule prelevate dalla coltura e che lasciò asciugare prima di trattarle con sostanze chimiche specifiche. Dopo, lasciò cadere sui vetrini poche gocce dei reagenti; in presenza del virus, avrebbero emanato una luminescenza rivelatrice.

Poiché in realtà la luminosità sarebbe stata piuttosto fioca, era necessario che il controllo avvenisse nel buio più completo, e Jahrling si trasferì in un apposito locale arredato solo con una sedia e un tavolo su cui era collocato un microscopio; lungo la parete pendeva una manichetta per l'ossigeno. Jahrling lo collegò alla tuta, posò i vetrini sul microscopio e, spense le luci. A tastoni cercò la sedia e sedette. Non era un posto simpatico in cui trovarsi se si soffriva di claustrofobia, uno stanzino buio del Quarto Livello, con indosso una tuta di protezione. Ma già da molto tempo Jahrling aveva stabilito una tregua con l'oscurità così come con il senso di soffocamento. Attese qualche istante per dare ai suoi occhi il tempo di abituarsi, mentre l'aria fresca e asciutta gli ruggiva intorno al viso e gli gonfiava i capelli sulla fronte. Solo allora si chinò sul microscopio. Dato che portava gli occhiali, fu costretto a schiacciare il naso contro la visiera, muovendo lentamente il viso da una parte all'altra. Il suo naso lasciò una traccia di grasso sulla plastica della visiera, costringendolo ad armeggiare con il casco fino a metterlo quasi di sbieco. Poi finalmente guardò.

Due cerchi si materializzarono sotto i suoi occhi, e dovette mettere bene a fuoco perché si fondessero in uno solo. Stava guardando un vasto terreno in cui alcune cellule splendevano debolmente. Era come sorvolare di notte una campagna scarsamente popolata, pensò. Quel debole lucore era un fenomeno normale, ma lui ne cercava uno più intenso. Cercava le luci di una città. Scandagliò i vetrini con gli occhi, avanti e indietro, avanti e indietro, in cerca di una rivelatrice luminescenza verdastra.

Il Musoke non splendeva.

Il Boniface splendeva debolmente.

Con suo orrore, *il Mayinga emetteva un intenso bagliore.*

Gettò indietro la testa con un movimento convulso. Maledizione, no! Riassestò il casco e guardò di nuovo. Il Mayinga continuava a splendere. Una morsa gli serrò la bocca dello stomaco. Dunque quelle scimmie non erano state infettate da Marburg, bensì da Ebola. *Stavano morendo di Ebola Zaire.* La nausea lo travolse e rimase immobile, come raggelato, nello stanzino buio dove gli unici suoni erano il suo respiro e il martellio del suo cuore.

17
VERTICI

28 novembre 1989, martedì, ore 16:00

Non può trattarsi di Ebola Zaire, pensò Peter Jahrling. Qualcuno doveva aver incidentalmente scambiato i campioni. Controllò di nuovo. Sì, il Mayinga splendeva, non c'era dubbio, e questo significava che forse lui e Tom avevano contratto un virus che uccide nove vittime su dieci. Ma no, di certo aveva commesso un errore nel maneggiare i campioni o i preparati chimici.

Deciso a ripetere l'esame, tornò in laboratorio, e questa volta prese mentalmente nota di ciascuna provetta, di ciascun vetrino che utilizzò, per essere certo di non sbagliare. Quindi tornò nello stanzino con i nuovi campioni e si rimise al microscopio.

Ancora una volta, vide splendere il campione Mayinga.

Era così, allora. Si trattava davvero di Ebola Zaire, o di un filovirus a esso molto simile e che reagiva allo stesso preparato. *È una fortuna che non sia Marburg...* e guarda un po' *che cosa* non era Marburg. Quello era lo stronzetto dello Zaire, o magari il suo fratello gemello. Ebola non era mai stato isolato fuori dell'Africa. Che cosa ci faceva vicino a Washington? Come diavolo c'era arrivato? E come si sarebbe comportato? Ho messo le mani su qualcosa di grosso, pensò Jahrling. Devo avvertire subito C.J.

Non volendo perdere tempo sotto la doccia di decontaminazione, preferì ricorrere al telefono di emergenza collocato nel suo laboratorio. Spense il flusso dell'aria per non essere infastidito dal rumore e digitò il numero di C.J.

«C.J.!» gridò attraverso il casco. «*Sono Peter Jahrling. Il virus c'è ed è Ebola.*»

«Nooo!» fu la reazione del colonnello.

«*Oh si', invece.*»

«Ebola, hai detto? Dev'essersi verificata una contaminazione.»

«*No, nessuna contaminazione.*»

«Non potresti aver fatto confusione con i campioni?»

«*Ci ho pensato... Il mio primo pensiero è stato che qualcuno li avesse scambiati. Ma non è così, C.J., ho ripetuto il test due volte.*»

«Due volte?»

«*Ebola Zaire entrambe le volte. I risultati ce li ho qui davanti. Vuoi dare un'occhiata tu stesso?*»

«Ti raggiungo.» C.J. riappese e si affrettò di sotto, nel laboratorio di Jahrling.

Mentre lo aspettava, Jahrling prese il foglio di speciale carta impermeabile su cui aveva riportato i risultati dell'esame e lo fece scivolare in una vasca piena di Envirochem. La vasca, costruita secondo lo stesso principio dei cassetti scorrevoli delle farmacie notturne, passava attraverso un muro per emergere in un corridoio del Livello Zero, fuori della zona calda. Ovviamente, grazie all'Envirochem, gli oggetti arrivavano dall'altra parte perfettamente sterilizzati.

C.J. era fermo davanti allo spesso pannello di vetro, gli occhi fissi su Jahrling. Dovettero attendere parecchi minuti perché le sostanze chimiche penetrassero nella carta e la sterilizzassero. Quindi, C.J. aprì la vasca e ne estrasse il foglio ancora gocciolante. Fece un cenno a Jarhling: *torna al telefono.*

Strascicando i piedi, lui obbedì. Un istante dopo C.J. era in linea: «Esci di lì, dobbiamo andare dal comandante!».

Era arrivato il momento di sottoporre il problema ai gradi più alti della gerarchia militare.

Dopo la decontaminazione, Jahrling si rivestì indossando i suoi abiti normali e raggiunse C.J. nel suo ufficio. Insieme, i due uomini si presentarono al comandante dell'USAMRIID, il colonnello David Huxsoll. Passarono senza fermarsi davanti alla sua segretaria e si precipitarono al tavolo delle riunioni nell'ufficio di lui.

«A quanto sembra, abbiamo isolato un filovirus in un gruppo di scimmie ospitate in una struttura appena fuori Washington. Riteniamo si tratti di Ebola.»

Il colonnello David Huxsoll era un esperto di rischi biologici, e quella che gli veniva prospettata era proprio il genere di situazione che, a suo avviso, l'Istituto era preparato ad affrontare. Di lì a pochi minuti, si era messo in contatto con il generale di divisione Philip K. Russell, dottore in medicina e responsabile dell'United States Army Medical Research and Development Command, da cui l'USAMRIID dipendeva, e aveva fissato con lui un appuntamento.

Quindi, Huxsoll e C.J. dedicarono qualche minuto a decidere chi altro dovesse essere informato. La scelta cadde sul tenente colonnello Nancy Jaax, capo patologo dell'Istituto. Huxsoll sollevò la cornetta del telefono. «Nancy, sono Dave Huxsoll. Potrebbe raggiungermi subito nell'ufficio di Phil Russell? È maledettamente importante.»

Era una grigia sera di novembre e la base cominciava a vuotarsi. Nessun dorato sfolgorio accompagnò il sole che tramontava, ma si intravidero solo i pallidi colori del giorno morente al di là delle nubi che veleggiavano verso la Catoctin Mountain. È quella l'ora in cui viene ammainata la bandiera, e quando la Jaax si trovò con i tre uomini nella piazza d'armi, un distaccamento di soldati si stava fermando davanti al pennone. Anche il gruppo degli scienziati si fermò. Da un altoparlante scaturì il ruggito di un cannone, poi le note metalliche di una tromba che suonava il Silenzio echeggiarono nell'aria e i soldati ammainarono la bandiera mentre gli ufficiali si irrigidivano nel saluto. C.J. Peters si sentiva imbarazzato e commosso al tempo stesso. La musica tacque, i soldati ripiegarono la bandiera e quelli dell'Istituto proseguirono per la loro strada.

L'ufficio del generale Russell occupava l'angolo di una bassa caserma risalente alla seconda guerra mondiale e di recente reintonacata nel vano tentativo di rimetterla a nuovo. Si affacciava sulla parte inferiore del serbatoio idrico di Fort Detrick, e questo era il motivo per cui il generale non apriva mai le tende. Gli ospiti presero posto sul divano e su alcune sedie mentre il generale andava a sedersi alla sua scrivania. Russell era un medico militare che a lungo aveva dato la caccia ai virus nell'Asia sudorientale. Vicino alla sessantina, era un uomo alto con i capelli che andavano diradandosi sulla sommità della testa e ingrigendo sulle tempie; il viso rugoso era caratterizzato dalla mascella lunga e chiari occhi azzurri che gli conferivano uno sguardo intenso. Parlava con voce profonda, rimbombante. C.J. gli tese una cartella contenente le fotografie della forma di vita scoperta nella casa delle scimmie.

«Merda secca» alitò Russell. «Ragazzi, ma questo è un filovirus. Chi diavolo le ha scattate?»

«Il mio microscopista, Tom Geisbert» spiegò Jahrling. «Potrebbe trattarsi di Ebola. I test hanno dato risultato positivo a Ebola Zaire.»

Intervenne C.J. con un breve riassunto della situazione che concluse con queste parole: «Credo che siamo davanti a un elevato fattore rischio».

«Ma come fate a essere certi che si tratti di Ebola?» domandò il generale Russell. «Non potrebbe trattarsi di Marburg?» Aveva ripetuto l'esame ben due volte, spiegò Jahrling, e in entrambi i casi i campioni avevano reagito alla varietà Mayinga di

Ebola Zaire. Parlando, si premurò di chiarire che di per sé il test non provava con certezza la presenza di Ebola Zaire, ma solo di un virus a esso *strettamente imparentato*. Poteva trattarsi di Ebola o di qualcos'altro – qualcosa di nuovo e di diverso.

«Se le cose stanno così, bisognerà agire con estrema cautela.»

La cautela era indispensabile, concordò Russell. «Ci troviamo di fronte a un'emergenza nazionale» affermò. «Qui c'è una minaccia di contagio di proporzioni rilevantissime.» Fino ad allora quel genere di virus non si era mai visto negli Stati Uniti, ribadì poi; ed ecco che era stato isolato alle porte di Washington. «Mi piacerebbe tanto sapere come diavolo ce la caveremo a questo riguardo» sospirò. Dopodiché, fece una domanda cruciale: c'erano prove che il virus potesse viaggiare nell'aria?

La prova, inquietante anche se per il momento solo parziale, c'era. Nancy Jaax riferì che due scimmie sane erano state probabilmente contagiate da unità virali trasportate dall'aria nelle settimane successive a quel maledetto incidente del guanto rotto, avvenuto nel 1983. Ma di prove, aggiunse, ce n'erano altre. Nel 1986, lei e Gene Johnson avevano contagiato alcune scimmie semplicemente lasciando che inspirassero i virus Marburg e Ebola. Tutte le scimmie in questione erano morte, tranne quell'unica che era sopravvissuta a Marburg. Di conseguenza, se ne deduceva che il virus era in grado di infettare i polmoni per contatto. Oltre a ciò, la dose letale era estremamente bassa: non più di cinquecento unità virali. Cinquecento unità di Ebola trasportate dall'aria non erano nulla. Assolutamente nulla. Una sola cellula avrebbe potuto generarle senza alcuna difficoltà. Un quantitativo infinitesimale di Ebola poteva dunque annientare gli occupanti di un intero edificio, se solo fosse riuscito a introdursi nel sistema di condizionamento dell'aria. Quella roba era pericolosa come il plutonio. Anzi, poteva essere *più* pericolosa del plutonio, *perché si replicava*.

«Insomma» fece C.J. «sappiamo che può diffondersi attraverso l'aria, ma non sappiamo *in quale modo* si esplica il contagio.»

Russell si girò a guardare la Jaax. «Ha pubblicato questi risultati? Li ha pubblicati?»

«Nossignore» rispose lei.

Sotto il suo sguardo torvo, Nancy riusciva quasi a leggergli nella mente: «Insomma, Jaax, perché diavolo non sono stati pubblicati?».

Di ragioni ce n'erano parecchie, ma al momento lei non si sentiva di esporle. Era convinta che Gene Johnson, suo collaboratore, avesse difficoltà a redarre relazioni scritte. Insomma, non li avevano pubblicati e questo era quanto. Succede. Succede che a volte la gente non si preoccupi di dare alle stampe il proprio lavoro.

Intanto, Peter Jahrling aveva deciso di non dire al generale che forse aveva inalato un po' di quella robaccia. In effetti, non l'aveva esattamente *inalata*, bensì solo *annusata*. Probabilmente vi aveva soltanto agitato sopra la mano, tanto per farne sprigionare l'odore. Non l'aveva *inalata*. Non era come se si fosse cacciato la bottiglia sotto il naso e tirato forte. E nondimeno credeva di sapere che cosa avrebbe fatto il generale se avesse scoperto l'accaduto: sarebbe esploso in una sequela di imprecazioni che avrebbe avuto l'effetto di spedirlo dritto nella Segreta, così rapidamente da non fargli neppure toccare la terra con i piedi.

E naturalmente, c'era l'ulteriore e inquietante possibilità che il virus in questione *non* fosse Ebola Zaire, ma qualcos'altro. Un'altra varietà superletale proveniente dalla foresta pluviale. Un nuovo arrivato, uno sconosciuto. E se così era, chi poteva dire quali sarebbero stati i suoi effetti sugli esseri umani?

Intanto, il generale Russell stava riflettendo a voce alta. «Considerato che siamo in presenza di un agente potenzialmente in grado di causare gravissime patologie agli esseri umani e considerato che sembra agire nella casa delle scimmie svincolato da ogni controllo, come dobbiamo comportarci? Abbiamo bisogno di fare la cosa giusta, e di farla in fretta. Quanto è attivo questo maledetto? E la gente morirà? Insomma, bisogna annientare questo bastardo nell'interesse della nazione.» Si rivolse al colonnello C.J. Peters: «Quali sono le nostre opzioni?».

Era già da un po' che C.J. ci pensava. Ci sono tre modi per disarmare un virus: i vaccini, i farmaci e il contenimento biologico. Per Ebola, tuttavia, l'alternativa era una soltanto. Non esistevano vaccini per Ebola, non esistevano terapie. Di conseguenza, restava solo il contenimento biologico.

Ma come garantirlo? La faccenda era complicata e al momento, C.J. vedeva soltanto due possibilità. La prima consisteva nel sigillare la colonia delle scimmie e restare a guardarle mentre morivano, tenendo contemporaneamente d'occhio le persone che erano state a contatto con esse e, se possibile, mettendo in quarantena anche loro. La seconda prevedeva la distruzione dell'intero edificio. Uccidere gli animali con un'iniezione letale, bruciarne le carcasse e inondare il fabbricato di sostanze chimiche e gassose – un'operazione rischiosissima sotto il profilo biologico.

«Dunque, possiamo isolare le scimmie dal resto del mondo e

lasciare che il virus faccia il suo corso» riassunse il generale Russell dopo averlo ascoltato «oppure spazzarle via insieme con la struttura che le contiene. Non ci sono altre vie.»

Tutti annuirono.

Nancy Jaax stava pensando: forse ora come ora il virus è davvero nella casa delle scimmie, ma non ci resterà a lungo. Lei non aveva mai visto una scimmia sopravvivere a Ebola, e lo conosceva come un agente in grado di passare da una specie all'altra senza difficoltà. Quelle scimmie moriranno tutte, e di una morte così atroce da essere quasi inimmaginabile. Erano molto poche le persone che avevano avuto modo di vedere Ebola all'opera su un primate, ma lei sapeva esattamente che cosa sarebbe successo. Né vedeva come sarebbe stato possibile contenere il contagio, a meno che la casa delle scimmie non venisse messa in quarantena con una riserva d'aria depurata a parte. «Non sarebbe morale lasciarle morire in mezzo a terribili sofferenze» obiettò. «E nel frattempo, come garantiremmo l'incolumità della gente? Io so come uccide Ebola, e non è un modo simpatico di andarsene.» Aveva intenzione, aggiunse, di dare un'occhiata agli animali. «È facile non notare le lesioni, a meno che non si sappia cosa si sta cercando, e naturalmente a quel punto diventano evidenti come il proprio naso.»

Voleva andarci, spiegò, anche per esaminare al microscopio campioni del loro tessuto, in cerca di cristalloidi, o «corpi inclusi». Sapeva come erano fatti, e se ne avesse accertato la presenza nel tessuto delle scimmie, avrebbero avuto la conferma definitiva del contagio. Intanto, c'era la questione politica da risolvere. Quale atteggiamento avrebbe assunto l'esercito? La sua missione precipua, disse Nancy, era quella di difendere il paese dalle minacce militari. Era possibile considerare un virus come una minaccia militare? Il parere dei presenti si orientò in questo senso: minaccia militare o no, se volevano fermare quell'agente, avrebbero dovuto scaricargli addosso tutte le armi che avevano a disposizione.

La cosa, tuttavia, avrebbe creato un piccolo problema di natura politica. No, avrebbe creato un *grosso* problema di natura politica, e per la precisione con il Center for Disease Control and Prevention (il Centro per il controllo e la prevenzione delle malattie) di Atlanta, Georgia. Il CDC è l'agenzia federale che su mandato del Congresso si occupa delle malattie emergenti. Quanto all'esercito, non ha mai ricevuto l'incarico ufficiale di combattere i virus sul territorio americano, ma ha sia la capacità sia l'esperienza necessarie per farlo. Non c'era nessuno tra i presenti che non capisse l'inevitabilità di un conflitto di competenza con il CDC, qualora l'esercito avesse deciso di intervenire nella casa delle scimmie. C'erano persone al CDC che si sarebbero infuriate, gelose com'erano del loro territorio. «L'esercito non ha per statuto la responsabilità di occuparsi di situazioni come questa » rilevò il generale Russell «ma è certo che ha le capacità per farlo. Non così il CDC. Noi abbiamo i *muscoli* ma non l'*autorità*. Il CDC ha l'autorità ma non i muscoli. E ci sarà *bagarre*, potete scommetterci.» Secondo il generale Russell, quello era un lavoro per soldati che operassero secondo una rigorosa struttura gerarchica. Ci sarebbe stato bisogno di individui addestrati ad affrontare pericoli di natura biologica, e inoltre giovani, privi di legami familiari e disposti a rischiare la vita. Avrebbero dovuto conoscersi tra di loro e dimostrare di saper lavorare in squadra. Avrebbero dovuto essere pronti a morire.

Di fatto, l'esercito non aveva mai condotto un'operazione di questa portata contro un virus caldo. Di conseguenza, sarebbe stato necessario partire da zero.

Ovviamente, c'erano anche gli aspetti legali da considerare. Tanto per cominciare: una simile iniziativa da parte dell'esercito era da considerarsi legale? Poteva semplicemente organizzare una squadra SWAT e metterla al lavoro nella casa delle scimmie? Russell temeva che i legali dell'esercito avrebbero detto che una cosa simile non si poteva né si doveva fare, così preferì spazzare via i dubbi con queste parole: «Agire prima e chiedere scusa poi è una linea di condotta decisamente preferibile al chiedere l'autorizzazione per poi vedersela negare. Non bisogna mai chiedere a un avvocato il permesso di fare qualcosa. Faremo ciò che necessario e *dopo* gli avvocati ci spiegheranno *perché* è legale».

A quel punto l'atmosfera si era riscaldata e tutti gridavano interrompendosi a vicenda. «Dunque la prossima domanda è, chi cazzo pagherà per tutto questo?» tuonò Russell, e senza lasciare a nessuno il tempo di rispondere, seguitò: «Il denaro lo troverò io. Lo farò cacciare a qualcuno.»

Altre grida si levarono nella stanza.

La voce del generale si alzò a superare il frastuono. «Ci sta piombando addosso un affare grosso come una casa, ragazzi, quindi vediamo di non mandare tutto a puttane. Elaboriamo per iscritto la strategia e poi mettiamola in esecuzione.» Nell'esercito, un lavoro importante è definito missione, la missione è sempre espletata da una squadra, e ogni squadra ha un capo. «Dobbiamo decidere chi sarà il responsabile della missione» continuò il generale. «È stato C.J. Peters a mettere in moto tutto quanto, quindi io direi che il comando spetta a lui. Siamo tutti d'accordo?»

Lo erano. Il controllo della squadra ancora da formare, era stato affidato al colonnello C.J. Peters, l'uomo convinto che con una mappa e una bottiglia di gin si potesse affrontare e risolvere qualunque situazione.

«C.J., quello che ci serve è una *riunione* generale» disse ancora Russell. «Dobbiamo indire una riunione per domani. Dobbiamo convocare tutti.»

Guardò l'orologio appeso alla parete: erano le diciassette e trenta, l'ora di punta. La gente lasciava il posto di lavoro e le scimmie morivano a Reston, e il virus era in azione. Chissà, forse si stava diffondendo proprio mentre loro parlavano.

«È necessario che coordiniamo bene l'intera faccenda» riprese Russell. «Dovremo informare tutti contemporaneamente, appena sarà possibile. Comincerò con Fred Murphy del CDC. Non voglio che questa bomba gli scoppi fra le mani.»

Fred Murphy era uno degli scopritori del virus Ebola, un mago del microscopio elettronico che per primo aveva fotografato il virus e la cui opera era stata esposta nei musei. Era un funzionario del CDC e un vecchio amico di Russell.

Il generale fece per sollevare la cornetta, ma si fermò per guardarsi intorno. «Ancora una cosa: siete sicuri che sia proprio quello che credete? Perché io questa telefonata la farò, e se non abbiamo un filovirus tra le mani, faremo la figura degli imbecilli.»

Uno a uno, tutti gli confermarono la loro persuasione che si trattasse di un filovirus.

«Molto bene. In questo caso, procederò.»

Compose il numero di Murphy ad Atlanta.

«Mi dispiace, il dottor Murphy è già uscito per andare a casa.»

Russell consultò la sua agendina e formò il numero di casa di Murphy. Lo trovò in cucina dove stava chiacchierando con la moglie. «Fred. Sono Phil Russell. Benissimo grazie, e tu? Fred, abbiamo isolato un agente affine a Ebola fuori Washington. Già. Fuori Washington.»

Un sogghigno gli affiorò alle labbra mentre allontanava la cornetta e si guardava intorno. Evidentemente, Murphy stava reagendo in modo alquanto rumoroso. «No, Fred» riprese poi. «Qui nessuno fuma erba. Abbiamo veramente un virus simile a Ebola. L'abbiamo visto. Ci sono le foto.» Nella pausa che seguì coprì il microfono con la mano per sussurrare agli altri: «Dice che il nostro microscopio dev'essere sporco».

Murphy voleva sapere chi aveva scattato le foto.

«Uno dei nostri ragazzi. Si chiama... com'è che si chiama?... Geisbert.»

Murphy disse che avrebbe raggiunto in volo Fort Detrick l'indomani mattina per dare un'occhiata alle foto ed esaminare le prove. Prendeva la faccenda in modo estremamente serio.

ore 18:30

Bisognava chiamare Dan Dalgard e avvertire le autorità sanitarie della Virginia. «Non so neppure bene quali siano queste autorità» si lamentò Russell. «Ma di sicuro dobbiamo contattarle subito. E vista l'ora, molta gente bisognerà chiamarla a casa. Sì, avremo un bel da fare.» In quale contea si trovava la casa delle scimmie? Nella contea di Fairfax, Virginia. Ragazzi, che posto fantastico per viverci. La contea di Fairfax... bei quartieri, laghi, campi da golf, case costose, buone scuole, e Ebola. «Non dimentichiamo il dipartimento sanitario della contea» disse ancora il generale. E il ministero dell'agricoltura, addetto al controllo delle scimmie importate. E poi l'Environmental Protection Agency (l'Organizzazione per la protezione dell'ambiente), competente nei casi di inquinamento ambientale dovuto a un rischio biologico molto elevato. Il generale Russell decise inoltre di telefonare a uno dei vicesegretari della Difesa, così da avvertire anche il Pentagono.

I partecipanti alla riunione si distribuirono negli uffici per effettuare le telefonate. Da uno in fondo al corridoio, C.J. Peters, ora capo della squadra, chiamò Dan Dalgard; Peter Jahrling ascoltava su una derivazione. Dalgard era andato a casa. Lo cercarono lì, ma la moglie disse che non era ancora arrivato. Richiamarono verso le sei e mezzo, e questa volta ebbero fortuna. «Sono il colonnello C.J. Peters, chiamo dall'USAMRIID. Sono il capo del reparto diagnostica. Come va? La chiamo per informarla che, stando alle informazioni in nostro possesso, il secondo agente non è Marburg, bensì Ebola.»

«E sarebbe?» domandò Dalgard. Non aveva mai sentito parlare di Ebola e quella parola non aveva per lui alcun significato.

Nel suo più strascicato accento texano, C.J. rispose: «È una malattia virale piuttosto rara che negli ultimi dieci o dodici anni è esplosa in forma epidemica nello Zaire e in Sudan, causando perdite umane».

Dalgard cominciava a sentirsi meglio – era una fortuna che non si trattasse di Marburg. «Qual è la natura di Ebola?» chiese ancora.

C.J. gliela descrisse in termini piuttosto vaghi. «È imparentato con Marburg. Si trasmette nello stesso modo, attraverso il contatto con tessuti o sangue infetti, e i sintomi sono più o meno gli stessi.»

«Il tasso di mortalità?»

«Si aggira tra il cinquanta e il novanta per cento.»

Dalgard comprese immediatamente quello che l'altro stava cercando di dirgli. Ebola era infinitamente più pericoloso di Marburg.

«Naturalmente» riprese C.J. «dovremo notificarlo alle competenti autorità locali e di stato.»

Dalgard parlò scegliendo con cura le parole. «Vi spiacerebbe, ehm, aspettare fino alle diciannove, così da permettermi di informare dei nuovi sviluppi i miei superiori?»

C.J. accettò di aspettare a premere il grilletto, benché di fatto il generale Russell avesse già chiamato il CDC. Ma aveva un favore da chiedere a Dalgard: contava di mandare qualcuno a Reston, l'indomani, per dare un'occhiata alle scimmie morte. Qualcosa in contrario?

Dalgard era riluttante. Credeva di sapere che cosa sarebbe successo. Aveva mandato dei piccoli campioni di sangue e tessuto agli esperti militari per avere una diagnosi, ed ecco che l'esercito cercava di prendere in mano l'intera faccenda. Intuiva che C.J. non gli stava dicendo tutto quello che c'era da sapere sul conto di Ebola, e temeva che avrebbe perduto il controllo della situazione se solo avesse permesso a quella gente di infilare il piede nella porta. «Perché non ci sentiamo domattina sul presto per discutere il da farsi?» rilanciò.

A telefonata conclusa, C.J. Peters rintracciò Nancy Jaax e le chiese se era disposta ad accompagnarlo da Dalgard l'indomani per esaminare alcuni tessuti di scimmia. Dava per scontato che alla fine Dalgard avrebbe concesso l'autorizzazione. Nancy acconsentì.

Tornata all'Istituto, Nancy Jaax trovò Jerry nel suo ufficio. Se ne stava rivolto verso la finestra e il suo viso rifletteva un dolore profondo. Certo stava pensando a suo fratello. Era buio fuori e non c'era nulla da vedere se non il muro cieco di un'altra ala dell'Istituto. Jerry stringeva fra i denti un elastico ormai ridotto quasi in brandelli.

Nancy chiuse la porta. «Ho qualcosa da dirti. Si tratta di una questione top secret. Da bocche cucite. Non crederai alle tue orecchie, Jerry. Ebola si è diffuso in una colonia di scimmie in Virginia.»

Tornarono a casa a bordo della loro Honda, procedendo a nord lungo la strada che portava a Thurmont, alle pendici della Catoctin Mountain.

«Questa storia finirà con l'uccidermi» esplose Nancy a un certo punto. «Non riuscirò a tirarmene fuori.»

Entrambi sapevano che in un modo o nell'altro sarebbero stati coinvolti nell'azione dell'esercito. Ancora non era chiaro in quale modo tale azione si sarebbe strutturata, ma era un fatto che alcune scimmie stavano morendo a causa di Ebola o di un virus simile a esso e che, se non fosse stato fatto nulla per impedirglielo, presto si sarebbe insinuato nella popolazione umana. Nancy informò Jerry che l'indomani si sarebbe probabilmente recata alla casa delle scimmie con C.J., per cercare tracce di cristalloidi nei tessuti degli animali.

Jerry ne fu profondamente sorpreso: dunque era a questo che l'aveva condotta il suo lavoro con la tuta biologica. Si scoprì favorevolmente impressionato dalla posizione raggiunta dalla moglie e perplesso dalla situazione. Se era preoccupato per lei, non lo diede a vedere.

Imboccarono un tratto lievemente tortuoso della strada che correva lungo il fianco della montagna, attraversarono meleti e infine imboccarono il viale di casa. Erano le otto e Jason era già rientrato. Jaime, invece, era a ginnastica. Ormai avevano rispettivamente dodici e tredici anni, e a entrambi era stata concessa la chiave di casa.

Jason stava facendo i compiti dopo essersi preparato qualcosa con il forno a microonde. Era un ragazzo pieno di iniziativa, un po' solitario ed estremamente autosufficiente. Tutto ciò di cui aveva bisogno per gestirsi, erano cibo e denaro.

I due colonnelli si tolsero le uniformi per infilare qualcosa di più comodo, e Nancy mise a sgelare nel forno a microonde un po' del suo stufato. Quando fu caldo lo versò in un thermos e preso con sé il cane, andò da Jaime in palestra, distante da Thurmont circa mezz'ora di macchina. La zuppa di carne era per Jaime, diventata ormai una ragazza dalla struttura atletica, con i capelli scuri e a volte incline a preoccuparsi troppo per le cose... e sempre tesa ed esausta dopo l'allenamento. Bevve la zuppa e di lì a pochi minuti dormiva sul sedile posteriore.

I Jaax possedevano un materasso ad acqua dove passavano parecchio tempo e dove spesso parlavano di lavoro. Jaime si infilò il pigiama e dopo essersi accoccolata vicino alla madre, si riaddormentò.

Nancy e Jerry, invece, si misero a leggere. La camera, rivestita di carta da parati rossa, aveva un balcone che si affacciava sulla città. Parlarono della casa delle scimmie, poi Nancy prese Jaime in braccio e la portò in camera sua. Era circa mezzanotte quando anche lei si addormentò.

Jerry continuò a leggere. Amava la storia militare e sapeva che alcune delle battaglie più feroci erano state combattute proprio nell'ondulata campagna circostante la Catoctin Mountain: al Campo di Granturco di Antietam, dove gli steli erano stati decapitati a uno a uno dai proiettili, e dove i cadaveri ammucchiati erano tanti che sarebbe stato possibile attraversarlo da un'estremità all'altra senza toccare terra. Gli riusciva difficile, guardando fuori dalla finestra della camera, immaginare le truppe vestite di grigio e di blu che strisciavano tutt'intorno. Quella notte (come avrebbe ricordato in seguito) stava leggendo *The Killer Angels*, un romanzo di Michael Shaara sulla battaglia di Gettysburg.

Poi Lee disse lentamente: «La vita militare ha una sola grande insidia».

Longstreet si girò per guardarlo in faccia. Lee teneva il cavallo al passo, e il suo viso era senza espressione. Quando parlò, la sua voce era ancora lenta e bassa: «Per essere un buon soldato bisogna amare l'esercito. Ma per essere un buon ufficiale bisogna essere pronti a ordinare la morte di ciò che ami. E questa è una cosa molto difficile da fare. Non c'è altra professione che lo esiga. Questa è una delle ragioni per cui sono così pochi gli ufficiali davvero validi. Benché ci siano molti bravi uomini».

Jerry spense la luce, ma si accorse subito di non riuscire a prendere sonno. Quando rotolò su se stesso, il materasso gorgogliò. Ogni volta che chiudeva gli occhi, gli tornava alla mente suo fratello John. Alle due del mattino era ancora perfettamente sveglio e pensava alle ore che passava sdraiato al buio senza che succedesse niente.

18

SACCHI PER I RIFIUTI

20 novembre, mercoledì

Quella notte Dan Dalgard dormì tranquillamente, come sempre faceva. Non aveva mai sentito parlare del virus Ebola, ma la breve conversazione avuta con il colonnello C.J. Peters gli aveva fornito tutte le informazioni essenziali. Lavorava da molto tempo con le scimmie e le loro patologie non lo impressionavano più di tanto. Ormai era passato parecchio tempo da quando era stato esposto al sangue infetto, e non aveva accusato alcun sintomo sospetto.

Il suo telefono squillò di prima mattina. Era il colonnello C.J. Peters che di nuovo sollecitò l'autorizzazione a inviare alcune persone a esaminare campioni di tessuto degli esemplari morti. Questa volta Dalgard acconsentì e l'altro ne approfittò per rinnovare la richiesta di visitare la casa delle scimmie. Dalgard si tenne sul vago, restio a impegnarsi. Non conosceva Peters e non aveva alcuna intenzione di facilitargli le cose prima di avere avuto l'opportunità di valutarlo.

Guidò fino a Leesburg Pike, dove lavorava, varcò un cancello e, dopo aver parcheggiato, entrò nel corpo principale della Hazleton Washington. Il suo ufficio era un minuscolo cubicolo con una parete di vetro che si affacciava sul prato; la porta invece si apriva nella zona riservata alla segreteria, un locale così angusto che era difficile muoversi senza urtare contro qualcun altro. Non c'era intimità nell'ufficio di Dalgard; lavorare lì dentro era come lavorare in una vaschetta per pesci rossi e infatti lui era solito passare un bel po' di tempo a guardare fuori della finestra. Quel giorno, il suo atteggiamento fu persino più pacato del solito; nessuno colse in lui emozioni insolite o paura.

Chiamò Bill Volt, il responsabile della casa delle scimmie che, risultò, aveva in serbo per lui una notizia inquietante. Uno dei custodi era molto ammalato, forse addirittura in punto di morte. Durante la notte aveva avuto un attacco cardiaco ed era stato trasportato al Loudon Hospital, non lontano da lì.

Al momento, l'ammalato si trovava in unità coronarica, e nessuno poteva parlargli. Il suo nome, aggiunse Volt, era Jarvis Purdy, ed era uno dei quattro uomini che lavoravano alla casa delle scimmie.

Turbato, Dalgard pensò che non poteva escludere con sicurezza la possibilità che Purdy fosse stato contagiato da Ebola. Di norma, un attacco di cuore è causato da un embolo nel muscolo cardiaco. Forse nella corrente sanguigna si era formato un grumo che era poi andato a insediarsi nel cuore? Ebola era in grado di fare anche questo? Di colpo lo aggredì la sensazione di stare perdendo il controllo degli eventi.

Disse a Bill Volt che avrebbe dovuto sospendere tutte le attività non indispensabili nei locali riservati alle scimmie. Come in seguito scrisse nel suo diario:

A esclusione della somministrazione del cibo, dell'osservazione e della pulizia, tutte le altre operazioni sono state sospese. Chiunque entrasse nei locali doveva poter contare su una protezione totale – tuta Tyvek, maschera antigas e guanti. Ogni animale morto doveva essere infilato in due sacchi di plastica e conservato in una cella frigorifera.

Dalgard informò inoltre Volt che gli organi di informazione avrebbero probabilmente cercato di saperne di più. Di conseguenza, non voleva che i dipendenti uscissero dalla casa delle scimmie con indosso attrezzature per il contenimento del rischio biologico. Se il notiziario della sera avesse mandato in onda simili immagini, in città si sarebbe certamente scatenato il panico.

Poi, Dalgard telefonò all'ospedale e si mise in contatto con il medico di Purdy, dal quale seppe che le condizioni dell'ammalato erano stazionarie. Lui lo pregò di avvertire il colonnello C.J. Peters di Fort Detrick qualora il paziente avesse manifestato sintomi insoliti. Fu ben attento a non pronunciare la parola *Ebola*.

Più tardi, quella stessa mattina, C.J. Peters, Nancy Jaax e Gene Johnson lasciarono Fort Detrick diretti in Virginia. Benché fossero in uniforme, gli ufficiali guidavano due auto prive di contrassegni, così da non attirare eccessiva attenzione. Il traffico era sostenuto e la giornata fredda, limpida e ventosa. Lungo i bordi della strada l'erba era verde e umida, non sfiorata dalla brina. Nell'atrio della Hazleton, trovarono ad aspettarli Dalgard che li guidò nel laboratorio ospitato in un altro edificio. Lì, un patologo aveva preparato una serie di vetrini con frammenti di fegato delle scimmie morte a Reston da sottoporre all'attenzione di Nancy.

Nancy sedette al microscopio, regolò le lenti e diede inizio all'esplorazione. Esaminò i preparati a diversi ingrandimenti prima di fermarsi. Il terreno di coltura era un indescrivibile guazzabuglio; qualcosa aveva devastato le cellule, che ora apparivano costellate di cavità, quasi che il fegato fosse stato sottoposto a un bombardamento a tappeto. Poi vide le chiazze scure, le ombre che non avrebbero dovuto esserci, erano cristalloidi, ed erano enormi.

L'amplificazione estrema.

«Cazzo, no» imprecò a bassa voce.

I «mattoni» o corpi inclusi, non assomigliavano a cristalli, ma avevano le forme più svariate – a ferro di cavallo, a macchia, a bernoccolo, perfino ad anello. Alcune delle cellule erano formate da un solo gigantesco mattone, cresciuto al punto da gonfiarle. Vide grappoli di cellule stracolme di mattoni. Vide sacche marcite là dove le cellule erano esplose e morte, trasformandosi in chiazze semiliquide stipate di corpi inclusi da parete a parete.

Mentre Nancy esaminava i vetrini, C.J. Peters e Gene Johnson si appartarono con Dan Dalgard per interrogarlo sulle procedure adottate alla casa delle scimmie. Nello Zaire, il virus di Ebola si era diffuso attraverso l'uso di aghi non sterilizzati. La sua società aveva forse fatto lo stesso con le scimmie?

Dalgard non era sicuro. «Di norma noi cambiamo ago dopo ogni iniezione» disse. «Ma è impossibile sapere se la regola viene applicata con il dovuto rigore.»

Nancy radunò alcuni blocchetti di paraffina in cui erano inclusi frammenti sterilizzati di fegato e milza, quindi li depose in un contenitore di polistirolo espanso per portarli a Fort Detrick dove li avrebbe analizzati. Quei campioni rivestivano per lei e per l'esercito un immenso valore, ma ancora più preziosa sarebbe stata della carne fresca contenente particelle virali vive.

Ancora una volta, Peters chiese a Dalgard il permesso di visitare la casa delle scimmie.

«Be'... non subito, direi» fu la risposta. Dalgard ci teneva a far capire ai militari che l'edificio era di proprietà privata.

«Qualche campione prelevato alle scimmie, allora?» insistettero loro. «Non potremmo avere almeno dei campioni?»

Questo Dalgard poteva concederlo. Gli spiegò a che punto avrebbero dovuto lasciare la Leesburg Pike per raggiungere la casa delle scimmie. Una volta arrivati alla stazione di servizio della Amoco, disse, non avrebbero dovuto far altro che aspettare. «Qualcuno vi verrà incontro, un tizio che vi porterà i campioni e risponderà alle vostre domande.»

«Sarebbe bene che fossero avvolti nella plastica e quindi infilati in una scatola, per ragioni di sicurezza» disse C.J. «Vuol essere così cortese da provvedere?»

Dalgard acconsentì.

Subito dopo, C.J., Nancy e Gene lo lasciarono per raggiungere la stazione di servizio, sostarono in un'area vicino alla superstrada, nei pressi di alcuni telefoni pubblici. Si era già nel primo pomeriggio e dato che avevano saltato il pranzo erano affamati. Nancy scese a comprare Diet Coke per tutti, un pacchetto di cracker al formaggio per lei e altri al burro di arachidi per C.J. Gli ufficiali mangiarono in auto, rabbrividendo per il freddo e sperando che qualcuno si decidesse a farsi vivo.

Per vincere la noia, C.J. Peters si mise a osservare il via vai della gente intorno a loro. Era quello uno spettacolo che non mancava mai di renderlo consapevole della vita e dello scorrere del tempo, e apprezzava la gradevole normalità di quelle scene. Camionisti che si fermavano a fare il pieno e a comprare una bibita, uomini d'affari che acquistavano sigarette. Notò una donna piuttosto attraente scendere dall'auto ed entrare in una delle cabine telefoniche, dove parlò a lungo con chissà chi. Forse, fantasticò, era una donna sposata a colloquio con l'amante. Che cosa avrebbe pensato tutta quella gente, se avesse saputo del mostro che era penetrato nella loro città? C.J. era sempre più convinto che l'esercito avrebbe dovuto agire con decisione, se voleva spegnere quel pericoloso focolaio. In Bolivia, lui aveva assistito alla comparsa di un agente caldo chiamato Machupo, e aveva visto una giovane donna, un'infermiera, morire coperta di sangue. L'America del nord non aveva ancora sperimentato l'insorgenza di un agente capace di trasformare gli uomini in relitti sanguinolenti. L'America del nord non era pronta per questo, non ancora. Ma più ci pensava, più si rendeva conto che il rischio di una massiccia propagazione di Ebola nei pressi di Washington era considerevolmente alto.

Cosa sarebbe accaduto se l'AIDS fosse stato individuato al suo primo manifestarsi? Ma non era andata così, e si era diffuso in modo subdolo, furtivo, e isolato quando ormai era troppo tardi. Se solo negli anni Settanta avessimo avuto un'unità di ricerca nell'Africa centrale... forse l'avremmo visto emergere dalla foresta. E se l'avessimo visto arrivare, forse saremmo riusciti a fermarlo, a rallentarne l'avanzata... forse saremmo riusciti a salvare almeno un centinaio di milioni di vite. Almeno. Perché la penetrazione del virus dell'AIDS nella specie umana era ancora ai suoi primi passi, e proseguiva con incredibile velocità. La gente non capiva che l'AIDS aveva soltanto iniziato la sua opera e nessuno poteva prevedere quanti ne sarebbero morti, benché lui fosse convinto che le cifre globali sarebbero state dell'ordine di centinaia di milioni... e questa era una possibilità che l'opinione pubblica non aveva ancora recepito. Se anche l'AIDS *fosse* stato isolato con tempismo, qualunque analisi «realistica» del virus al suo primo manifestarsi in Africa avrebbe probabilmente condotto esperti e funzionari governativi a credere che avesse ben scarsa rilevanza per la salute umana, e che non sarebbe quindi stato opportuno devolvere al suo studio parte dei già scarsi fondi a loro disposizione... dopotutto, era solo un virus che aveva contagiato una manciata di persone nello Zaire, e tutto ciò che aveva fatto era stato debellare il loro sistema immunitario. In seguito, però, l'agente aveva avuto una spettacolare amplificazione in tutto il pianeta, tanto che la sua propagazione continuava ancora e non se ne vedeva la fine.

In realtà non sappiamo che cosa può fare Ebola. Possibile che muti per poter viaggiare nell'aria? E la varietà che ha colpito la casa delle scimmie ha già questa capacità? Di fatto, non sappiamo neppure se si tratta di Ebola Zaire o di qualcosa di diverso, di una nuova varietà. Un agente in grado di trasmettersi con un colpo di tosse? Probabilmente no, ma chi poteva dirlo con certezza? Più ci pensava, più si scopriva assillato da un interrogativo: chi porterà fuori quelle scimmie? Perché bisognerà pure che qualcuno se ne occupi. Non possiamo limitarci ad abbandonare l'edificio e lasciare che si autodistrugga. Questo è un virus che uccide l'uomo. Chi si occuperà di liquidare le scimmie? I dipendenti della società?

La cosa più opportuna non era che l'esercito agisse tramite una squadra SWAT? C.J. aveva un modo tutto suo per definire quel genere di intervento, ed era «nuclearizzazione». Nuclearizzare un luogo significava sterilizzarlo, distruggere ogni forma di vita in esso contenuta. Se i suoi ospiti erano essere umani, venivano evacuati e chiusi nella Segreta. Se si trattava di animali, li si uccideva e si davano alle fiamme le carcasse. Dopodiché si inondava tutto con disinfettanti chimici in forma liquida e gassosa. Si chiese se l'esercito avrebbe dovuto nuclearizzare la casa delle scimmie.

Gene Johnson, che sedeva accanto a lui, pensava a tutt'altro. Con la mente era in Africa, e per la precisione a Kitum Cave.

Gene era molto preoccupato, per non dire spaventato a morte, dalla situazione creatasi. Proprio non so *come* usciremo da questo casino senza che qualcuno ci lasci la pelle, si disse. La sua ansia cresceva di minuto in minuto. L'esercito, si ripeteva, sta per intervenire in una crisi che ha già raggiunto il suo acme e, se qualcosa va storto e qualcuno muore, sarà l'esercito a farne le spese.

Si volse verso C.J., desideroso di metterlo a parte delle sue apprensioni. Disse: «Sembra inevitabile che saremo costretti a liquidare e portar fuori tutte le scimmie. Un'epidemia di Quarto Livello non è uno scherzo. Voglio che tu capisca che si tratterà di un'operazione complessa e di grande portata. Occorrerà del tempo, e dovremo stare maledettamente attenti a fare tutto nel modo giusto. Insomma, C.J., *non* possiamo permetterci di mettere dei dilettanti nelle posizioni chiave. Abbiamo bisogno di gente esperta, che sappia quello che fa. Ti rendi conto di che cosa accadrebbe se qualcosa dovesse andare storto?». E intanto pensava: Peters non si è mai trovato alle prese con un'emergenza di questa gravità – nessuno di noi ci si è mai trovato – la si può paragonare solo a quella di Kitum Cave, e Peters là non c'era.

C.J. Peters lo ascoltava in silenzio, senza fare commenti. I consigli di Gene lo irritavano, come sempre avviene quando qualcuno ci ripete cose ovvie, che già sappiamo. Fra lui e Gene Johnson i rapporti erano complessi e non troppo facili. Avevano partecipato insieme a una spedizione in Africa centrale alla ricerca dei serbatoi naturali di Ebola, e nel corso del viaggio tra loro era andata instaurandosi una crescente tensione. Era stata una spedizione dura e faticosa, come sempre sono questo genere di spedizioni... non esistevano strade, i ponti erano scomparsi, le carte geografiche sembravano disegnate da un monaco cieco, la gente parlava idiomi che neppure gli interpreti comprendevano e non era stato possibile procurarsi cibo a sufficienza. Ancora peggio, avevano avuto difficoltà a individuare casi umani di Ebola... non erano stati in grado di isolare il virus né in un ospite naturale né in un organismo umano. Era stato durante quel viaggio, forse in conseguenza della cronica scarsità di cibo, che C.J. aveva cominciato a mangiare le termiti, catturandole quando sciamavano fuori dei nidi. Davanti a Gene che, più schizzinoso di lui, si mostrava riluttante a imitarlo, C.J. si divertiva a fare osservazioni del tipo: «Hanno un gusto così particolare... hhmm...». Poi schioccava le labbra, facendo scricchiolare le termiti sotto i denti, e alla fine ne sputava le ali. I componenti africani della spedizione, a cui le termiti piacevano, avevano insistito perché anche Gene le assaggiasse, e in ultimo lui aveva ceduto. Si era infilato in bocca una manciata di insetti ed era rimasto sorpreso nel constatare che avevano un gusto molto simile a quello delle noci. C.J. aveva parlato con desiderio della loro regina, una creatura biancastra lunga quindici centimetri e spessa come una salsiccia, straripante di uova e di grasso cremoso... la regina che andava mangiata intera e viva, e di cui si raccontava che pulsasse e si contorcesse quando scendeva lungo la gola. Lo spuntino a base di termiti li aveva divertiti, ma su tutto il resto, ossia sulle modalità di ricerca del virus, avevano litigato. Nondimeno, il capo era C.J. – lui era il colonnello, mentre Gene era solo un civile – e in Africa era stato C.J. a mandare avanti la baracca, cosa che aveva irritato tremendamente Gene.

Improvvisamente, un furgone blu privo di finestrini e di contrassegni, attraversò la stazione di servizio e raggiunse le due auto in attesa, fermandosi in modo che nessuno potesse vedere ciò che accadeva nello spazio racchiuso fra i tre veicoli. Un uomo corpulento scese pesantemente dal posto di guida; era Bill Volt. I militari si affrettarono a imitarlo.

«Li ho qui con me» annunciò Volt spalancando lo sportello posteriore del furgone.

Sette sacchetti di plastica nera, di quelli abitualmente usati per i rifiuti, erano ammucchiati sul fondo del furgone. Sotto la plastica, erano chiaramente visibili i contorni di teste e membra.

E questo che cosa *sarebbe*? si chiese C.J.

Nancy strinse i denti e inspirò silenziosamente. Non le erano sfuggite certe protuberanze dei sacchi, come se all'interno si fosse raccolto del liquido. Sperò che non fosse sangue. «Che diavolo è questa roba?» domandò poi.

«Sono morte stanotte» spiegò Volt. «Le abbiamo chiuse ciascuna in due sacchi.»

Nancy provava una sensazione sgradevole alla bocca dello stomaco. Il fattore nausea cominciava a farsi sentire. «Per caso qualcuno si è tagliato manipolandole?» domandò.

«No» fu la risposta di Volt.

Solo allora Nancy si accorse che C.J. le stava fissando con intenzione. Impossibile sbagliarsi sul significato di quello sguardo: chi porterà a Fort Detrick le scimmie?

Nancy era sbigottita. C.J. stava cercando di farle pressione, di mollare nelle sue mani la patata bollente! All'Istituto erano entrambi responsabili del proprio reparto, ma benché C.J. avesse un grado superiore al suo, non era il suo capo. Non può insistere più di così, rifletté, e in ogni caso anch'io ho qualcosa da dire. «Non ho nessuna intenzione di caricare quella porcheria nel bagagliaio della mia auto, C.J. Come veterinario, non posso derogare alle norme relative al trasporto di animali morti. E di sicuro non posso attraversare il confine di stato con degli animali uccisi da una malattia contagiosa.»

Silenzio di tomba. Sulle labbra di C.J. aleggiava un sogghigno.

«So anch'io che non è possibile farne a meno» riprese Nancy. «Ma tu sei un *medico*. Non avrai problemi.» Con un cenno indicò le sue spalline. «Quelle grosse aquile serviranno pure a qualcosa.»

La risposta fu una risata nervosa.

Ma intanto il tempo passava, e il virus continuava la sua opera di amplificazione all'interno della casa delle scimmie. Era nell'interesse della collettività, si disse C.J., dimenticare per una volta i regolamenti sanitari; certo, uno degli abili avvocati dell'esercito sarebbe riuscito a trovare il modo di dipingere il trasferimento da uno stato all'altro di scimmie morte e sature di Ebola a bordo di un'auto privata, come un atto perfettamente legale, così assolutamente legale, anzi, che la questione non andava neppure posta.

La sua Toyota rossa era vecchia e in condizioni non perfette, ma già da qualche tempo lui aveva rinunciato alla speranza di rivenderla con qualche profitto. Aprì il bagagliaio: era rivestito di moquette e non riuscì a individuare nessuno spigolo aguzzo in grado di perforare i sacchi.

Poiché non disponevano di guanti di gomma, avrebbero dovuto sollevare i sacchi a mani nude. Tenendosi a una certa distanza per non respirare l'aria viziata del furgone, Nancy perlustrò i sacchi con gli occhi, alla ricerca di eventuali gocce di sangue. «Sono stati disinfettati anche all'esterno?» chiese a Volt.

Lui le assicurò di averlo fatto personalmente con del Clorox.

Trattenendo il fiato per non farsi travolgere dalla nausea, lei si chinò a sollevarne uno. Sentì la scimmia scivolare all'interno. A uno a uno, maneggiandoli con cautela, li depositarono nel bagagliaio della Toyota. Ciascuna scimmia pesava dai cinque ai sette chilogrammi e mezzo, per un totale di cinquanta chili di primati in via di liquefazione e classificati del Quarto Livello di contagiosità biologica. Quando C.J. chiuse il bagagliaio, il retro della Toyota si abbassò considerevolmente.

Nancy era ansiosa di cominciare subito la dissezione. A lasciare una scimmia morta di Ebola in un sacco di plastica per una giornata intera, si rischia di ritrovarsi con un sacco pieno di zuppa.

«Seguimi, e attenta a eventuali sgocciolii» le disse C.J.

19

UNA PASSEGGIATA NELLO SPAZIO

Ore 14:00

Arrivarono all'Istituto verso la metà del pomeriggio. C.J. parcheggiò di fianco all'edificio, vicino a una banchina di carico e si fece aiutare da alcuni soldati a trasportare i sacchi in una camera di compensazione che portava alla suite Ebola. Nancy salì nell'ufficio di uno dei membri del suo staff, il tenente colonnello Ron Trotter, per avvisarlo di prepararsi; sarebbero entrati insieme nella zona calda.

Come sempre faceva prima di accedere al Quarto Livello, si tolse la fede e l'anello di fidanzamento e, dopo averli infilati nella catena d'oro che portava al collo, chiuse il tutto nella sua scrivania. Lei e l'ufficiale discesero insieme il corridoio, e lui entrò per primo nel piccolo spogliatoio che conduceva alla AA-5, mentre Nancy aspettava fuori. Il baluginio di una lucetta, pochi minuti dopo, le disse che il suo compagno era passato al livello successivo, e solo allora depose il suo lasciapassare sul sensore che apriva la porta dello spogliatoio. Lì si spogliò completamente, infilò un camice da chirurgo a maniche lunghe, poi si raccolse i capelli in una cuffietta. Chiuse vestiti e lasciapassare in uno degli armadietti e andò a fermarsi davanti alla porta interna, dotata di una finestrella da cui usciva un fascio di luce azzurra. Lì accanto c'era un altro sensore, questo dotato di tastierina numerica. Non era infatti possibile utilizzare il lasciapassare nei livelli più alti, perché si sarebbe sciolto o sarebbe stato irrimediabilmente danneggiato dagli agenti chimici impiegati per la decontaminazione. Nancy digitò il suo codice personale sulla tastierina e il computer centrale ricevette l'informazione che JAAX, NANCY, si preparava a entrare. Dopo aver appurato che era AUTORIZZATA A ENTRARE NELLA AA-5, il computer aprì automaticamente la porta ed emise un segnale sonoro per informare Nancy che non avrebbe attivato i sistemi di allarme. Lei attraversò il box della doccia, mise un paio di calzini bianchi e proseguì fino alla porta che conduceva all'area di preparazione del Terzo Livello. Lì, si incontrò con Trotter, un uomo bruno e tarchiato con cui aveva lavorato per parecchi anni. Infilarono il primo paio di guanti e ne sigillarono i polsini. Nancy mise anche un paio di proteggi-orecchie, che aveva adottato quando si era cominciato a sospettare che il ruggito dell'aria all'interno della tuta potesse danneggiare l'udito. Poi indossarono la tuta di protezione chiusa da una cerniera Ziploc. Chi veste una di queste tute si abitua in fretta a muoversi in cerchio intorno ai compagni, un po' come fanno i lottatori all'inizio di un incontro, osservandone ogni mossa e prestando attenzione soprattutto alle mani, per accertarsi che non reggano oggetti appuntiti. Il rischio di uno squarcio nell'equipaggiamento di protezione è sempre presente, e diventa istintivo adottare certe precauzioni.

Infine, si mossero goffamente verso la porta di una camera di compensazione che non dava nella zona calda, ma sul mondo esterno. La spalancarono: sul pavimento erano allineati i sette sacchi.

«*Prendi tutti quelli che riesci a portare*» disse Nancy all'ufficiale.

Carichi, riattraversarono l'area di preparazione ed entrarono nella camera di compensazione che conduceva al Quarto Livello. Nancy prese una bacinella contenente i ferri chirurgici. Cominciava ad avere caldo e la sua visiera si era già appannata. Lei e Trotter entrarono insieme, e Nancy inspirò profondamente mentre si sforzava di mettere ordine nei propri pensieri. Per lei, percorrere la zona grigia che portava al Quarto Livello presentava molte analogie con una passeggiata nello spazio, se si escludeva il fatto che invece di uscire nello spazio esterno, era a quello interno che si accedeva, straripante di vita pronta a insinuarsi dentro la tuta. Erano in tanti all'Istituto a frequentare abitualmente il Quarto Livello, ma introdursi in una zona di contenimento per eseguire l'autopsia di un animale ucciso da un agente sconosciuto e letale, era un altro paio di maniche, e il rischio era altissimo.

Nancy si costrinse a concentrarsi e a regolare il ritmo della respirazione. Aprì l'ultima porta, e quando si trovò dall'altra parte fu pronta ad allungare il braccio nella camera di equilibrio per tirare la catena che attivava la doccia chimica, ossia il ciclo di decontaminazione destinato a distruggere qualunque forma di vita che il loro passaggio vi avesse introdotto.

Calzarono gli stivali e discesero il corridoio trascinandosi dietro le scimmie. L'aria si stava facendo viziata dentro le tute: era quasi ora di rinnovarla.

Arrivarono in un locale contenente alcune celle frigorifere.

dove infilarono tutti i sacchi tranne uno, quindi passarono in sala autopsie. Girandosi intorno con gesti cauti, collegarono alle apposite prese le manichette dell'aria; sopra i guanti della tuta infilarono quelli chirurgici, poi Nancy dispose gli strumenti e le provette a un capo del tavolo, controllandoli uno per uno.

Trotter slegò i lacci che chiudevano il sacco, lo aprì, e la zona calda contenuta all'interno subito si fuse con quella costituita dalla stanza stessa. Insieme, lui e Nancy issarono la scimmia sul tavolo, poi lei accese la lampada chirurgica.

Due limpidi occhi castani la fissavano. Occhi perfettamente normali, senza tracce di arrossamento. Le cornee erano bianche e le pupille ben delineate e nere come la notte. Non c'era nulla dietro quegli occhi. Non un cervello, non un barlume di vita. La luce della lampada non suscitava alcuna reazione nel globo oculare.

Quando la macchina biologica si ferma, è per sempre. Il suo processo di decadimento è rapido come una cascata che precipiti verso il disordine e la casualità. Questo è vero per ogni forma di vita tranne che per i virus, che possono morire e successivamente, entrando in contatto con un sistema vivente, tornare attivi e moltiplicarsi. La sola cosa che «viveva» dentro la scimmia, era l'agente sconosciuto, e per il momento era morto, dato che morte erano le cellule del suo ospite. Ma un contatto con cellule viventi sarebbe stato sufficiente ad attivare l'amplificazione.

Con un bisturi, Nancy aprì l'addome della scimmia, attenta a che la lama insanguinata non toccasse le sue dita. La milza era gonfia e dura, di consistenza quasi coriacea, molto simile a un pezzo di salame affumicato. Non vide traccia di lesioni insanguinate. Aveva previsto di trovare un lago di sangue e invece non c'erano state emorragie di sorta. Se davvero l'animale era morto di Ebola, allora si trattava di un caso quanto meno incerto. Esaminò l'intestino. Non c'era sangue neanche lì. Capita che in una scimmia brulicante di Ebola il rivestimento intestinale si stacchi, ma nell'esemplare che Nancy stava sezionando ciò non era accaduto. Passò quindi a ispezionare lo stomaco, e lì, in corrispondenza del piloro, individuò un cerchio di puntini sanguinolenti. Questo poteva essere considerato un sintomo di Ebola, ma non un sintomo inequivocabile, dato che era spesso riscontrabile anche nei casi di febbre emorragica. Di conseguenza, la semplice ispezione visiva degli organi interni non avrebbe permesso a Nancy di stabilire con certezza la presenza del virus Ebola nell'animale sezionato.

Con un paio di forbici dalla punta smussata, prelevò dei campioni di fegato che poi depose su alcuni vetrini. Questi e le provette erano gli unici oggetti di vetro che fosse possibile introdurre in una zona calda; il pericolo di una rottura accidentale e del conseguente formarsi di schegge era troppo elevato. Tutti gli altri recipienti del laboratorio erano di plastica.

Nancy lavorava con lentezza, tenendo le mani fuori dalla cavità corporea, il più lontano possibile dal sangue, e non trascurava di sciacquare spesso i guanti in una bacinella piena di Envirochem. Era abituata a cambiarli di frequente, ma quel giorno li sostituì ogni volta che si sporcavano di sangue. Usò dozzine e dozzine di guanti, e neppure per un momento si permise di dimenticare ciò che quel sangue conteneva.

Da parte sua, Trotter aveva il compito di tenere aperta la cavità corporea così da consentirle di lavorare comodamente, di chiudere i vasi sanguigni e passarle gli strumenti. Entrambi erano in grado di leggere sulle labbra dell'altro. «F-O-R-C-I-P-E» formulò silenziosamente Nancy.

Con un cenno d'assenso, lui le tese lo strumento richiesto. Non parlò; Nancy era sola con il ruggito dell'aria che circolava all'interno della tuta.

Stava cominciando a sospettare che la scimmia non fosse morta di Ebola. In biologia nulla è mai perfettamente chiaro, tutto è troppo complesso e intricato, e spesso, proprio quando si pensa di cominciare a capire qualcosa, un piccolo particolare ci fa scoprire complessità ancora maggiori. La natura non è mai semplice, e quel virus era come un pipistrello che solchi il cielo a sera. Nel momento in cui ti sembrava di vederlo attraversare il tuo campo visivo, era già scomparso.

20

SCONTRO A FUOCO

Ore 14:00

Mentre Nancy Jaax sezionava la scimmia, C.J. sedeva nella sala riunioni adiacente al suo ufficio, quella in cui era affissa la carta geografica del mondo. Quasi tutti i più grandi esperti di Ebola del pianeta erano radunati intorno al lungo tavolo, e sulla mappa del mondo figurava ora un altro punto caldo, proprio in corrispondenza di Washington. Il generale Russell sedeva a capotavola, più imponente che mai nell'uniforme; era lui a presiedere la riunione, e non ignorava che di lì a poco l'incontro si sarebbe tramutato in una lotta di potere tra il CDC e l'esercito. Ma non avrebbe permesso ad Atlanta di assumere il comando delle operazioni.

C'era Dan Dalgard, riservato e freddo nel suo abito scuro, in realtà estremamente nervoso. Gene Johnson, barbuto e silenzioso, scrutava gli astanti con aria truce. C'erano autorità sanitarie della Virginia e della contea di Fairfax. Fred Murphy, il coscopritore del virus Ebola, avvertito dal generale Russell, sedeva accanto a un altro funzionario del CDC, il dottor Joseph McCormick.

Joe McCormick era a capo del settore agenti patogeni speciali del CDC. Il reparto era stato fondato da Karl Johnson, il principale scopritore di Ebola, a cui McCormick era succeduto – era stato lo stesso Johnson a designarlo quando era andato in pensione. McCormick aveva vissuto e viaggiato molto nel continente africano. Piuttosto attraente, aveva un aspetto quasi sofisticato con i suoi ricci capelli neri e gli occhialini tondi di Fiorucci. Era brillante, ambizioso, affascinante e persuasivo, dotato di un temperamento facilmente infiammabile, e proiettava intorno a sé un'aura di estrema sicurezza. A differenza degli altri partecipanti alla riunione, aveva visto e assistito esseri umani contagiati da Ebola.

Si dava il caso che Joe McCormick e C.J. Peters non si potessero sopportare. Erano molti anni che tra loro correva cattivo sangue. Entrambi si erano spinti negli angoli più remoti dell'Africa in cerca di Ebola, entrambi senza successo. Come Peters, Joe McCormick sentiva di essere vicino a inchiodare il virus e si preparava a un'uccisione spettacolare.

Il primo a prendere la parola fu Peter Jahrling, l'uomo che aveva isolato la varietà attiva fra le scimmie. Parlò aiutandosi con diagrammi e fotografie, e conclusa la sua esposizione, tornò a sedersi.

Era il turno di Dalgard. Ahem, dunque... Dalgard descrisse i sintomi clinici della malattia che aveva riscontrato nella casa delle scimmie. Tossiva, ma non esageratamente, e alla fine del suo intervento si sentì certo che nessuno avesse notato la sua inquietudine.

Subito dopo toccò a Joe McCormick. Quello che disse rimane una questione controversa. Secondo i militari, si rivolse a Jahrling dicendo più o meno: «Mille grazie, Peter. Grazie per averci messo sull'avviso. Ma ora che ci sono qui gli esperti, tanto vale che affidiate tutto a noi prima di farvi male. Ad Atlanta disponiamo di eccellenti strutture per il contenimento biologico. Prenderemo noi il materiale e i campioni che avete raccolto e vedrete, ne avremo buona cura».

Un altro dei presenti ricorda di aver sentito McCormick dire: «Il problema ricade interamente sotto la mia autorità». In altre parole, ci fu tra i membri dell'USAMRIID chi pensò che McCormick volesse proporsi come l'unico autentico esperto di Ebola. Che mirasse ad assumere il controllo dell'operazione e a impadronirsi di quello che invece apparteneva all'esercito.

C.J. Peters ribolliva di collera. Il discorsetto di McCormick lo aveva profondamente irritato, e lo giudicava «arrogante e offensivo».

I ricordi di McCormick sono diversi. «Sono sicuro che offri una qualche forma di aiuto e collaborazione per l'emergenza in corso a Reston» mi disse al telefono. «Non mi risulta che ci furono divergenze. Se anche c'era dell'animosità, era dalla loro parte, non dalla nostra, e per motivi che loro evidentemente conoscono meglio di me. Il nostro atteggiamento era: "Buon lavoro ragazzi".»

In passato, McCormick aveva criticato pubblicamente Gene Johnson, l'esperto militare di Ebola, per aver speso una quantità spropositata di denaro nell'esplorazione di Kitum Cave senza poi pubblicare le proprie scoperte. Con me, McCormick si espresse così: «Vogliono *parlare* dei loro esperimenti, ma l'unico modo per farli conoscere alla gente, consiste nel *pubblicarli*. La mia non è una critica irragionevole; bisogna considerare che i soldi spesi sono quelli dei contribuenti». E ancora: «Nessuno di loro ha passato più tempo di me sul campo. Io ero l'unico ad aver seguito casi conclamati di Ebola in esseri umani e nessuno degli altri partecipanti alla riunione poteva dire di aver fatto altrettanto».

Quello che McCormick aveva fatto era questo. Nel 1979, il CDC fu informato che Ebola aveva nuovamente lasciato il suo nascondiglio e ripreso a imperversare nel Sudan meridionale, negli stessi luoghi in cui aveva fatto la sua prima comparsa nel 1976. La situazione era pericolosa e non solo a causa del virus, perché all'epoca in Sudan era in corso una guerra civile, e l'area interessata da Ebola era anche zona di guerra. McCormick si offrì di andare a procurarsi campioni di sangue umano infetto e di portarli ad Atlanta. Poiché nessuno volle accompagnarlo, partì solo. Arrivò nel Sudan meridionale a bordo di un piccolo aereo di una linea non codificata, con ai comandi due spaventatissimi piloti. Era circa il tramonto quando atterrarono su una pista nei pressi di un villaggio Azande e, troppo impauriti per scendere a terra, i piloti preferirono trascorrere la notte a bordo. Sarebbero ripartiti l'indomani all'alba, dissero a McCormick; aveva quindi solo poche ore di tempo per trovare il virus.

McCormick si mise in spalla lo zaino e puntò verso il villaggio. Trovò i suoi abitanti radunati intorno a una capanna di fango da cui uscivano i gemiti di un agonizzante. Comprese subito che lì c'era Ebola. Nello zaino aveva una torcia elettrica, ma non funzionava perché aveva dimenticato di inserirvi le pile. Qualcuno gli portò una lanterna e, così equipaggiato, McCormick fece il suo ingresso nella capanna. Non avrebbe mai dimenticato lo spettacolo che gli si parò davanti. La prima cosa che vide fu un certo numero di occhi rossi che lo fissavano. Nell'aria aleggiava il tanfo del sangue. C'erano parecchie persone sdraiate per terra su stuoie di paglia e alcune erano in preda alle convulsioni... una delle manifestazioni della fase terminale che precedono di poco la morte. I loro corpi erano rigidi e attraversati da spasimi, avevano gli occhi rovesciati all'indietro e perdevano sangue dal naso e dal retto. Altre ancora erano in coma e sanguinavano immobili. La capanna era una zona calda, se mai ce n'era stata una.

McCormick aprì lo zaino e ne estrasse guanti di gomma, un

camice, una mascherina di carta e stivali pure di carta con cui proteggersi le scarpe. Posò su una stuoia le siringhe e le provette, dopodiché si mise all'opera. Per tutta la notte, inginocchiato per terra, prelevò campioni sanguigni e si prese cura come meglio poté degli ammalati.

A un certo punto, mentre stava prelevando il sangue a una vecchia, questa cominciò a dibattersi in preda a un attacco di convulsioni. Quando agitò selvaggiamente il braccio, l'ago insanguinato fuoriuscì dalla pelle e trafisse il pollice di McCormick. Uh, oh, pensò lui. Era fatta. L'agente era penetrato nel suo circolo ematico.

All'alba raccolse le sue cose e tornò di corsa all'aereo per consegnarle ai piloti. Ma che cosa fare di se stesso, ora che era stato punto da un ago infetto? La ferita, benché minuscola, aveva comportato una massiccia esposizione a Ebola, e probabilmente non gli restavano più di tre o quattro giorni di tempo prima della comparsa dei sintomi. Doveva prendere una decisione, e prenderla in fretta... se partire con i piloti o restare lì chissà fino a quando, perché era evidente che l'aereo non sarebbe tornato a riprenderlo.

McCormick rimase al villaggio. Ormai era quasi certo di essere stato contagiato, ma voleva raccogliere altri campioni. Dopotutto, si disse, se avesse cominciato ad avere mal di testa, avrebbe potuto chiedere aiuto per radio e, chissà, forse qualcuno sarebbe andato a prenderlo. Passò la giornata a riposare in una capanna e si sottopose a due trasfusioni di siero che supponeva contenesse anticorpi al virus Ebola... lo aveva conservato nel ghiaccio e ora sperava che gli salvasse la vita. Quella notte non riuscì a dormire, tormentato dal pensiero che forse il virus aveva già dato inizio a una massiccia moltiplicazione nel suo sangue. Per addormentarsi, bevve una mezza bottiglia di scotch.

Nei giorni successivi, McCormick continuò a lavorare con gli ammalati senza che in lui si manifestasse alcun sintomo. Nel frattempo, non perdeva d'occhio la vecchia signora e il quarto giorno, con sua grande sorpresa, la vide riprendersi. Dunque non era stata contagiata da Ebola; con ogni probabilità aveva la malaria e quello che lui aveva scambiato per un attacco di convulsioni erano in realtà brividi dovuti alla febbre alta. La sentenza di morte che incombeva su di lui era stata annullata.

È per questo che nel corso di quella riunione a Fort Detrick, Joe McCormick era certo di essere l'unico ad aver visto e curato casi umani di Ebola. Inoltre, benché avesse respirato per giorni e notti l'aria viziata della capanna, non si era ammalato e questo lo aveva convinto che il virus non aveva un'alta contagiosità e che non poteva viaggiare nell'aria. A suo avviso, quindi, non era pericoloso come forse i militari credevano. Ovviamente, non sapeva nulla degli esperimenti sul contagio aereo di Ebola effettuati nel 1986 da Nancy Jaax e Gene Johnson, perché i risultati non erano stati pubblicati.

Dan Dalgard aveva una domanda da rivolgere all'intera comunità di esperti: «Quanto tempo passerà prima che possiate dirci con certezza se i campioni sono infetti?».

«A occhio e croce, una settimana» rispose C.J. Peters. «Non posso fare previsioni più precise.»

Riprese la parola Joe McCormick. Un minuto, disse, *si dava il caso* che lui disponesse di un nuovo test di reazione per Ebola che agiva in quattro ore. Era sua ferma convinzione che il virus e i campioni dovessero andare al CDC.

Furibondo, C.J. Peters si voltò a guardarlo. Un test rapido per Ebola! Che manica di...! Non credeva affatto a quanto McCormick aveva detto, ed era piuttosto incline a pensare che stesse raccontando frottole nella speranza di prendere la faccenda nelle sue mani. La situazione era delicata, perché come poteva dire di fronte a tutti quegli alti funzionari: «Joe, io penso che tu sia un maledetto bugiardo?». Ma qualcosa la disse ugualmente: «Quando c'è un'epidemia in corso, ci sono cose più urgenti della verifica pratica di una nuova tecnica». Sostenne poi che Fort Detrick era più vicino all'epicentro della crisi di quanto non lo fosse il CDC di Atlanta, e che di conseguenza era opportuno che fosse l'esercito ad avere i campioni per tentare di isolare il virus. Non disse tuttavia – non c'era motivo di ricordarlo – che in quel momento sette scimmie morte venivano esaminate da Nancy Jaax. Mentre loro discutevano, lei sezionava gli esemplari, alla ricerca di Ebola. Dopo tutto era l'esercito ad avere in mano la carta vincente.

Intanto Fred Murphy, il secondo rappresentante del CDC stava cominciando a rendersi conto della stessa cosa, e si chinò a bisbigliare al collega: «Datti una calmata, Joe, e vedi di stare zitto. Siamo in minoranza qui».

Il generale Philip Russell, che fino a quel momento aveva ascoltato in silenzio, decise di intervenire. Con voce calma, ma così sonora da essere quasi assordante, suggerì un compromesso. Propose, cioè, una suddivisione di compiti.

Sembrava la soluzione migliore e lui e Fred Murphy si

preoccuparono di mettere rapidamente a punto i dettagli, mentre McCormick e Peters si squadravano con aria truce. Venne concordato che il CDC avrebbe gestito gli aspetti relativi alla salute dei soggetti umani e impostato l'assistenza di eventuali pazienti. L'esercito invece avrebbe avuto a disposizione le scimmie e la loro casa, l'epicentro stesso dell'epidemia.

21

LA MISSIONE

ore 16:30

A quel punto, il colonnello C.J. Peters sentiva di essere stato autorizzato a passare all'azione. Fortunatamente, Joe McCormick aveva fatto marcia indietro, o meglio era stato costretto a farlo. Non appena la riunione si sciolse, C.J. cominciò a elaborare la sua strategia. Aveva già deciso che il comandante esecutivo della missione sarebbe stato il colonnello Jerry Jaax, marito di Nancy. Benché non avesse mai indossato una tuta di protezione biologica, Jerry era il responsabile del reparto veterinaria dell'Istituto, e di scimmie ne sapeva parecchio. Inoltre, ci sarebbe stato bisogno dei suoi collaboratori, dei militari come dei civili, perché nessun altro era stato addestrato a maneggiare le scimmie.

Trovò Jerry nel suo ufficio, che guardava fuori della finestra masticando un elastico. «Jerry, ho motivo di credere che abbiamo una situazione giù a Reston» fu la battuta d'esordio di C.J. Una *situazione*... il termine che in codice indica un agente caldo. «Per l'esattezza, una situazione che prevede il rischio di un'esplosione epidemica di Ebola, e a quanto pare toccherà a noi gestirla. Pare che dovremo andare giù a portare fuori quelle scimmie, e che dovremo farlo in condizioni di rischio biologico del Quarto Livello.» Gli chiese poi di organizzare delle squadre composte da soldati e civili che fossero pronte ad agire nello spazio di ventiquattr'ore.

Quando se ne fu andato, Jerry si recò nell'ufficio di Gene Johnson per informarlo delle novità e cominciare subito a pianificare l'operazione. L'ufficio di Johnson era perennemente nel caos e Jerry, che non sopportava il disordine, si chiedeva come facesse Gene, non meno robusto di lui, a lavorare circondato da quei cumuli di carte. Gene Johnson gli ricordava Hillbilly Bob negli incontri di lotta libera. E tuttavia, era un maestro quando si trattava di virus e dei loro comportamenti.

All'unanimità era stato deciso di cominciare con un'operazione di ambito piuttosto ristretto. La squadra militare avrebbe sgomberato una sola stanza della casa delle scimmie, dopodiché avrebbero atteso gli sviluppi – avrebbero atteso, cioè, di vedere se il virus continuava ugualmente a diffondersi. Stabilirono le priorità.

Priorità uno. Sicurezza della popolazione: personale militare e residenti dei sobborghi di Washington.
Priorità due. Eutanasia degli animali riducendone quanto più possibile le sofferenze.
Priorità tre. Raccolta di campioni scientifici. Obiettivo: identificare la varietà e determinarne le modalità di contagio.

Gene era dell'avviso che, se la squadra avesse svolto bene il suo lavoro, la popolazione di Washington non avrebbe corso alcun rischio. Inforcò gli occhiali e si chinò a frugare tra le sue carte, la barba schiacciata contro il petto. Sapeva già che lui non sarebbe entrato nell'edificio, non l'avrebbe fatto per nulla al mondo. Come mi spiegò in seguito, aveva visto troppe scimmie «implose» ed era ben deciso a non vederne altre. Il suo lavoro sarebbe consistito nel reperire attrezzature e personale, quindi trasferirli nel fabbricato, per poi riportarli fuori, insieme con gli animali morti, con il minor rischio possibile.

Da qualche parte, nel guazzabuglio che lo circondava, c'erano degli elenchi, lunghi elenchi in cui figurava tutto l'equipaggiamento che aveva portato con sé da Kitum Cave. Imprecando a mezzavoce, si buttò nella ricerca. Era tornato dall'Africa con tonnellate di strumenti e attrezzature di ogni tipo, dalle tute di protezione ai respiratori, dagli impianti per la decontaminazione alle radio a onde corte. Poi, per essere certo che nessuno se ne impadronisse, aveva nascosto il tutto nei più improbabili cantucci dell'Istituto.

Gene era terribilmente eccitato ma anche spaventatissimo. I terribili sogni in cui sentiva del liquido scorrere all'interno della sua tuta non erano mai scomparsi del tutto e capitava ancora che si svegliasse atterrito, pensando: «Mio Dio, c'è stata un'esposizione». Aveva dedicato quasi dieci anni alla ricerca di Ebola e Marburg in Africa, con ben poco successo, ed ecco che uno di quei bastardi sollevava la testa proprio lì, a Washington. Gli tornò in mente la sua massima preferita: «Il caso aiuta la mente preparata». Ebbene, la mente di Gene era preparata già da tempo. Aveva conservato gelosamente l'attrezzatura utilizzata a Kitum Cave ed ecco che tornava di nuovo utile. Perché quello che aveva funzionato a Kitum Cave, avrebbe funzionato anche nella casa delle scimmie che, gli venne da pensare, presentava molte analogie con la grotta. Era uno spazio chiuso, dove l'aria era viziata, con escrementi di scimmia e puzza di urina dappertutto. E presumibilmente anche sangue sulle pareti. Una grotta calda vicino a Washington. E c'erano persone che vi erano entrate e che forse erano state contagiate dal virus. Come far sì che le squadre potessero penetrarvi e uscirne senza rischi? Ebbene, bisognava allestire un'area intermedia, una zona grigia – una camera di compensazione con una doccia chimica di qualche tipo. In qualche punto di quell'edificio viveva con ogni probabilità una forma di vita del Quarto Livello, e cresceva, si moltiplicava, *esplodeva* all'interno dei suoi ospiti, scimmie e forse esseri umani. Uno degli ospiti più probabili era il veterinario della Hazleton, Dan Dalgard.

Ore 20:00

Dan Dalgard lasciò l'USAMRIID per tornare nel suo ufficio di Leesburg Pike, dove arrivò intorno alle otto. Tutti gli altri erano già andati a casa, e i locali erano deserti. Dan raddrizzò la scrivania, spense il computer e ne estrasse il *floppy disk* su cui era memorizzata la sua «Cronologia degli eventi». Infilò il dischetto nella valigetta e, dopo aver salutato la guardia che sedeva nell'ingresso, ripartì verso casa. Lungo la strada, rammentò di non aver avvertito sua moglie che sarebbe tornato tardi, e per farsi perdonare fece sosta in un supermercato Giant dove comprò un mazzo di fiori recisi, garofani e crisantemi. Arrivato a casa, si riscaldò la cena nel forno a microonde e con il piatto in mano si trasferì in tinello dove sua moglie stava già mangiando seduta davanti al televisore. Dan era esausto. Dopo cena, mise un altro ceppo nella stufa a legna e sedette davanti al suo personal, collocato vicino al banco da lavoro su cui riparava gli orologi. Inserì il dischetto e cominciò a digitare.

Erano accadute talmente tante cose che faceva fatica a ricordarle tutte. In mattinata aveva appreso che Jarvis Purdy, uno degli addetti alle scimmie, era stato ricoverato in ospedale, ufficialmente per un attacco cardiaco. Jarvis al momento stava riposando, e le sue condizioni erano stazionarie. Devo o no notificare all'ospedale la possibilità che sia stato contagiato da Ebola? si chiese Dalgard. Se così fosse, e il contagio dovesse diffondersi, ne sarei responsabile? Gesù! Sarà meglio che domattina presto mandi qualcuno all'ospedale, perché informi Jarvis di quanto sta succedendo. Se venisse a saperlo dal notiziario, rischierebbe come minimo un altro attacco di cuore!

Aveva già provveduto a munire gli altri custodi di maschera antigas, li aveva ragguagliati su quanto si sapeva circa la trasmissione di Ebola e Marburg negli esseri umani, e aveva sospeso tutte le operazioni di routine tranne la somministrazione del cibo, l'osservazione e la pulizia dei locali riservati agli animali. Aveva quindi informato il personale del laboratorio di Leesburg Pike – che si stava occupando del sangue e dei campioni di tessuto della scimmia – della necessità di manipolare quei campioni *come se fossero* stati infettati dal virus dell'AIDS.

Devo ricordarmi di avvertire i laboratori a cui abbiamo inviato animali di contattare il CDC in caso di decessi insoliti. Poi ci sono i tecnici che hanno lavorato al sistema di condizionamento. E naturalmente il servizio di lavanderia. Non c'cra stato anche un tecnico dei telefoni, di recente? Forse la settimana scorsa... non riesco a ricordare di preciso quando. Cristo santo! Mi è sfuggito qualcosa?

Stava ancora lavorando al computer quando squillò il telefono. Era Nancy Jaax. Con voce stanca, gli comunicò di aver appena terminato l'autopsia dei sette animali. Le anomalie riscontrate, disse, avrebbero potuto attribuirsi alla febbre emorragica delle scimmie come a Ebola. Un risultato, insomma, a dir poco ambiguo.

22

RICOGNIZIONE

30 novembre, giovedì

Quando si svegliò il mattino dopo – si era a giovedì ed era passata una settimana esatta dal giorno del ringraziamento – Dan Dalgard aveva deciso di invitare l'esercito a ripulire la Stanza H, focolaio dell'esplosione epidemica. Telefonò a C.J. Peters per comunicargli la sua decisione. La notizia che Dalgard aveva concesso l'autorizzazione per un'operazione di contenimento di rischio biologico si diffuse istantaneamente per tutto l'USAMRIID.

Il colonnello Jerry Jaax convocò in riunione tutti gli ufficiali del suo staff, più due sergenti. I loro nomi erano: maggiore Nathaniel (Nate) Powell, maggiore Mark Haines, capitano Steven Denny, sergenti Curtis Klages e Thomas Amen. Fu invitato anche un civile, un addetto alla custodia degli animali di nome Merhl Gibson. A questi uomini, che costituivano il nucleo della sua squadra, Jaax domandò con noncuranza: «Volete andare a Reston?». Alcuni di loro non ne avevano mai neppure sentito parlare. Jerry illustrò brevemente la situazione e concluse con queste parole: «Ci sono delle scimmie che devono essere sottoposte a eutanasia, e mi piacerebbe che foste voi a occuparvene. Ci state?». Acconsentirono tutti. Jerry immaginava che anche Nancy sarebbe stata della partita. Si sarebbero trovati nella zona di operazione allo stesso momento. Pensò che l'indomani Jaime e Jason avrebbero dovuto cavarsela da soli.

La squadra si sarebbe introdotta nella casa delle scimmie, avrebbe raggiunto la stanza indicata e ucciso gli animali, dopodiché avrebbe prelevato dei campioni di tessuto da portare all'Istituto per essere analizzati. I partecipanti avrebbero lavorato con indosso le tute di protezione, in condizioni di biocontenimento del Quarto Livello, e poiché l'ora era fissata per le 05:00 dell'indomani mattina, avevano meno di ventiquattro ore per prepararsi. Proprio in quel momento Gene Johnson stava recuperando la sua attrezzatura.

Johnson si recò in Virginia il giorno seguente e arrivò alla casa delle scimmie a metà mattina; intendeva effettuare una prima ricognizione, per farsi un'idea della pianta dell'edificio, decidere dove allestire la camera di compensazione e la zona grigia, e le modalità di inserimento per la squadra. Lo accompagnava il sergente Curtis Klages, che quel giorno indossava la tenuta di fatica. Entrando nel parcheggio, videro il furgone di un'emittente televisiva parcheggiato di fronte alla struttura; il cronista e la sua troupe indugiavano lì vicino a bere il caffè in attesa che succedesse qualcosa. Bastò quella vista a innervosire Gene. Andarono a fermarsi sotto un *liquidambar* ed entrarono dalla porta principale.

Dentro, furono aggrediti da un intenso fetore. Accidenti, pensò il sergente Klages, non dovremmo entrare qui senza la tuta addosso. Qualcosa di brutto stava succedendo in quel fabbricato, così straordinariamente simile a una caverna piena di scimmie... a Kitum Cave... aria stagnante, niente finestre, e dappertutto escrementi e pozze di urina. Tutto questo maledetto posto potrebbe essere caldo, ogni sua superficie. I custodi, riluttanti a entrare nelle stanze dov'erano ospitate le scimmie, avevano smesso di pulire.

Trovarono Bill Volt e a lui spiegarono che volevano effettuare una ricognizione per decidere le modalità dell'azione prevista per l'indomani. Reclinarono il suo invito ad accomodarsi; non volevano sedersi, e senza la protezione dei guanti non volevano toccare nulla. Volt, uno zuccherodipendente, offrì loro una scatola piena di *Life Savers, Bit O'Honeys* e *Snickers bar*... «Servitevi pure» disse. Orripilato, il sergente Klages fissò i dolciumi borbottando: «No, grazie». Non li avrebbe toccati per nulla al mondo.

Gene voleva vedere la Stanza H, ma si trovava sul retro e lui non se la sentiva di attraversare tutto l'edificio, poco desideroso di respirare troppo a lungo quell'aria malsana. Gironzolando qua e là, scoprì un percorso alternativo; adiacente alla casa delle scimmie c'era un annesso deserto, probabilmente abbandonato da tempo, perché mancava l'elettricità e i pannelli del soffitto stavano cedendo. Armato di torcia elettrica, Johnson fece il giro delle stanze buie. Sembra un'area bombardata, pensò.

Trovò una porta che si apriva direttamente su un magazzino della casa delle scimmie e da cui partiva un corridoio senza finestre che si inoltrava profondamente nella struttura. Il corridoio, decise, sarebbe diventato la camera di compensazione mentre il magazzino sarebbe stato adibito ad area di preparazione. Lì, lontani dalle telecamere dei curiosi, i membri della squadra avrebbero indossato le tute. Disegnò una piantina su un foglio di carta e quando se la fu bene impressa nella mente, tornò sui suoi passi e disse a Volt che la zona sul retro avrebbe dovuto essere sigillata ermeticamente. Non si poteva rischiare che l'agente passasse dalla Stanza H ai locali sul davanti, dov'erano gli uffici. Gene era deciso a ridurre al minimo l'afflusso di aria contaminata nella parte anteriore del fabbricato.

L'ingresso che lui aveva utilizzato venne sigillato con il nastro adesivo marrone in dotazione all'esercito: la prima linea di difesa contro un agente caldo. Da quel momento, spiegò Gene ai dipendenti della Hazleton, nessuno avrebbe dovuto toccare il nastro, né entrare in quelle stanze a eccezione dei militari, e questo finché la Stanza H non fosse stata resa di nuovo agibile. Ciò che Gene ignorava era che esisteva un altro modo per entrare nelle stanze sul retro, e senza alcun bisogno di strappare il nastro adesivo.

Alle undici e trenta del mattino, il colonnello Nancy Jaax e il colonnello C.J. Peters si presentarono negli uffici della Hazleton Washington, in Leesburg Pike, per incontrarsi con Dan Dalgard e parlare ai ricercatori del laboratorio che erano stati a contatto con i tessuti e il sangue delle scimmie ammalate. Dato che il CDC era ora competente per quanto riguardava l'eventuale incidenza di Ebola sugli esseri umani, contemporaneamente a loro arrivò anche Joe McCormick. Il personale di laboratorio che aveva maneggiato i campioni contaminati era costituito in gran parte da donne, alcune delle quali spaventatissime. Quella mattina, mentre si recavano al lavoro, avevano appreso dal notiziario radio che in Africa il virus Ebola aveva ucciso centinaia di migliaia di persone. Era naturalmente una grossa esagerazione, ma il commentatore ignorava quanto stava accadendo a Reston e ora le donne temevano di essere condannate. «Ne abbiamo sentito parlare alla radio» dissero a Jaax e a McCormick.

Nancy Jaax sostiene che Joe McCormick parlò a lungo nel tentativo di calmarle, ma che il racconto delle sue esperienze africane ebbe il solo effetto di spaventare ancora di più le sue ascoltatrici. Secondo Nancy, illustrò i casi di Ebola che aveva incontrato in Africa, e spiegò che personalmente lui non temeva il virus. Per qualche motivo, questo sembrò sconvolgerle ancora di più, e a un certo punto una di loro si alzò e disse: «A noi non interessa se lei è stato in Africa e quello che ha fatto laggiù; vogliamo sapere se ci ammaleremo oppure no!».

McCormick, da parte sua, nega addirittura di aver parlato con le ricercatrici. A me disse: «Fu Nancy Jaax ad affrontare con loro la questione Ebola. Non sono neppure certo che sapessero chi ero».

In compenso, non c'è da dubitare della conversazione fra Nancy e le impiegate del laboratorio. Lei stessa afferma che la vista di una donna con indosso l'uniforme da colonnello le rassicurò moltissimo. «Qualcuna di voi ha rotto una provetta nel maneggiare i campioni?» domandò Nancy. «C'è *qualcuno* qui che si è punto con un ago o si è tagliato?»

Nessuno alzò la mano.

«In questo caso, non ci saranno problemi di sorta.»

Pochi minuti dopo, Dan Dalgard si rivolse a C.J. Peters per proporgli: «Mentre il dottor McCormick si trattiene con i dipendenti, perché voi non mi accompagnate all'alloggio dei primati?».

Era l'occasione che tanto avevano aspettato.

Quando arrivarono a destinazione, Gene Johnson aveva già provveduto a sigillare le stanze sul retro e l'ingresso principale con il nastro adesivo. Nancy, C.J. e Dan Dalgard fecero il giro del fabbricato e dopo essersi messi guanti di gomma e mascherine di carta, entrarono nella Stanza H. Fu con una certa preoccupazione che Nancy e C.J. notarono come gli addetti alle scimmie che circolavano nell'edificio non portassero respiratori, a dispetto degli ordini di Dalgard. Quella evidente trascuratezza li innervosì, ma non fecero commenti. Adesso che erano riusciti a entrare, non volevano correre il rischio di offendere qualcuno muovendo delle critiche.

Nella Stanza H, Dalgard indicò loro gli animali ammalati. «Quello sta male, quello laggiù ha l'aria ammalata, e questo anche.» Le scimmie erano tranquille e silenziose, anche se di tanto in tanto una si alzava per aggrapparsi alle sbarre della gabbia e scuoterle. Nancy si guardò intorno, standо ben attenta a mantenersi a una certa distanza e a non inspirare profondamente. Alcuni esemplari erano già morti – c'erano gabbie vuote nella stanza – e un numero ancora superiore era palesemente sofferente. Se ne stavano seduti sul fondo delle gabbie, completamente passivi e col muso privo di espressione, e non mangiavano i loro biscotti. A certi, notò lei, colava il naso. Si mosse con cautela, evitando di guardarli direttamente, perché non voleva che una delle scimmie, irritata, le sputasse addosso. Le scimmie hanno buona mira, e generalmente quando sputano mirano al viso, e Nancy temeva soprattutto che potessero colpirla agli occhi, dato che Ebola dimostrava una speciale predilezione per questi organi. Quattro o cinque particelle virali su una palpebra erano probabilmente tutto quello che serviva per provocare il contagio.

Notò anche un'altra cosa che la spaventò. La Hazleton non aveva provveduto a limare i canini che nelle scimmie hanno più o meno le dimensioni di quelli di un cane di grossa taglia, e sottovalutarli può costare caro. Una scimmia può mordere, correre con sorprendente rapidità, coprire a balzi lunghe distanze e usare la coda per stringere o agganciarsi da qualche parte. Inoltre, ha un cervello. Una scimmia arrabbiata è come un pit-bull con cinque zampe prensili, pensò Nancy – se ne ha voglia, può farti parecchio male. Quando attacca, una scimmia punta al viso e alla testa; ti afferra il capo usando i quattro arti, dopodiché ti circonda il collo con la coda in modo da avere una buona presa e comincia a morderti sul viso, puntando soprattutto agli occhi. Un'abitudine che può diventare oltremodo spiacevole se l'animale in questione è stato contagiato da Ebola. In un combattimento accanito, un uomo alto un metro e ottanta può trovare un degno avversario in una scimmia che pesi meno di otto chili. Gli sarà impossibile arginare i suoi rapidissimi attacchi, e alla fine si ritroverà quasi certamente ad aver bisogno di centinaia di punti e forse sarà diventato cieco. Jerry e la sua squadra avrebbero dovuto stare estremamente attenti.

Quella sera, Jerry tornò a casa da solo. Nancy era andata in laboratorio per continuare le analisi sui campioni prelevati dalle scimmie, e lui non sapeva quando sarebbe rientrata.

Si era appena tolto l'uniforme quando squillò il telefono. Era il fratello di Nancy che chiamava dal Kansas per informarli che le condizioni del padre peggioravano sempre più e che la fine sembrava ormai prossima. Nancy, disse, avrebbe fatto bene a prepararsi al peggio. Jerry spiegò che quella sera sua moglie lavorava fino a tardi e assicurò al cognato che le avrebbe trasmesso il messaggio.

Accompagnato da Jason, risalì in macchina e guidò per mezz'ora in direzione di Washington, per andare a prendere Jaime in palestra. Decisero di fermarsi a cena da McDonald's. Mentre mangiavano, Jerry informò i ragazzi che la mamma sarebbe rientrata tardi. «Domani mattina abbiamo un incarico importante da sbrigare in una struttura civile» spiegò. «Certe scimmie si sono ammalate ed è necessario agire con tempestività. Usciremo molto presto e con ogni probabilità non rientreremo fino a tardi. Voi due dovrete cavarvela da soli.» Poi aggiunse: «Non è escluso che le scimmie possano contagiare degli esseri umani».

«Ma non c'è un vero pericolo, giusto?» volle sapere Jaime, masticando il suo pollo.

«Be', no, in realtà no. Direi che è una situazione più eccitante che pericolosa. E in ogni caso, non abbiamo scelta.»

Jason disse di aver sentito qualcosa al riguardo durante il notiziario televisivo.

«Io credo che la vostra mamma faccia un lavoro decisamente insolito» osservò Jerry. E pensò, non riuscirò mai a fargli capire quanto è vero.

Tornarono a casa verso le nove e mezzo, e non fu facile convincere i ragazzi ad andare a letto. Forse, a dispetto della loro apparente indifferenza, avevano paura di quello che stava succedendo, ma non sapevano come dar voce ai loro timori. Più probabilmente, si disse Jerry, intuivano che l'assenza della madre era un'ottima opportunità per fare di testa loro. Quando dichiararono di volerla aspettare alzati, lui pensò che avrebbe fatto lo stesso. Li mandò a infilarsi il pigiama e acconsentì a che si acciambellassero sul materasso ad acqua dalla parte di Nancy. In camera c'era un televisore, e lui ne approfittò per guardare il notiziario delle undici. In piedi davanti alla casa delle scimmie, un commentatore stava parlando dei decessi in Africa, ma ormai Jaime e Jason si erano addormentati. Per un po', Jerry pensò al fratello morto, poi prese un libro e si sforzò di leggere.

Era ancora sveglio quando Nancy tornò a casa, all'una del mattino. Aveva l'aria fresca e pulita perché aveva fatto una doccia e si era lavata i capelli dopo aver lasciato il Quarto Livello.

Un'occhiata le fu sufficiente per accorgersi che Jerry non aveva pensato agli animali. Fu quindi lei a dar da mangiare ai cani e ai gatti di casa e a cambiare l'acqua nelle loro ciotole. Passò anche da Herky, il pappagallo, che aveva cominciato a starnazzare nell'attimo stesso in cui aveva visto i gatti avventarsi sul cibo. Anche lui voleva un po' di attenzione. «Mamma! Mamma!» Appeso a testa in giù al suo trespolo, Herky sghignazzava come un folle, gridando: «Uccello cattivo! Uccello cattivo!». Nancy lo tirò fuori dalla gabbia e cominciò ad accarezzarlo sulla testa. Quando le si appollaiò sulla spalla, gli lisciò le penne arruffate.

Di sopra, trovò i bambini addormentati vicino al padre. Prese in braccio Jaime e la portò in camera sua, mentre Jerry faceva lo stesso con Jason – stava diventando troppo grande per poter dormire con loro.

Poi finalmente poterono infilarsi a letto. «Ho la sensazione che non riusciranno a impedire al virus di diffondersi nelle altre stanze» confessò Nancy, preoccupata. Era un agente troppo maledettamente contagioso per restarsene in un unico ambiente, e lei non aveva dimenticato le parole di Gene Johnson: «Non sappiamo con esattezza che cosa ha fatto Ebola in passato, e non sappiamo quello che farà in futuro».

Fu allora che Jerry le riferì il messaggio del fratello. Subito Nancy cominciò a sentirsi in colpa per non essere accanto al padre, ad assisterlo negli ultimi istanti di vita. Non sarebbe stato suo dovere abbandonare la missione e partire subito per il Kansas? In fondo, tutti gli altri partecipanti erano volontari. Ma lei era il capo del reparto patologia dell'Istituto, e sentiva di non potersi tirare indietro. Sarebbe rimasta, decise in ultimo, e avrebbe corso il rischio, nella speranza che suo padre tenesse duro un altro po'.

PARTE TERZA

SFONDAMENTO

23

L'INSERIMENTO

1º dicembre, venerdì

La sveglia suonò alle quattro e mezzo. Jerry Jaax si alzò, si rase e si lavò i denti, si vestì alla bell'e meglio e pochi minuti dopo era per strada. Gli accordi prevedevano che i membri delle squadre si presentassero sul luogo dell'operazione in abiti civili, così da non attirare l'attenzione dei *media*. Gente in uniforme e tuta mimetica che si abbigliava come astronauti – proprio quello che ci voleva per scatenare il panico.

Erano le cinque e il cielo era ancora buio quando arrivò all'Istituto. Già parecchia gente si era radunata vicino a una banchina di carico su un lato dell'edificio, inondato dalla luce dei riflettori. Durante la notte era gelato e nuvolette di vapore condensato salivano dalle labbra degli uomini. Gene Johnson, il Cavaliere Bianco della guerra biologica, camminava avanti e indietro lungo la banchina, circondato da una catasta di bauli militari rivestiti di tessuto mimetico – l'attrezzatura riportata da Kitum Cave. I bauli contenevano tute biologiche da campo, confezioni di batterie, guanti di gomma, camici, siringhe, aghi, farmaci, strumenti per la dissezione, uno o due kit chirurgici, forbici con la punta smussata, bottiglie di plastica, contenitori per campioni, conservanti, borse con il marchio del fiore rosso, simbolo del pericolo di contaminazione biologica, e un nebulizzatore da giardino per spruzzare il disinfettante sugli oggetti da decontaminare. Con una tazza di caffè in mano, Gene ringhiò rivolto ai soldati: «*Che nessuno tocchi i miei bauli*».

Arrivò un anonimo furgone bianco. Gene vi caricò la sua roba e partì per Reston. La missione era iniziata.

A quell'ora, copie del «Washington Post» venivano lanciate nei vialetti delle case di tutta la zona. La casa delle scimmie aveva avuto l'onore della prima pagina:

IL MICIDIALE VIRUS EBOLA SCOPERTO IN ALCUNE SCIMMIE DI LABORATORIO IN VIRGINIA

Uno fra i virus più letali che siano mai stati isolati ha fatto per la prima volta la sua comparsa negli Stati Uniti, introdottovi da un carico di scimmie importate dalle Filippine da un laboratorio di ricerca di Reston.

Una *task force* di esperti di malattie contagiose, federali e di stato, hanno dedicato buona parte della giornata di ieri alla messa a punto di un progetto destinato a individuare il percorso seguito da questo raro agente patogeno e le persone che forse a esso sono state esposte: i quattro o cinque custodi che si prendevano cura degli animali (per precauzione questi ultimi sono stati uccisi) e chiunque altro abbia avuto contatti con i primati.

I funzionari federali e le autorità sanitarie hanno ridimensionato la possibilità che qualcuno sia stato effettivamente contagiato dal virus, il cui tasso di mortalità oscilla tra il cinquanta e il novanta per cento e che può essere altamente contagioso per chi entra in contatto diretto con le sue vittime. Non esistono vaccini conosciuti.

«La preoccupazione c'è ed è legittima, ma nessuno si è lasciato prendere dal panico» ha dichiarato il colonnello C.J. Peters, medico e virologo di grande esperienza.

C.J. sapeva che se la gente fosse venuta a conoscenza delle potenzialità di Ebola, in uscita della città si sarebbero creati terribili ingorghi, e madri terrorizzate si sarebbero lanciate davanti alle telecamere gridando: «Dove sono i miei bambini?». Quando aveva parlato con i cronisti del «Washington Post», era stato attento a non accennare agli aspetti più drammatici dell'operazione. («Pensai che non fosse una buona idea parlare di tute biologiche di protezione» mi spiegò molto più tardi.) Era stato inoltre molto attento a non usare termini militari che potessero suonare inquietanti, come «amplificazione», «catena di trasmissione letale», «implosione», o «elevato stato d'allarme». Si stava preparando un'operazione militare ad altissimo rischio biologico in un sobborgo di Washington, e non era il caso che il «Post» venisse a saperlo.

In sostanza, buona parte dell'operazione di biocontenimento stava nel *contenimento delle notizie*, e le dichiarazioni di C.J. Peters erano tese a suscitare l'impressione che si trattasse di un'operazione di routine, perfettamente sotto controllo. Non era vero, naturalmente, ma Peters sapeva essere convincente quando voleva, e con i giornalisti usò i toni più affabili, assicurando loro per telefono che davvero non c'era nessun problema, si trattava di procedure standard e nulla di più.

Di fatto, l'esercito non aveva mai tentato un'operazione del

Quarto Livello di rischio biologico contro un agente caldo in via di amplificazione. Quanto al grado di sicurezza garantito dalla strategia elaborata – ebbene, per scoprire quale fosse non restava che metterla in atto. Peters intuiva che la maggiore garanzia era data dalla tempestività. All'interno di quell'edificio c'erano cinquecento scimmie, pari a circa tre tonnellate di carne infetta – un reattore nucleare biologico con un nucleo in fusione. E a mano a mano che il nucleo bruciava, l'agente si sarebbe amplificato enormemente.

C.J. arrivò alla banchina di carico alle cinque del mattino. Contava di accompagnare il gruppo alla casa delle scimmie e di assistere all'ingresso della squadra di Jerry, per poi tornare all'Istituto ad affrontare i *media* e le agenzie governative.

Alle sei e trenta diede l'ordine di partenza, e la colonna di veicoli varcò il cancello principale di Fort Detrick e puntò a sud, in direzione del fiume Potomac. Erano macchine prive di contrassegni – le auto di famiglia degli ufficiali – e i loro occupanti indossavano abiti civili, così da avere l'aria di normali pendolari. Anche i due mezzi militari che le precedevano erano privi di contrassegni. Uno era un'ambulanza bianca – in realtà, un ambiente di biocontenimento del Quarto Livello, su cui viaggiava una squadra di medici militari e un elemento mobile di biocontenimento noto come lettiga a bolla: una barella da campo racchiusa in una bolla di plastica trasparente. Se qualcuno fosse stato morso da una scimmia, sarebbe stato introdotto nella bolla per essere trasferito alla Segreta, da cui forse sarebbe uscito solo per l'ultimo viaggio fino al sottomarino (l'obitorio del Quarto Livello). C'era anche una cassa frigorifera bianca destinata alla conservazione di scimmie morte e campioni sanguigni.

Nessuno era in uniforme, sebbene alcuni occupanti dell'ambulanza portassero tute da fatica. Il convoglio attraversò il Potomac all'altezza di Point of Rocks, e raggiunse Leesburg Pike proprio quando il traffico si andava facendo più intenso. Si procedeva a passo d'uomo e ben presto i passeggeri cominciarono a innervosirsi. Impiegarono due ore ad arrivare alla casa delle scimmie, disputando ogni precedenza a pendolari di cattivo umore. Finalmente entrarono nel centro direzionale, ormai affollatissimo, costeggiarono il fianco della Reston Primate Quarantine Unit, e andarono a fermarsi sul retro, lontani da occhi curiosi. Da quella parte, il muro dell'edificio era in mattoni, interrotto solo da poche finestre strette e da una porta a vetri. Proprio quella porta era il punto di inserimento. Il furgone su cui viaggiava Gene si arrestò lì davanti.

Sul bordo del prato retrostante, un filare di alberi e di cespugli digradava lungo il pendio di una collina. Al di là di esso, si intravvedeva un giardino pubblico e, lì accanto, un asilo. Si sentirono delle grida infantili, e quando gli uomini guardarono in mezzo ai cespugli videro dei bambini sui quattro anni che si dondolavano sull'altalena e si rincorrevano sull'erba. L'operazione sarebbe stata condotta proprio nelle loro vicinanze.

Jerry Jaax studiò la pianta dell'edificio. Lui e Gene Johnson avevano deciso che i membri della squadra indossassero le tute quando erano già all'interno, così da non attirare la curiosità di eventuali troupe televisive.

Jerry sarebbe stato il primo a entrare, accompagnato da uno dei suoi ufficiali, un capitano dei Berretti Verdi che rispondeva al nome di Mark Haines. Di bassa statura, con un corpo sottile come una fune e altrettanto resistente, Haines aveva seguito il corso di sub dei Berretti Verdi e gli era capitato di doversi paracadutare di notte in mare aperto con indosso la muta.

(«Da civile non faccio più immersioni» mi raccontò in un'occasione. «Ma gran parte del mio lavoro di sub l'ho svolto in Medio Oriente.») Il capitano Haines non era un uomo da soffrire di claustrofobia o da lasciarsi prendere dal panico; perdipiù, era un veterinario e conosceva bene le scimmie.

A bordo del mezzo di appoggio, protetti da un telo di plastica, Jaax e Haines si spogliarono, rabbrividendo per il freddo. Indossarono i camici chirurgici, poi scesero e attraversato il prato aprirono la porta a vetri ed entrarono nel magazzino adibito ad area di preparazione, dove una squadra di supporto – la squadra dell'ambulanza, agli ordini del capitano Elizabeth Hill – li aiutò a indossare le tute biologiche. Per entrambi gli uomini si trattava della prima volta.

Le tute arancioni, di marca Racal e progettate per l'utilizzo sul campo in presenza di agenti biologici, erano dello stesso modello di quelle utilizzate a Kitum Cave, anzi, alcune di esse erano tornate dall'Africa nei bauli di Gene Johnson. Al posto del casco la tuta, che era pressurizzata, aveva una sorta di bolla di plastica morbida e trasparente. L'aria era pompata da un motorino elettrico che la aspirava dall'esterno e la purificava attraverso appositi filtri antivirus. Le tute Racal fornivano le stesse prestazioni delle Centurion; proteggevano tutto il corpo da eventuali agenti caldi e lo circondavano di aria superfiltrata. Di solito, i militari non si riferivano alle Racal come a tute spaziali, limitandosi a chiamarle semplicemente Racal o tute da campo; ma erano a tutti gli effetti delle tute spaziali biologiche.

Dopo che Jaax e Haines ebbero infilato i guanti, gli altri provvidero a fissarli alle maniche, così da non lasciare fessure. Sopra le scarpe da ginnastica, calzarono stivali di gomma alla Topolino, di un bel giallo vivo. Anche gli stivali vennero assicurati alla tuta, all'altezza delle caviglie. A quel punto, Jerry si sentiva ormai terribilmente teso.

Per anni, aveva indottrinato Nancy sul pericolo di lavorare con Ebola; perfino le operazioni di routine al Quarto Livello gli ispiravano un certo disagio, ed ecco che ora si preparava a guidare una squadra in un inferno Ebola. Ma non era per sé che si preoccupava. Lui era un ufficiale, in quanto tale era sacrificabile e lo sapeva. E chissà, forse lì dentro sarebbe riuscito a non pensare a John. Attivò il dispositivo di espansione elettrica e subito la tuta si dilatò intorno a lui. Non era una sensazione spiacevole, ma lo faceva sudare abbondantemente. La porta era proprio lì davanti. Con la piantina stretta nella mano, rivolse un cenno al suo compagno. Anche Haines era pronto.

Entrarono. Immediatamente le strida delle scimmie si fecero più forti. Si trovavano in un corridoio di calcestruzzo di scorie, buio e privo di finestre con una seconda porta che si apriva in fondo; era quella la camera di compensazione, la cosiddetta zona grigia. Una regola fissa in quegli ambienti era la proibizione di aprire contemporaneamente le due porte – questo per impedire che l'aria contaminata affluisse nell'area di preparazione. La porta si chiuse alle loro spalle e il corridoio precipitò nelle tenebre più totali. Maledizione. Abbiamo dimenticato le torce elettriche. Troppo tardi, ormai. Questo maledetto posto è scuro come una grotta. Tastando le pareti con le mani, cominciarono ad avanzare.

Nancy Jaax svegliò i figli alle sette e mezzo. Come sempre, fu un problema convincere Jason ad abbandonare il letto e dopo un po', vedendo che i suoi incitamenti non sortivano alcun effetto, Nancy fece entrare in camera uno dei cani, un *bouvier* di nome Blackjack. Il cane, che pesava quaranta chili e conosceva il suo lavoro, si tuffò sul letto e con la grossa lingua prese a leccare forsennatamente il viso del ragazzo; fu sufficiente perché Jason saltasse fuori dalle coperte.

Dopo aver infilato i pantaloni di una tuta e una felpa, Nancy scese in cucina, accese la radio sintonizzandola su una stazione che trasmetteva musica rock e aprì una Diet Coke. La musica era quello che le ci voleva per ingranare al mattino, e aveva lo stesso effetto anche su Herky, che cominciò a sbraitare a tempo con John Cougar Mellencamp. È un fatto che i pappagalli hanno forti reazioni alla chitarra elettrica, pensò lei. Mentre i ragazzi mangiavano il *porridge* istantaneo seduti al tavolo della cucina, lei li informò che quella sera avrebbe lavorato fino a tardi; loro avrebbero dovuto cenare da soli. Nel congelatore c'era dello stufato già pronto; bastava che lo scongelassero nel forno a microonde. Dalla finestra, indugiò a guardarli discendere il viale fino alle pendici della collina, dov'era la fermata dello scuolabus... «Questo non è un lavoro per donne sposate. Finirà col trascurare o il lavoro o la famiglia» le aveva detto un suo superiore molto tempo prima.

La colazione di Nancy fu spartana: un *bagel* e una mela che mangiò durante il tragitto in auto. Quando arrivò a Reston, Jerry era già nella casa delle scimmie e l'area di preparazione era affollata, calda e piena di confusione. Gli esperti di tute spaziali biologiche stavano impartendo le necessarie istruzioni ai membri della squadra che si preparavano a entrare. Uno degli esperti era Merhl Gibson, uno dei custodi addetti agli animali, che le usava da anni e che del lavoro in condizione di elevato rischio di contaminazione biologica ne sapeva più dei militari stessi. La stessa Nancy non aveva mai indossato una Racal, ma sapeva che i princìpi di funzionamento erano gli stessi della Centurion. L'importante era ricordare sempre che la tuta era un bozzolo di mondo normale che ti portavi dietro nella zona calda. Uno strappo era sufficiente perché il mondo normale si dileguasse, esponendoti al pericolo. «Tutte le tute sono pressurizzate» disse agli altri. «Se vi accorgete di esservi procurati uno strappo, sigillatelo immediatamente; in caso contrario la pressione diminuirà e nella tuta entrerà aria contaminata.» Prese un rotolo di nastro adesivo marrone e lo sollevò perché tutti potessero vederlo. «Prima di entrare, mi avvolgerò questo intorno alla caviglia – seguite i miei movimenti.» Arrotolò più volte il nastro intorno alla caviglia, usando la tecnica adottata per bendare una caviglia slogata. «In questo modo potrete strapparne un pezzo in qualunque momento e usarlo per chiudere eventuali fori o squarci» spiegò. «Ricordate che un piccolo incidente può sempre capitare ed è imperativo potervi porre subito rimedio.»

Poi parlò di Ebola. «Se queste scimmie sono state infettate, saranno talmente piene di unità virali che un solo morso costituirebbe un'esposizione massiccia. Gli animali contagiati da Ebola disperdono enormi quantità di virus, e non dimenticate che le scimmie sanno muoversi in fretta. Un morso equivarrebbe a una condanna a morte. State attenti, quindi. Controllate ogni vostro gesto. Se vi sporcate di sangue la tuta, interrompete quello che state facendo e pulitela subito. Eliminate immediatamente ogni traccia di sangue anche dai guanti. Un guanto insanguinato non consente di vedere eventuali fori. Un'altra cosa: è meglio che non beviate quantità eccessive di caffè né di altri liquidi prima di entrare. Ricordatevi che dovrete portare la tuta per un periodo piuttosto lungo.»

Le batterie di pressurizzazione delle Racal avevano un'autonomia di sei ore. I membri della squadra avrebbero dovuto lasciare la zona calda e passare alla decontaminazione prima dello scadere del tempo, o si sarebbero trovati in guai seri.

Jerry Jaax e il capitano Mark Haines procedevano a tentoni lungo il corridoio buio. Arrivati alla porta che conduceva nella zona calda, la aprirono e si ritrovarono nel punto di intersezione di due corridoi, aggrediti da una cacofonia di urla scimmiesche. L'impianto di condizionamento non funzionava, e benché fosse una giornata fredda, lì dentro la temperatura doveva aggirarsi intorno ai trentatré gradi. Il casco di Jerry si era appannato e solo dopo averne deterso la visiera, poté guardarsi intorno: le pareti erano grige, in calcestruzzo di scorie, e l'impiantito di cemento. Improvvisamente notò un movimento alla sua sinistra, e girando la testa vide due dipendenti della Hazleton che avanzavano verso di loro. Che diavolo ci facevano lì? L'area non era stata interamente sigillata? In realtà, i due erano entrati seguendo un altro percorso che passava per un magazzino. Portavano respiratori, ma nulla a protezione degli occhi e si fermarono di colpo, raggelati, nel vedere le due figure in tuta. Nei loro occhi sbarrati, Jerry colse stupore e sconcerto, quasi avessero improvvisamente scoperto di trovarsi sulla Luna. Non sapeva cosa dire, e in ultimo si decise a gridare: «*Da che parte per la Stanza H*?».

I dipendenti gli fecero strada fino alla stanza infettata, in fondo al corridoio, poi tornarono nella zona riservata agli uffici, dove Dan Dalgard era rimasto in attesa dell'esercito. Poco dopo, anche lui faceva la sua comparsa nella Stanza H. Era munito soltanto di respiratore, e Jerry lo guardò come avrebbe guardato qualcuno che si fosse presentato nudo a un appuntamento.

Era evidente che Dalgard non si era reso conto dell'equipaggiamento che l'esercito aveva scelto per la missione. Straordinariamente nervoso, li accompagnò in una sorta di tour della Stanza H. «Mi sembra che di scimmie ammalate ne abbiamo parecchie» osservò. Alcuni degli animali impazzirono nel vedere le tute, e cominciarono a girare in tondo nelle loro gabbie, oppure si rintanarono in un angolo, spaventatissime. Altre, invece, fissavano gli esseri umani con uno sguardo privo di espressione.

«Vedete i sintomi clinici» riprese Dalgard indicandone una. «In genere capisco sempre quando una scimmia sta per ammalarsi. Diventa depressa, non mangia più e nel giro di un paio di giorni muore.»

Jerry voleva dare un'occhiata a tutti gli animali ospitati nell'edificio, così lui e Haines tornarono in corridoio e da lì presero a ispezionare le stanze una per una. Trovarono altri esemplari in cattive condizioni e, da buoni conoscitori di scimmie quali erano, giudicarono inquietante l'atmosfera che regnava nella struttura. Lì dentro di vivo non c'erano solo le scimmie e gli uomini.

Nancy Jaax si stava preparando a entrare. Dopo essersi cambiata sul mezzo di appoggio, attraversò di corsa il prato ed entrò nell'area di preparazione, dove la squadra di supporto la aiutò a indossare la tuta. Il suo compagno era il capitano Steve Denny, e tutti e due portavano con sé parecchie scatole di siringhe. Percorsero la camera di compensazione e arrivarono alla porta in fondo. Il corridoio che si stendeva al di là di essa era deserto; tutti gli altri si trovavano già nella Stanza H.

Sua moglie, pensò Jerry, nel vederla entrare, quel giorno assomigliava all'Omino Michelin. La tuta le andava troppo larga, e a ogni passo le si gonfiava intorno in modo spropositato.

Nancy notò muco e bava sul naso di alcune scimmie. Dalgard ne scelse quattro da sacrificare, tra quelle che gli sembravano in condizioni peggiori. Iniettò loro il sedativo infilando le braccia nelle gabbie, e quando le vide addormentate, eseguì un secondo giro di iniezioni. Questa volta il cuore delle scimmie si fermò.

La stanza era affollata di gente. Coppie continuavano ad arrivare, e poi si mettevano a gironzolare qua e là senza sapere bene cosa fare. Uno degli uomini, il sergente Curtis Klages, a un certo punto commentò: «*Questo sì che è un autentico Charlie Foxtrot*». In codice, «Charlie Foxtrot» sta a indicare un'operazione militare che si conclude nel caos, con le persone che si urtano l'un l'altra e sbraitano per sapere che diavolo sta succedendo.

Guardando per caso, Nancy si accorse che la tuta del sergente aveva uno strappo all'altezza del fianco. Gli sfiorò il braccio per segnalarglielo, poi si chinò a staccare un pezzo del nastro adesivo che si era avvolta intorno alla caviglia e sigillò lo squarcio.

Fu lei a tirar fuori dalle gabbie le quattro scimmie, prendendole per le braccia e deponendole negli appositi sacchi di plastica che poi trasportò alla porta d'ingresso, dove qualcuno aveva lasciato un nebulizzatore pieno di Clorox e altri sacchi. Nancy infilò in questi ultimi i sacchi contenenti i cadaveri, li spruzzò di Clorox, quindi li caricò nelle «cappelliere» e disinfettò anche quelle. In ultimo, ficcò ciascuna cappelliera in un terzo sacco e ripeté la procedura di decontaminazione. Poi bussò alla porta. «*Sono Nancy Jaax. Sto uscendo.*» Le venne aperto da un sergente, un membro della squadra di decontaminazione. Portava una tuta Racal ed era munito di un nebulizzatore pieno di disinfettante. Spingendo le cappelliere davanti a sé, Nancy passò nella camera di compensazione.

«*Tenga le braccia alzate e giri lentamente su se stessa*» disse il sergente, gridando per farsi sentire al di sopra del ruggito dell'aria. La inondò di disinfettante per cinque minuti buoni, fino a quando il tanfo non fu quasi insopportabile. La sostanza chimica sprigionava una piacevole sensazione di fresco, ma l'odore superò la barriera dei filtri irritando la gola di Nancy. Il sergente disinfettò ancora una volta i sacchi prima di aprire la porta che dava nell'aria di preparazione e finalmente Nancy fu fuori, di nuovo alla luce.

Era madida di sudore, e quando la squadra di supporto l'ebbe liberata della tuta, cominciò a sentire freddo. Attraversò il prato di corsa per andare a rivestirsi.

Intanto, gli incaricati infilavano i sacchi nelle scatole che poi issavano sul furgone congelatore, dove salì anche Nancy. Voleva portare quelle scimmie nel Quarto Livello e aprirle al più presto.

Nella stanza erano rimasti sessantacinque animali. Gene Johnson aveva riportato dall'Africa uno speciale iniettore e fu con quello che Jerry praticò le iniezioni letali. L'iniettore era costituito da un'asta con all'estremità un alloggiamento in cui veniva inserita la siringa. Poiché è noto che le scimmie non nutrono troppa simpatia per gli aghi, per metterle in grado di non nuocere i due utilizzarono il manico di uno spazzolone a cui avevano legato un'imbottitura morbida a forma di U. Con quell'arnese, il capitano Haines immobilizzava l'animale mentre Jerry gli iniettava nella coscia una doppia dose di chetamina, un anestetico a largo spettro. Non appena lo vedeva crollare inerte, Jerry passava a somministrargli una dose di Rompun, un forte sedativo. Quando tutte le scimmie furono addormentate, i due montarono un paio di tavoli in acciaio inossidabile e dopo aver prelevato un campione di sangue da ciascuna, praticavano loro una terza iniezione, questa volta di un farmaco letale noto con la sigla T-61. Una volta che una scimmia era dichiarata clinicamente morta, il capitano Steve Denny provvedeva ad aprirla. Con le forbici prelevava campioni di fegato e milza che poi lasciava cadere negli appositi contenitori di plastica. A lavoro ultimato, infilarono i cadaveri nei sacchi, li ammonticchiarono nelle cappelliere e infine impilarono queste ultime lungo il corridoio.

Nel tardo pomeriggio, tutte le scimmie della Stanza H erano state uccise. Dietro il fabbricato, al di là degli alberi e lungo il pendio della collina, i bambini correvano in cerchio intorno a una casetta costruita per i loro giochi. L'aria limpida di dicembre trasportava lontano le loro grida. Lasciata la zona calda, gli uomini della squadra indugiarono sul prato, di nuovo in abiti civili, i volti pallidi e pensosi. In lontananza, si andavano accendendo i riflettori che illuminavano i monumenti e gli edifici di Washington. Era il venerdì sera della settimana successiva a quella del Ringraziamento, uno degli ultimi weekend tranquilli prima dell'inizio della stagione natalizia. Il vento faceva turbinare attraverso il parcheggio bicchieri di carta e pacchetti di sigarette vuoti. In un ospedale non lontano da lì, Jarvis Purdy, il custode delle scimmie colpito da attacco cardiaco, riposava tranquillo; le sue condizioni restavano stazionarie.

Nancy era di nuovo all'Istituto, dove avrebbe fatto ancora una volta l'una del mattino sezionando scimmie assistita da Ron Trotter. Mentre indossavano nuovamente le tute, c'erano cinque carcasse ad attenderli in camera di compensazione.

Questa volta, i sintomi di Ebola erano evidenti. In alcuni cadaveri Nancy constatò la presenza di quelle che descrisse come «orrende lesioni», causate dal distacco del rivestimento intestinale. Era questo un classico segno di Ebola. L'intestino era completamente pieno di sangue non coagulato, e contemporaneamente la scimmia presentava massicce occlusioni nella muscolatura intestinale. Tali occlusioni avevano bloccato la circolazione sanguigna e di conseguenza le cellule dell'intestino erano morte – ossia tutto l'intestino era morto e si era quindi riempito di sangue. L'intestino morto è una delle caratteristiche di un cadavere già in decomposizione. Stando a quanto la stessa

Jaax disse: «Il decesso sembrava risalire ad almeno tre o quattro giorni addietro». Alcune si erano liquefatte al punto che lei e Trotter non si preoccuparono neppure di eseguire l'autopsia, limitandosi a strappare campioni di fegato e di milza. In sostanza, un certo numero delle scimmie morte nella Stanza H si erano trasformate in mucchietti di ossa e poltiglia tenuti insieme solo dalla pelle e a cui si mescolavano enormi quantità di particelle virali.

4 dicembre, lunedì, ore 07:30

Alba. Il fine settimana era arrivato ed era passato. Il lunedì arrivò accompagnato da un freddo intenso e da un vento che portava con sé un sentore di neve. Nei centri commerciali intorno a Washington splendevano già le decorazioni natalizie. Di lì a poche ore i parcheggi si sarebbero riempiti, adulti e bambini avrebbero invaso i negozi, e i più piccoli si sarebbero messi in fila davanti ai Babbo Natale. Dan Dalgard raggiunse in macchina la casa delle scimmie, solo uno dei tanti pendolari nell'oceano del traffico mattutino.

Si stava dirigendo verso l'ingresso quando notò un uomo fermo lì davanti; era uno dei custodi, e vedendo che indossava una tuta bianca di marca Tyvek, Dalgard si infuriò. Lui stesso aveva dato ordine che nessuno dei dipendenti uscisse dall'edificio con indosso mascherine o tute di protezione. Saltò giù dalla macchina sbattendo con forza la portiera e a passi rapidi raggiunse la porta. Fu solo a quel punto che riconobbe l'uomo, che qui chiameremo Milton Frantig: era curvo su se stesso, le mani sulle ginocchia, e non parve accorgersi di Dalgard – fissava l'erba. Di colpo uno spasimo gli attraversò il corpo e dalla sua bocca fuoriuscì un getto di liquido. Vomitò ancora e ancora, e il rumore dei conati si diffuse per tutto il parcheggio.

24

SI AMMALA UN UOMO

Mentre guardava l'uomo che si vuotava lo stomaco sul prato, Dan Dalgard era così spaventato da temere, sono parole sue, «di farsela addosso». Per la prima volta, l'orrore della crisi in corso alla casa delle scimmie lo investì con tutta la sua forza. Quando i conati si calmarono, Dalgard aiutò Milton Frantig a rimettersi in piedi, lo portò dentro e lo costrinse a sdraiarsi su un divano. Adesso erano due i dipendenti ammalati – perché Jarvis Purdy era ancora ricoverato in ospedale. Sui cinquant'anni e benché non fumasse, Frantig era affetto da una cronica tosse secca. Lavorava con le scimmie e per la Hazleton da più di venticinque anni, e Dalgard lo conosceva bene e lo stimava. Per questo ora si sentiva incredibilmente scosso, pieno di paura e di sensi di colpa: forse avrei dovuto evacuare l'edificio la settimana scorsa, pensava. Ho forse anteposto il bene delle scimmie a quello degli esseri umani?

Milton Frantig era pallido e tremante e disse di sentirsi debole. Ormai non aveva più nulla da rigettare, ma i conati continuavano a squassarlo e Dalgard gli procurò un secchio di plastica. Tra un conato e un colpo di tosse, il custode si scusò per essere uscito con ancora indosso la tuta protettiva. L'aveva appena messa per entrare in una delle stanze riservate alle scimmie, spiegò, quando si era sentito male. Forse a dargli la nausea era stato il cattivo odore che regnava nel fabbricato, dato che le gabbie degli animali non venivano più pulite con la regolarità di un tempo. Accorgendosi di stare per vomitare e consapevole che non avrebbe fatto in tempo a raggiungere il bagno, si era precipitato fuori.

Dalgard avrebbe voluto provargli la temperatura, ma nessuno riuscì a trovare un termometro che non fosse stato usato sulle scimmie per via rettale. Mandò allora Bill Volt all'emporio a comprarne uno e poco dopo ebbe modo di constatare che Frantig aveva più di trentotto di febbre. Bill Volt, che si era trattenuto nella stanza, tremava quasi per la paura. «Nel suo terrore» ricordò in seguito Dalgard «Volt si muoveva quasi come uno spastico.» Ma lui stesso non versava in condizioni molto migliori.

La persona più calma restava Milton Frantig che, a differenza degli altri due, non sembrava spaventato. Era un credente devoto, che non si vergognava di spiegare alla gente di essere stato redento. Se il Signore riteneva giusto chiamarlo a sé facendogli contrarre una malattia delle scimmie, ebbene, lui era pronto. Pregò un poco, citando i suoi brani preferiti della Bibbia e i conati pian piano cessarono. Presto, poté affermare di sentirsi un po' meglio.

«Non deve muoversi di qui» gli intimò Dalgard. «E non lasci per nessun motivo l'edificio.» Poi si precipitò negli uffici della Hazleton Washington, in Leesburg Pike. Era un tragitto breve, e quando arrivò aveva preso la sua decisione: la struttura che ospitava le scimmie doveva essere evacuata. Immediatamente.

Alla Reston Primate Quarantine Unit lavoravano quattro uomini, due dei quali erano attualmente ammalati, uno colpito da attacco cardiaco e l'altro affetto da febbre e vomito. Per quanto ne sapeva lui, tutte patologie almeno in teoria attribuibili a Ebola. E prima che i sintomi si manifestassero, entrambi erano andati a fare spese, a trovare gli amici e a cena fuori. Probabilmente avevano avuto rapporti sessuali con le rispettive mogli. Dalgard non tentò nemmeno di soffermarsi sulle possibili conseguenze; erano troppo spaventose.

Alla Hazleton Washington, andò direttamente nell'ufficio del direttore generale, deciso a ragguagliarlo sulla situazione e a farsi autorizzare l'evacuazione. «Abbiamo due uomini fuori combattimento in ospedale» esordì, e mentre riferiva ciò che era accaduto a Frantig, pensò ai lunghi anni della loro collaborazione e gli venne da piangere. Controllarsi gli fu impossibile; semplicemente crollò e scoppiò in lacrime. Tra un singhiozzo e l'altro, riuscì ancora a dire: «Suggerisco che... l'intera operazione venga sospesa... al più presto. Dobbiamo sospenderla e delegare all'esercito... questa maledetta malattia circolava nella struttura fin da ottobre, ma a nessuno di noi era mai capitato nulla, ed ecco che all'improvviso ci ritroviamo con due ammalati. Ho commesso l'errore di pensare che, in presenza di reale pericolo per gli esseri umani, ce ne saremmo accorti già da molto tempo. Ma abbiamo giocato con il fuoco troppo a lungo».

Il direttore generale gli manifestò tutta la sua simpatia e

concordò sulla necessità di evacuare e chiudere la struttura che ospitava le scimmie. Trattenendo a fatica le lacrime, Dalgard si affrettò poi nel suo ufficio, dove trovò ad aspettarlo un gruppo di funzionari del CDC. La loro presenza lo fece sentire più che mai sotto pressione, e cominciò a temere che nulla sarebbe più tornato come un tempo. Gli uomini del CDC erano arrivati alla Hazleton per dare inizio alla sorveglianza di tutti gli impiegati che erano stati in un modo o nell'altro esposti al virus. Dalgard raccontò loro quanto era appena accaduto alla casa delle scimmie. «Ho consigliato l'evacuazione immediata» concluse. «La mia opinione è che fabbricato e scimmie debbano essere messi a disposizione dell'USAMRIID; loro hanno il personale e l'equipaggiamento necessari per gestirli in condizioni di sicurezza.»

Gli uomini del CDC ascoltarono e non dissentirono.

Si discusse poi di Milton Frantig, ancora sdraiato sul divano da cui Dalgard gli aveva imposto di non alzarsi. Dato che spettava al CDC occuparsi delle eventuali incidenze della crisi sugli umani, era evidente che avrebbe dovuto occuparsi di Frantig... e il CDC lo voleva all'ospedale di Fairfax, non lontano dalla casa delle scimmie.

Erano ormai le nove e venti del mattino. Seduto alla sua scrivania e madido di sudore, Dalgard cercò di risolvere l'emergenza per telefono. Chiamò C.J. Peters a Fort Detrick per informarlo che uno degli addetti alle scimmie stava male. Nella sua voce non c'era più traccia di lacrime quando aggiunse: «Siete autorizzati a considerare la struttura e tutti gli animali in essa ospitati come esclusiva responsabilità dell'USAMRIID».

Peters non apprezzò più di tanto la scelta dei termini. Avere la «responsabilità» significava che se qualcosa fosse andato storto, se qualcuno fosse morto, sarebbe stato l'esercito a doverne rispondere in giudizio. Lui voleva sì il controllo della Reston Primate Quarantine Unit per poterla distruggere, ma non desiderava complicazioni legali. Per questo, rispose a Dalgard che l'incolumità dei suoi e della popolazione civile residente rivestivano naturalmente per lui la massima importanza, ma che avrebbe dovuto illustrare i nuovi sviluppi ai suoi superiori. Disse anche che lo avrebbe richiamato non appena avesse avuto via libera dal suo Comando.

Parlarono poi di Frantig, e Peters rimase molto turbato nell'apprendere che sarebbe stato trasferito al Fairfax Hospital. La prudenza esigeva che il problema venisse gestito partendo dal presupposto che Frantig era infetto, e in questi termini era impensabile farlo ricoverare in un ospedale pubblico. Bastava pensare a quello che Ebola aveva fatto negli ospedali africani. Secondo Peters, il posto giusto per Frantig era la Segreta.

Subito dopo aver salutato Dalgard, telefonò a Joe McCormick, a cui disse più o meno: «So bene che secondo te una mascherina e un camice sono tutto quello che serve per assistere un paziente contagiato da Ebola, ma io credo che dovreste ricorrere a un livello di contenimento più elevato». Si offrì quindi di mandare a prendere l'ammalato da un'ambulanza dell'esercito e di trasportarlo nella struttura di contenimento biologico dell'Istituto. Insomma, di chiuderlo nella Segreta.

Secondo quanto Peters ricorda, tutto quello che McCormick rispose fu: «Voglio quel tizio al Fairfax Hospital».

«Molto bene» replicò lui. «Io ho la mia opinione, Joe, e tu la tua, e non coincidono. Ma hai pensato a quello che ne sarà del personale medico del Fairfax Hospital o di *te*, se Ebola dovesse penetrare nell'ospedale?»

McCormick, tuttavia, non era disposto a recedere dalla sua decisione: s'era trovato faccia a faccia con Ebola in Africa, e non era rimasto contagiato. Per giorni interi aveva lavorato in una capanna di fango piena di sangue infetto, tra gente che implodeva e moriva dissanguata. Mascherina e guanti erano tutto ciò che serviva per affrontare il virus. Quell'uomo sarebbe andato al Fairfax Hospital. Si assumeva lui la responsabilità di tale decisione.

Channel 4 di Washington mandò alla casa delle scimmie uno dei suoi furgoni. I dipendenti ne spiarono l'arrivo da dietro le tende, e quando un reporter suonò alla porta nessuno si mosse per andare ad aprire. Dalgard aveva spiegato con molta chiarezza che non dovevano avere alcun rapporto con i rappresentanti dei *media*. Proprio in quel momento arrivò l'ambulanza del Fairfax Hospital. Il tempismo di Channel 4 non avrebbe potuto essere migliore, e la troupe si preparò a dare inizio alle riprese. La porta dell'edificio si aprì e Milton Frantig ne uscì a passo malfermo, con ancora indosso la sua tuta Tyvek e palesemente nervoso. Uno dei barellieri tenne aperto per lui lo sportello posteriore dell'ambulanza, che ripartì subito, col furgone di Channel 4 alle calcagna. Pochi minuti dopo i due veicoli si fermavano davanti all'ospedale. Frantig venne ricoverato in una stanza singola, dove avevano accesso soltanto medici e infermiere protetti da guanti di gomma, camici e mascherine chirurgiche. Disse che si sentiva meglio, e trascorse il resto della giornata a pregare e a guardare la televisione.

Intanto, alla casa delle scimmie la situazione era divenuta intollerabile per gli altri dipendenti. Avevano visto persone aggirarsi in tuta spaziale negli spazi da loro abitualmente frequentati, avevano visto Frantig vomitare sull'erba, avevano visto un furgone di Channel 4 inseguire l'ambulanza che lo portava via. Chiusero a chiave la porta e se ne andarono in tutta fretta.

L'edificio ospitava ancora quattrocentocinquanta scimmie vive, e i loro schiamazzi echeggiavano nei corridoi ormai deserti. Erano le undici del mattino. Al di là della strada, i camerieri del McDonald's avevano finito di servire le colazioni e stavano apparecchiando i tavoli in attesa della folla di impiegati che sarebbe affluita all'ora di pranzo. Cominciò a nevicare, ma smise quasi subito, e la temperatura si abbassò ancora. Nella casa delle scimmie, l'impianto di condizionamento si era definitivamente guastato e la temperatura aveva superato i trentadue gradi, rendendola ancora più simile a un angolo di foresta pluviale – piena di esalazioni, di odori e di grida di scimmie. Gli animali, che non avevano ricevuto la consueta razione di biscotti del mattino, avevano fame. Qua e là, alcuni di loro fissavano il vuoto con occhi vitrei incastonati in musi privi di espressione, e certi sanguinavano dai vari orifizi del corpo. Le gocce di sangue cadevano con regolarità sul fondo di metallo delle gabbie – ping, ping, ping.

25

91-TANGO

La crisi di Reston si aggravava sempre di più e Dan Dalgard stava cominciando a temere di aver perso il controllo della situazione. Organizzò una riunione telefonica con tutti i dirigenti della società per informarli della situazione; due dipendenti erano ammalati, e il secondo era probabilmente stato contagiato da Ebola. Li informò quindi di aver offerto all'esercito la gestione dell'intero problema. I dirigenti approvarono la sua decisione, ma sostennero che l'accordo con i militari, fino a quel momento solo verbale, avrebbe dovuto essere formalizzato per iscritto. Inoltre, volevano che l'esercito accettasse di assumersi la responsabilità legale della struttura.

Dalgard chiamò C.J. Peters per chiedergli se l'esercito era disposto ad assumersi la responsabilità di qualunque inconveniente potesse sorgere in seguito all'intervento militare. Ne ebbe in risposta un netto rifiuto. Secondo C.J. c'era bisogno di chiarezza e di rapidità, non di avvocati. Era dell'avviso che l'emergenza richiedesse una decisione tempestiva. Dalgard si offrì di mandargli via fax una lettera in cui la società accettava di delegare la gestione della Reston Primate Quarantine Unit all'esercito. Elaborarono insieme il testo, dopodiché C.J. portò personalmente la missiva al generale Russell. Ne discussero a lungo, e infine decisero di non mostrarla ai loro legali. «Dovremo convincerli che questo è l'unico modo onesto di procedere» affermò Russell. Poi firmarono la lettera e la rispedirono via fax a Dalgard; ora la casa delle scimmie era diventata un problema dell'esercito.

Questa volta Jerry Jaax avrebbe dovuto ricorrere a una squadra molto più numerosa, dato che il numero degli animali da trattare era elevatissimo, ma a differenza di quanto era avvenuto nel primo intervento, le squadre non sarebbero state composte da elementi esperti, e lui stesso non aveva mai partecipato a quel genere di operazione. Di conseguenza non sapeva, non poteva sapere, come avrebbero reagito lui e i suoi, ufficiali e soldati semplici, trovandosi in una situazione caotica che presupponeva un rischio elevatissimo e la possibilità di una morte quanto mai spiacevole. Ma era un buon ufficiale, un leader naturale, e una delle qualità che lo rendevano tale era proprio una certa noncuranza di fronte alle sofferenze inevitabili. Quando c'era un lavoro da fare, bisognava farlo, e i tuoi dovevano seguirti, qualunque fosse il prezzo da pagare.

Lunedì, ore 10:30

Jerry era l'ufficiale in comando dei 91-Tango in servizio all'Istituto. I tecnici militari addetti alla cura degli animali sono classificati come 91-T, sigla che in gergo si trasforma in 91-Tango. Il loro compito consiste principalmente nell'occuparsi dei cani da guardia dell'esercito, ma all'USAMRIID sono responsabili anche di altri animali, tra cui cavalli, pecore, conigli, topi e scimmie. I 91-Tango più giovani hanno solo diciotto anni e sono soldati semplici. Mentre l'ambulanza trasportava Milton Frantig all'ospedale, Jerry indisse una riunione a cui parteciparono, oltre ai 91-Tango, anche i suoi collaboratori civili. Gran parte dei soldati erano giovanissimi e avevano poca o nessuna esperienza in fatto di tute biologiche, ma tra i civili, mediamente più anziani, c'erano specialisti del Quarto Livello che indossavano abitualmente le Centurion. La sala era gremita e furono in parecchi a doversi sedere per terra.

«Il virus è Ebola o un agente simile a esso» esordì Jerry. «E quindi potenzialmente pericolosissimo per l'incolumità della popolazione civile. Toccherà a noi risolvere il problema. Come alcuni già sanno, non è la prima volta che l'Istituto ha a che fare con Ebola. Il tasso di mortalità è altissimo, e non ci sono terapie conosciute. La trasmissibilità, invece, non è molto elevata a meno che non si verifichi un contatto diretto con il sangue e suoi derivati. Tuttavia, non è possibile escludere con sicurezza la possibilità di un contagio per via aerea. Ci troveremo a maneggiare grandi quantitativi di sangue e strumenti affilati e di conseguenza è stato deciso di utilizzare tute di protezione biodegradabili.»

Il suo pubblico ascoltava in silenzio. Jerry non parlò dell'uomo che si era ammalato, perché non ne era a conoscenza – C.J. Peters non gli aveva detto nulla, preferendo tenere nascosta la notizia almeno per qualche tempo.

«Stiamo cercando volontari» riprese Jerry. «C'è qualcuno in questa stanza che non vuole partecipare? Non vogliamo che vi sentiate costretti.»

Quando nessuno parlò, Jaax si guardò intorno e cominciò a indicare i prescelti: «Tu. Sì anche tu e tu.» Scartò un sergente di nome Swiderski perché incinta. Ebola esercitava effetti particolarmente sgradevoli sulle donne gravide.

Jerry sapeva che stava chiamando i suoi a una missione ad alto rischio e con modalità del tutto nuove, che nessuna unità di combattimento militare sarebbe stata in grado di affrontare. Non ci sarebbe stata indennità di rischio, prevista invece per l'intervento nelle zone di guerra, e questo perché l'esercito aveva una teoria tutta sua riguardo alle tute biologiche: secondo gli alti vertici, infatti, il fatto di indossarle bastava a eliminare automaticamente qualsiasi rischio. Che diavolo, trattare agenti caldi *senza* la tuta, questo sì che sarebbe stato pericoloso! I soldati semplici, di conseguenza, avrebbero ricevuto la paga consueta: sette dollari all'ora. Jerry li ammonì a non parlare della missione con nessuno, neppure con i familiari. «Se avete tendenze claustrofobiche, pensateci subito» disse. Concluse dicendo che li avrebbe attesi la mattina dopo alle cinque presso la banchina di carico dell'Istituto, in abiti civili.

Notte, 4-5 dicembre

I soldati non dormirono molto quella notte, e neppure Gene Johnson. Era terrorizzato per i «ragazzi», come li chiamava, e con gli agenti caldi lui aveva già avuto più di un incontro ravvicinato. Una volta, nello Zaire, si era punto con un ago sporco mentre prelevava il sangue di un topo. C'era ogni motivo di credere che l'animale fosse infetto, così Gene era stato riportato in volo all'Istituto e chiuso nella Segreta per un mese. «Non fu divertente» mi raccontò. «Mi trattavano come se ormai fossi già spacciato. Non mi concedevano neppure le forbici per tagliarmi la barba perché avevano paura che mi suicidassi. E di notte mi chiudevano dentro a chiave.» A Kitum Cave, per ben tre volte strumenti appuntiti e insanguinati gli avevano perforato la tuta e lacerato la pelle. Sapeva di essere stato maledettamente fortunato a non aver contratto né Marburg né altri virus nella grotta, e pensava con profondo timore a ciò che viveva nella casa delle scimmie.

Johnson abitava in una grande casa vittoriana sul versante

della Catoctin Mountain. Quella notte, la passò quasi tutta nel suo studio, a riflettere sulle procedure. In una zona calda, era imperativo pianificare e tenere sotto controllo anche il minimo gesto. In quale modo il virus ha più probabilità di colpirti? si chiese. Attraverso le mani. Le mani sono il punto debole. Le mani più di ogni altra cosa devono essere rigorosamente sorvegliate.

Era seduto su una sedia a sdraio; ora sollevò le mani e le studiò. Quattro dita e un pollice opponibile. Esattamente come la mano delle scimmie, solo che questa era collegata a una mente umana. E la tecnologia consentiva di proteggerla con materiali idonei. In una zona calda, ciò che separava la mano di un uomo dalla Natura e dai suoi pericoli era la tuta spaziale biologica.

Si alzò e cominciò a mimare alcuni gesti. Fece un'iniezione a una scimmia. Trasportò l'animale su un tavolo e ve lo adagiò. Lo stava aprendo, adesso, e infilava le mani in un lago di sangue saturo di virus. Aveva le mani protette da tre strati di gomma sporchi di sangue. Com'era dannatamente facile procurarsi un taglio nel corso di un'operazione sul campo!

Johnson si interruppe per prendere alcuni appunti, poi tornò alla sua immaginaria zona calda. Inserì un paio di forbici nella cavità corporea per tagliare un frammento di fegato. Lo tese a qualcuno. Dove si trovava la persona che gli stava accanto? Alle sue spalle? Ora in mano aveva un ago. Okay, dunque ho un ago. È un oggetto letale, e se non sono mancino lo tengo con la mano destra. Di conseguenza il mio compagno sarà a sinistra, a distanza di sicurezza dall'ago. Ora pensiamo alle sue mani. Che cosa stanno facendo in questo momento le mani del mio compagno? Che cosa stanno facendo le mani di tutti gli altri?

Alle prime ore del mattino, aveva riempito parecchi fogli di appunti. La sceneggiatura per un'operazione a elevato rischio biologico.

Quando Jerry Jaax uscì di casa, alle quattro del mattino, Nancy dormiva ancora. Si trovò con Gene Johnson alla banchina di carico, dove studiarono insieme le note prese da quest'ultimo. Mentre Jerry le memorizzava, cominciarono ad affluire gli altri membri della squadra, i suoi soldati. Molti avevano preferito arrivare a piedi dalle caserme, e ora indugiavano lì intorno, in attesa degli ordini. Era buio pesto, e solo la luce dei riflettori illuminava la scena. Jerry aveva deciso di fare entrare gli uomini a coppie, che ora si accinse a formare. Buttò giù un elenco di cui diede poi lettura, quindi tutti salirono in macchina diretti a Reston. Il convoglio era formato da un furgone frigorifero bianco, un *pickup* e due furgoncini per il trasporto dei passeggeri, l'ambulanza bianca con a bordo la lettiga a bolla e un certo numero di auto civili. Rimasero intrappolati quasi subito nel traffico dell'ora di punta, circondati da *yuppies* semiaddormentati che succhiavano caffè da bicchieri di plastica ascoltando bollettini sul traffico e musica rock.

Arrivati a destinazione, dopo che tutti si furono riuniti sul retro dell'edificio, Gene Johnson prese la parola. Aveva gli occhi stanchi e infossati e l'aria di chi non dorme da giorni. «Non siamo qui per giocare» esordì. «Un'emergenza biologica del Quarto Livello non è una manovra di addestramento. C'è stato uno sviluppo di cui voglio mettervi al corrente. Esiste una possibilità che il virus abbia contagiato degli esseri umani. Due persone sono state ricoverate in ospedale, due uomini che lavoravano qui. Uno, soprattutto, mi preoccupa. Si è sentito male ieri mattina, con vomito e febbre. Ignoriamo se si tratta realmente di Ebola, ma sappiate che *non* è stato morso da un animale, *né* si è tagliato o punto con un ago. Quindi, se dovesse risultare che è stato contagiato, questo significherebbe che forse Ebola può viaggiare nell'aria.»

Jerry Jaax lo ascoltava con un orrore crescente. Nessuno gli aveva detto nulla! Di colpo, si sentì certo che la missione avrebbe registrato delle vittime.

Era una giornata fredda e grigia. Gli alberi dietro la casa delle scimmie erano spogli e le foglie cadute frusciavano sul prato. L'asilo costruito in fondo alla collina si andava animando, i bambini si dondolavano sulle altalene, e le loro voci risuonavano gaie e leggere nell'aria fredda. Gene Johnson continuò a parlare. «Ciascuno dovrà agire partendo dal presupposto che il virus Ebola è potenzialmente trasmissibile per via aerea. Conoscete i rischi, siete gente esperta.» A questo punto i suoi occhi si posarono su un soldato scelto di nome Nicole Berke; diciott'anni appena, e molto bella, con lunghi capelli biondi. Chi è? si chiese Gene. Non l'ho mai vista prima. Deve essere una del gruppo di Jerry. Sono soltanto ragazzi, non immaginano neppure contro che cosa dovremo combattere. Spero tanto che funzioni. «Dovete attenervi rigorosamente alle procedure» seguitò. «E ora, se avete domande, fatevi sotto.»

Si alzò Jerry Jaax. «Nessuna domanda è troppo stupida. Se avete qualche dubbio da chiarire, questo è il momento giusto.»

Il soldato semplice Nicole Berke si stava chiedendo se avrebbe avuto l'opportunità di entrare nel fabbricato. «Qual è la durata prevista dell'operazione?»

«Il tempo di uccidere le scimmie» fu la risposta. «Ce ne sono quattrocentocinquanta là dentro.»

Dio, pensò lei, *quattrocentocinquanta scimmie.* Ci vorrà un'eternità.

Le domande furono poche. I membri della missione erano tesi, silenziosi, chiusi in se stessi. Jerry Jaax entrò nell'area di preparazione, dove la squadra di supporto lo aiutò a indossare la tuta Racal. Gli posarono il casco sulla testa e il dispositivo di espansione cominciò a ruggire. Jerry si congedò con poche parole poi lui e il suo compagno, il sergente Thomas Amen, passarono nella camera di compensazione. La porta si richiuse dietro di loro, lasciandoli al buio, soli con un nemico invisibile e non umano. Percorsero a tentoni il corridoio, aprirono la porta che si stagliava di fronte e furono nella zona calda.

Le pulizie non venivano effettuate ormai da molti giorni, e i locali erano sporchi e in disordine. C'erano biscotti per scimmie sparpagliati sul pavimento, e negli uffici carte dappertutto e sedie rovesciate. Jerry e il sergente girarono a sinistra, poi di nuovo a sinistra e diedero finalmente inizio all'esplorazione. Si muovevano lentamente, con cautela, come sommozzatori che si aggirino nelle profondità dell'oceano. A un certo punto, Jerry si trovò in un piccolo passaggio che metteva in comunicazione con un'altra stanza piena di primati. Settanta paia di occhi scimmieschi si posarono su un paio di occhi umani celati dietro la visiera di una tuta spaziale – e gli animali impazzirono. Avevano fame e speravano che gli umani fossero lì per nutrirli. Anche una scimmia chiusa in gabbia può fare parecchi danni, e quelle avevano seminato il caos, scaraventando i biscotti un po' dappertutto e decorando le pareti con le loro feci. Era quello un messaggio che inviavano alla razza umana, un messaggio che scaturiva da qualcosa di contorto e beffardo che si nascondeva nelle loro anime.

Jerry e Amen trovarono alcuni grossi sacchi di biscotti che provvidero a distribuire stanza dopo stanza. Anche se quegli animali erano destinati a morire, non c'era motivo di farli soffrire più del necessario. Mentre li nutriva, Jerry ne approfittò per studiarli da vicino. In molte stanze trovò animali inquieti, con lo sguardo spento; ad alcuni gocciolava il naso, oppure le narici presentavano incrostazioni di muco e sangue. Vide pozze di sangue in alcune delle bacinelle collocate sotto le gabbie. Emorragia rettale. Quella vista lo turbò enormemente, perché era il segno che il virus si era diffuso in tutto l'edificio. Alcune scimmie tossivano e starnutivano, come se avessero l'influenza e lui si chiese se non stesse assistendo a una mutazione di Ebola – una sorta di influenza da Ebola trasmessa per via aerea. Ignorava l'autentica natura dell'agente e le sue potenzialità, ma era certo, lo sentiva fin nelle ossa, che se fosse riuscito a fuggire avrebbe decimato la popolazione mondiale. Ma era più di quanto potesse sopportare, e si affrettò a scacciare quel pensiero. Il sudore che si andava condensando all'interno della bolla di plastica gli impediva di vedere le scimmie con chiarezza, ma le sentiva, ne udiva le strida attutite dal rumore degli espansori. Fino a quel momento, non aveva avvertito né panico né claustrofobia ed era ben deciso a tener duro fino a missione conclusa.

Parecchi membri del gruppo trascorsero la mezz'ora successiva nell'area di preparazione, intenti a estrarre siringhe dai loro involucri sterili e a fissarvi gli aghi. Il capitano Mark Haines cominciò a vestirsi, e intanto tenne un discorsetto. Voleva che i soldati avessero ben chiari certi punti fondamentali prima di seguirlo dentro. «Dovrete sottoporre a eutanasia tutte le scimmie ospitate nell'edificio, e non sarà divertente. Non fatevi commuovere, ricordate che morirebbero comunque. Devono andarsene tutte, fino all'ultima. Non pensate a questa operazione come a un'uccisione di massa. Pensate invece che stiamo cercando di arrestare l'avanzata del virus. Non giocate con le scimmie, non voglio sentir ridere o scherzare dove ci sono gli animali. Sappiate che posso essere duro. Ricordate il principio fondamentale della professione di veterinario: si è responsabili nei confronti dell'animale e si è responsabili nei confronti della scienza. Queste scimmie hanno dato la loro vita alla scienza, non è colpa loro se il virus le ha attaccate. Non ha nulla a che fare con loro. Tenete d'occhio il vostro compagno e non passate mai un ago usato a un altro. Agli aghi verrà tolto il tappo di protezione solo per cacciarli in un animale. Mettete le siringhe usate in uno dei contenitori per oggetti appuntiti. Se vi stancate, avvisate il vostro supervisore; provvederemo a farvi decontaminare e uscire.» Poi volse loro le spalle, aprì la porta ed entrò insieme con il suo compagno.

«Il prossimo?» fece Gene Johnson, andando avanti a leggere il ruolino. «Godwin! Sei tu.»

Il soldato scelto Charlotte Godwin si affrettò verso il mezzo d'appoggio, e tirato il telo di plastica che doveva proteggerla da occhi indiscreti, si spogliò per infilare il camice chirurgico, calze, scarpe da tennis e berretto. Nel furgone faceva un freddo terribile e lei si sentiva impacciata e vulnerabile.

Nell'area di preparazione andò a mettersi accanto al sergente Klages. «Sei piccolina, eh?» le disse qualcuno. «Per te abbiamo una tuta speciale.» Non lo era, naturalmente. Era una tuta grande, realizzata per un uomo robusto, mentre lei era alta poco più di un metro e cinquantadue. Le pendeva addosso come un sacchetto di plastica. La squadra di supporto cominciò ad avvolgerle il nastro adesivo marrone intorno alle caviglie e ai polsi, poi entrarono in funzione gli espansori. Un fotografo militare scattò alcune foto per l'archivio, e quando balenò il flash lei pensò: Dio, avrei dovuto mettere un berretto decente, questo è un berretto da clown. Nella foto non si vedranno i capelli e la tuta è troppo grande, mi fa sembrare grassa. La mia solita fortuna; doveva proprio toccare a me avere l'aspetto di un'idiota nelle foto ufficiali.

Arrancò nella zona grigia carica di scatole, e l'adrenalina le scorreva rapida nel sangue. Fu allora che sentì l'odore, un odore terrificante che si insinuava attraverso i filtri. Il suo compagno bussò alla porta di fronte, entrarono. Le lievi increspature sulla visiera del casco distorcevano le immagini, dando a Charlotte l'impressione di trovarsi nella casa degli specchi. Il tanfo animale era intollerabile perfino all'interno della tuta, e il posto era tranquillo, troppo tranquillo per essere una casa delle scimmie. Quel silenzio la turbò perfino più dell'odore e del caldo.

Si aprì una porta e comparve il colonnello Jaax. «*Cominciate a riempire le siringhe. Doppia dose di chetamina.*»

«*Sissignore*» scattò Charlotte.

«*Il sergente e io ci occuperemo delle scimmie che sono qui dentro.*»

Charlotte cominciò a riempire le siringhe, infilando direttamente l'ago nei flaconi di chetamina. Jerry Jaax prese la prima ed entrato nella stanza la adattò all'estremità di una lunga asta, mentre il suo compagno bloccava l'animałe con un manico di spazzolone infilato tra le sbarre. Jerry aprì la porta della gabbia, e tenendo d'occhio la scimmia nell'eventualità che gli si scaraventasse addosso, praticò l'iniezione, e si affrettò a richiudere. Era quello il momento più pericoloso perché l'animale, approfittando dello sportello aperto, avrebbe potuto decidere di attaccare o tentare la fuga. Continuarono così, gabbia dopo gabbia, e a una a una le scimmie scivolarono in un sonno profondo. Il locale conteneva due file di gabbie, e quella più in basso era collocata a pochissima distanza dal pavimento, tanto che

Jerry fu costretto a mettersi in ginocchio. A causa del casco, non riuscì a vedere quasi nulla e le ginocchia gli facevano un male d'inferno.

A Jerry, sembrava che il tempo non passasse mai. Lui apriva una gabbia e il sergente vi infilava dentro il manico dello spazzolone, mentre la scimmia si dibatteva tentando di fuggire. Quando Amen annunciava: «*Okay, ce l'ho, non può muoversi*», Jerry infilava l'asta tra le sbarre, l'asta con la siringa, mirando alla coscia dell'animale. A quel punto esplodeva il panico, la scimmia strideva «*Kra! Kra!*» e l'ago affondava nella carne. Quell'operazione, pensava, si stava trasformando in uno degli incarichi più penosi e difficili che avesse mai svolto nella sua carriera di veterinario.

Quando arrivarono altri membri della squadra, Jerry li radunò nell'atrio. «*Interrompetevi ogni cinque o dieci minuti per controllare la tuta del vostro compagno. State molto attenti e non dimenticatevi di concedervi adeguati intervalli di riposo. Voglio che riposiate per dieci minuti ogni ora. Quando si è stanchi, si tende a diventare imprudenti.*»

Ogni volta che guardava in una delle stanze, Jerry incontrava file di occhi che ricambiavano il suo sguardo. A volte una scimmia si avventava contro le sbarre, riempiendo l'aria di frastuono, ma erano per lo più animali palesemente ammalati, col pelo sporco e arruffato, e certi si accontentavano di starsene accovacciati in un angolo, a fissare il vuoto con occhi vitrei, arrossati e ridotti a semplici fessure. Alcuni sanguinavano dal naso, un sangue fluido e lucente che gli scorreva sulle labbra e sui denti. Altri ancora perdevano un muco trasparente, come se fossero raffreddati o avessero l'influenza. Un'influenza da Ebola.

Jerry decise di adibire una stanzetta situata nella parte anteriore dell'edificio, vicino agli uffici, e fornita di una doccia con relativo scarico nel pavimento, a sala prelievi. La doccia sarebbe stata utilissima per lavar via il sangue e risciacquare gli oggetti dopo averli disinfettati. Ogni volta che il sangue sgorgava giù per lo scarico, vi versavano una dose di disinfettante... non volevano che quell'orrore finisse nella rete fognaria di Reston. Portarono nella stanzetta anche tre lettini diagnostici a rotelle che qualcuno aveva scovato. Poi Jerry passò a formare le sottosquadre: una addetta ai prelievi (che avrebbe lavorato ai lettini diagnostici), una alle procedure di eutanasia, e una terza incaricata delle autopsie. Quest'ultima avrebbe provveduto ad asportare dai cadaveri i campioni necessari e quindi avrebbe infilato le carcasse negli appositi sacchi. Formarono una sorta di catena di montaggio; ogni cinque minuti o giù di lì, Jerry trasportava in sala prelievi una scimmia addormentata, tenendole le braccia bloccate dietro la schiena. La adagiava sul lettino diagnostico e il capitano Mark Haines procedeva al prelievo. L'animale veniva quindi consegnato al capitano Nate Powell, che gli somministrava un'iniezione di T-61, un prodotto letale. La sostanza veniva iniettata direttamente nel cuore della scimmia che, una volta dichiarata morta, veniva passata al capitano Steve Denny perché effettuasse l'autopsia. Il capitano Denny apriva il cadavere con le forbici e ne asportava parti di fegato e di milza. Il fegato, notarono, era sempre grigio, come eroso, e di aspetto quanto mai sgradevole.

Il soldato semplice Charlotte Godwin, che faceva da assistente a Denny, pensava che il capitano aveva l'aria nervosa. Quando estrasse una milza, Charlotte vide che era punteggiata di bianco e dura come una roccia – una vera bomba biologica, brulicante di unità virali. Dopo un po', quando Denny le tese le forbici, invitandola a prendere il suo posto, lei ne fu spaventatissima. Eccola in procinto di effettuare una necroscopia del Quarto Livello, forse il lavoro più pericoloso che si potesse svolgere con indosso la tuta di protezione. Ma si scoprì piena di esaltazione mentre le sue mani si muovevano dentro quel ricettacolo di morte – e una morte ben peggiore di quella che si poteva incontrare in combattimento. Si scoprì a lavorare sempre più in fretta, ansiosa di dimostrare al capitano Denny che era più veloce di lui, ma anche di finire il lavoro e uscire di lì il più presto possibile. Si accorse che gli occhi della scimmia erano aperti, e fissi su di lei. Erano occhi chiari e lucenti, con le iridi di un castano intenso intorno alle pupille nere. Charlotte provò l'impulso di allungare la mano e chiuderli. Poi pensò: è il mio viso l'ultima cosa che vedono? Sperava tanto di no. Aveva una voglia disperata di una sigaretta.

26

DENTRO

Pomeriggio, martedì

Col passare delle ore, bisognò ricorrere alle torce elettriche. La sera scese presto; si accorsero che il crepuscolo era ormai vicino perché i riquadri delle finestre che si aprivano in fondo ai corridoi cominciavano a scurirsi. Di tanto in tanto, Jerry Jaax costringeva i suoi collaboratori a riposare, e quelli ne approfittavano per sedersi a terra, esausti, o per riempire altre siringhe. Jerry passava tra di loro, sondandone l'umore. «*Come va? Sei stanco? Vuoi uscire?*»

Nessuno chiese di uscire.

La squadra si manteneva in costante contatto con Gene Johnson, che l'aveva munita di radio portatili a onde corte funzionanti su una frequenza militare. Le preferiva ai consueti walkie talkie perché non voleva che qualcun altro, soprattutto i rappresentanti dei *media*, si sintonizzasse sulla loro frequenza.

Qualcosa si guastò nella tuta della specialista Rhonda Williams; il dispositivo di espansione smise di funzionare e la tuta si afflosciò fino ad aderire completamente al camice che lei indossava sotto. Improvvisamente Rhonda divenne consapevole dell'aria contaminata che l'avviluppava.

«*La mia aria si sta esaurendo*» gridò.

Ma continuò a lavorare, sapendo di non poter abbandonare il proprio posto. Scoprì di non avere la batteria di scorta agganciata alla cintura, e tutti gli altri avevano già usato le loro.

L'annuncio di Rhonda suscitò un certo trambusto. Jerry decise di farla uscire subito e corse nella camera di compensazione, dove era di guardia un soldato munito di radio. Jerry se ne impadronì. «*Abbiamo una ragazza la cui batteria si sta esaurendo*» sbraitò.

«C'è il tempo di trovarne un'altra e mandarvela dentro?» fu la risposta di Gene. «Potete aspettare?»

«*No. La faccio uscire. Sta esaurendo l'aria.*»

In quel momento il soldato saltò su col dire che ce l'aveva lui una batteria di riserva. «*Un momento*» fece Jerry. «*Pare che ne abbiamo una.*»

Il soldato corse da Rhonda. «*Ecco, non è questo che volevi?*»

Risero tutti mentre si chinava ad agganciargliela alla cintura.

Mio Dio, pensò lei, disattiveranno la vecchia batteria e gli espansori smetteranno di funzionare. «*Un minuto!*» protestò. «*Non ho quasi più aria!*»

«*Non preoccuparti, è questione di un secondo, il tempo di inserire la nuova.*»

Ma Rhonda ormai era nervosissima, terrorizzata dalla possibilità di essere stata contagiata nel breve arco di tempo in cui la pressione della tuta era calata. Jerry decise di mandarla fuori insieme con Charlotte Godwin, che pareva stanca. Avvertì Gene: «*Te ne mando due*».

Fuori, intanto, l'arrivo di un furgone televisivo stava suscitando il panico. Gene, soprattutto, era sgomento. Non ci mancava altro che le telecamere entrassero in funzione proprio mentre due donne in tuta spaziale uscivano dall'edificio! «Aspetta. C'è qua la televisione.»

«*Le mando fuori*» ribadì Jerry.

«Oh, va bene» cedette Gene. «Vuol dire che offriremo uno spettacolo coi fiocchi a quei tizi.»

Jerry bussò alla porta della zona grigia, che venne aperta dal sergente addetto alla decontaminazione. Portava anche lui la tuta e in mano aveva una torcia elettrica e un erogatore pieno di disinfettante. Non appena Rhonda e Charlotte entrarono, lui gli fece alzare le braccia e alla luce della torcia esaminò le loro tute in cerca di strappi o fori.

Perché quella strana espressione? si chiese Rhonda guardandolo.

«*Hai un buco nella tuta.*»

Il primo pensiero di lei fu: *sapevo* che sarebbe successo.

«*Dove te lo sei procurato?*»

«*Non lo so!*»

Il sergente sigillò il piccolo foro con un pezzo di nastro adesivo, poi le inondò di disinfettante e quindi bussò alla porta che si apriva nell'area di preparazione. Lì, le due donne vennero liberate delle tute e dei caschi. Sotto, erano fradice di sudore.

«C'è un furgone della televisione qui davanti» le avvertì Gene.

«Nella mia tuta c'era un buco» fu la risposta di Rhonda. «Sono stata contagiata?»

«No. La pressione all'interno della tuta era comunque sufficiente a proteggerti.» Le spinse fuori. «Salite sul mezzo d'appoggio e cercate di non farvi vedere. Se qualcuno vi chiede qualcosa, tenete la bocca chiusa. Mi riferirete dopo.»

Sul furgone, le ragazze non trovarono subito i loro abiti, così si avvolsero in qualche cappotto e si sdraiarono in modo da essere invisibili dall'esterno.

Il furgone della stazione televisiva si fermò davanti alla porta d'ingresso e ne scese un cronista seguito da un cameraman. Bussarono alla porta e suonarono il campanello, ma senza ottenere risposta. Il cronista sbirciò da una delle finestre, ma le tende erano tirate e non riuscì a vedere nulla. Che diavolo, quel posto doveva essere deserto. Non si accorsero dei veicoli bianchi parcheggiati sul retro o, se li notarono, non li giudicarono interessanti.

Se ne tornarono al furgone e lì indugiarono per un po', sperando che succedesse qualcosa, che arrivasse qualcuno, ma presto cominciarono a sentirsi annoiati e infreddoliti. Si andava facendo tardi, e loro avevano bisogno di scovare del materiale interessante per il notiziario delle diciotto. Non gli venne in mente di fare il giro dell'edificio né di puntare la telecamera contro una delle finestre. Se l'avessero fatto, ne avrebbero ricavato materiale sufficiente a coprire l'intero notiziario, e per un'intera puntata di *CBS 48 Hours*. Avrebbero ripreso soldati in tute spaziali sporche di sangue infetto, impegnati nella prima grande missione di rischio biologico di cui il mondo avesse mai avuto notizia, e li avrebbero visti uscire a coppie, attesi con ansia da una squadra di supporto. Ma non ci pensarono, ed è per questo che, a quanto ne so, non esiste alcuna ripresa cinematografica della missione di Reston.

Le due donne rimasero nascoste nel furgone per parecchi minuti, ossia fino a quando arrivò Gene Johnson a informarle che la troupe televisiva se n'era andata e che la via era libera. Allora si vestirono e si affrettarono a sparire nel folto di pini che si stendeva dietro il fabbricato. Fu allora che le trovarono: due siringhe ipodermiche usate e complete di aghi. Impossibile stabilire da quanto tempo fossero lì. Alcuni degli addetti alla sicurezza le recuperarono dopo essersi protetti le mani con i guanti. Una successiva perlustrazione portò alla scoperta di altri aghi sparpagliati tra l'erba.

L'ultimo a uscire fu Jerry Jaax. Quando comparve, verso le

sei del pomeriggio, aveva perso da due chili e mezzo a cinque chili e il suo viso era cinereo. Da argentei, i suoi capelli erano diventati candidi.

Ora i soldati avevano fame e sete e poiché nelle vicinanze c'erano sia un McDonald's sia un Taco Bell, si decise una votazione che vide vincitore il Taco Bell. «Non dite a nessuno il motivo per cui siete qui» si raccomandò Gene Johnson. «Non rispondete a nessuna domanda.»

La carovana si mise in moto, diretta al parcheggio del Taco Bell. I militari ordinarono *tacos* morbidi e un'infinità di bibite giganti per reintegrare i liquidi persi attraverso il sudore. Ordinarono anche una quantità spropositata di filoncini al cinnamomo. Sì, sì, mettete tutto nei sacchetti, abbiamo fretta, grazie. I dipendenti del locale guardavano sgomenti quell'incredibile montagna di cibo. I soldati sembravano esattamente quello che erano... soldati, a dispetto dei jeans e delle magliette che indossavano; gli uomini avevano espressioni dure e corpi muscolosi, capelli tagliati a spazzola, occhiali dalla montatura di metallo e qualche brufolo causato dal rancio militare, e le donne avevano l'aria di essere ottime tiratrici e di poter fare cinquanta flessioni di seguito. Un tizio si avvicinò al sergente Klages che aspettava di ritirare i sacchetti: «Che cosa ci fate laggiù? Ho visto un bel po' di furgoni...». Ma il sergente Klages gli volse le spalle senza dire una parola.

Dopo mezzanotte, sdraiati sul letto ad acqua nella loro casa sui pendii della Catoctin Mountain, con Jaime che dormiva accanto a loro, Nancy e Jerry Jaax si raccontarono a vicenda la loro giornata. Nancy, che aveva lavorato fino a tardi nella AA-5, disse al marito di aver cominciato a individuare i classici sintomi di Ebola nelle scimmie. Era sempre più persuasa, disse, che il virus si fosse diffuso in tutto l'edificio.

Jerry le raccontò che l'operazione poteva considerarsi un successo, e che nessuno si era ferito. Le confessò anche che non avrebbe mai immaginato quanto ci si potesse sentire soli chiusi in una tuta biologica.

Nancy lo abbracciò e gli posò la testa sulla spalla, così come faceva fin da quando erano al college insieme. Jerry le sembrava troppo magro, quasi avvizzito. Non aveva ingerito liquidi a sufficienza per riacquistare il suo peso normale e di certo erano anni che non lo vedeva così esausto. Fu lei a prendere in braccio Jaime e a portarla in camera sua. Al suo ritorno, si sdraiò di nuovo accanto al marito e si addormentarono insieme, abbracciati, con i capelli di lei sul viso di lui.

27

UNA BRUTTA GIORNATA

6 dicembre, mercoledì

Ormai già da parecchi giorni e parecchie notti, uno scienziato militare di nome Thomas Kziasek era all'opera in un laboratorio del Quarto Livello nell'intento di mettere a punto un test rapido per l'individuazione del virus Ebola nel sangue e nei tessuti. L'esame da modificare portava il nome di Elisa, e oltre a essere di facile esecuzione offriva anche un elevato grado di sensibilità. Kziasek esaminò i campioni di sangue e urina appartenenti a Milton Frantig, l'uomo che aveva vomitato sul prato antistante la casa delle scimmie, e che ora si trovava ricoverato in ospedale, in quarantena. I risultati furono negativi; nessuno dei due liquidi reagì al test per Ebola. Sembrava proprio che Frantig avesse semplicemente preso l'influenza. Kziasek era perplesso. Com'era possibile che l'uomo non fosse rimasto contagiato?

Il tempo si mise al bello, la temperatura salì e cominciò a soffiare un vento da sud. La mattina del secondo giorno della missione, mercoledì, il convoglio militare tornò a Reston mescolato al consueto traffico dei pendolari. Questa volta l'organizzazione fu più efficiente, e già alle otto le squadre cominciavano a entrare. Gene Johnson aveva portato un riflettore che venne installato nel corridoio adibito a zona d'ombra.

Il primo a entrare fu Jerry Jaax, che pensò anche a nutrire le scimmie. Insieme con il suo compagno, il sergente Amen, controllò le stanze a una a una, e qua e là trovò scimmie che perdevano sangue dal naso. Da un salottino presero un certo numero di sedie che disposero a semicerchio in un ampio corridoio, in modo che i soldati potessero usarle per riposare e riempire le siringhe. Fu così che per tutto il giorno si videro militari e civili esausti, uomini e donne infilati in goffe tute arancio, seduti a riempire siringhe di T-61 e a smistare scatole piene di provette. Alcuni parlavano tra di loro gridando per farsi sentire attraverso i caschi, altri si limitavano a fissare la parete, in silenzio.

Jerry Jaax era al lavoro nella Stanza C, quando a mezzogiorno decise di concedersi un intervallo per riposare e controllare che tra i suoi tutto andasse bene. Era appena uscito, lasciando i sergenti Amen e Klages a cavarsela da soli, quando un improvviso frastuono lo fece tornare di corsa sui suoi passi. Trovò i due graduati fuori della porta che sbirciavano dentro con aria allarmata.

«*Che cosa è successo?*»

«*Una scimmia è riuscita a fuggire, signore.*»

«*Merda!*» ruggì Jaax.

L'animale era sfrecciato davanti al sergente Amen quando questi aveva aperto la gabbia, e naturalmente i due uomini si erano affrettati a lasciare la stanza chiudendo la porta alle loro spalle.

Un animale in libertà... esattamente quello che Jerry aveva temuto di più. Una scimmia poteva coprire a balzi lunghe distanze, e lui sapeva, per averlo sperimentato di persona, quanto profondamente i suoi denti potessero affondare nella carne.

Attraverso il pannello di vetro della porta, sbirciarono nella stanza, dove ora regnava il caos più completo. Le scimmie, circa un centinaio, correvano su e giù nelle gabbie, scuotendone con forza le sbarre ed emettendo stridule grida selvagge. Ma dov'era la fuggitiva? Non la si vedeva da nessuna parte.

Muniti dell'apposito attrezzo, un'asta con una rete morbida fissata a un'estremità, aprirono la porta ed entrarono con mille cautele.

Comprendendo esattamente il significato di quella manovra, la scimmia scattò, e quando se la videro sfrecciare davanti, i tre uomini indietreggiarono in tutta fretta, timorosi di venire morsi. La scimmia era un maschio di piccole dimensioni, e sembrava determinato a non permettere a quella gente armata di rete di avvicinarglisi.

Pare che a quel punto l'animale percorresse a gran velocità il corridoio per poi sparire dietro un angolo (tutto accadde molto rapidamente e i ricordi dei presenti non sempre collimano). Rhonda Williams, che stava riempiendo le siringhe, udì il trambusto, ma non ebbe neppure il tempo di chiedersi che cosa stesse succedendo, perché già la scimmia correva dritta verso di lei. In una frazione di secondo l'aveva raggiunta, ma Rhonda, terrorizzata, non riuscì a muoversi. Quando l'animale le passò sotto i piedi e continuò a correre, una risata nervosa, quasi isterica le salì sulle labbra; in quel momento comparvero gli uomini di corsa, uno dei quali agitava una rete, e le passarono davanti senza fermarsi. Chiudeva la fila il colonnello Jaax, le cui imprecazioni erano solo parzialmente attutite dal casco: «*Maledizione! Figlio di puttana!*».

In qualche modo, riuscirono a fare entrare la scimmia in un'altra stanza e a chiudere la porta. Loro erano spaventati, ma l'animale non lo era di meno, e per un po' continuò a correre su e giù in mezzo alle gabbie, irritando le altre scimmie fino a che una di queste le morse una zampa. Il sangue sgorgò abbondante, e di lì a poco c'erano tracce rossastre in tutta la stanza. Via radio, Jerry comunicò che una scimmia era fuggita. Gene Johnson gli rispose di fare quello che riteneva più opportuno. Perché non spararle? Poteva mandare dentro una pistola, magari una delle .45 in dotazione dell'esercito. Ma a Jerry l'idea non piaceva. Aveva notato che la scimmia stava quasi sempre nascosta dietro le gabbie, e c'era il rischio che il proiettile la mancasse, colpendo invece una gabbia o una parete e quindi rimbalzando all'interno della stanza. Una ferita da arma da fuoco non era mai piacevole, ma in quelle circostanze avrebbe potuto rivelarsi fatale. Decise che la procedura meno rischiosa consisteva nel tentare di catturare la scimmia con la rete. Furono lui e il sergente Amen a rientrare nella stanza.

Non la videro subito. Jerry avanzava lentamente, pronto a gettare la rete. Giò, ma dov'era la scimmia? Il sudore offuscava la visiera, impedendogli di vedere con chiarezza, e nella stanza la luce era fioca. Gli sembrava di nuotare sott'acqua. Continuò ad avanzare, attento a tenersi lontano dalle gabbie in cui le scimmie, ormai isteriche, urlavano, saltavano e scuotevano le sbarre. Il frastuono era assordante. Il sergente Amen lo seguiva portando un'asta a cui era fissata una siringa.

«*Attento, sergente*» lo ammonì Jerry. «*Attento a non farsi mordere. Stia lontano dalle gabbie.*»

Colse un movimento con la coda dell'occhio, ma quando si girò, pronto a lanciare la rete, la scimmia si librò letteralmente *sopra* di lui, e con un balzo di più di tre metri e mezzo si spostò da un lato all'altro della stanza, da una fila di gabbie all'altra. «*La prenda!*» gridò. «*È proprio qui!*» Agitò freneticamente la rete, ma la scimmia non c'era già più.

Si rimise in marcia, allora, mentre l'animale saltava qua e là, quasi fosse trasportato dall'aria. Ancora una volta Jerry gettò la rete e ancora una volta lo mancò. «*Figlio di puttana!*» imprecò. La scimmia era troppo veloce per lui. Jerry continuò a braccarla per altri dieci o quindici minuti, ma ogni volta che veniva individuata, con un salto quella si spostava fuori della sua portata. Era piccola, ma un'ottima saltatrice. In questo contesto è lei la favorita, pensò Jerry. Non siamo attrezzati per affrontare la situazione. Non siamo noi ad avere il controllo, e quella ci sta prendendo in giro.

Fuori, il colonnello C.J. Peters si fermò a osservare le operazioni. Benché fosse una giornata fredda, indossava solo un maglione e un paio di Levis, più sandali e calze. Grazie ai baffi e al ventre prominente, aveva tutta l'aria di un sessantenne mal conservato, un impiegato di bassa categoria, forse un portinaio. Si accorse di uno strano tipo che gironzolava nei pressi della porta. Chi diavolo era? si chiese allarmato, e quando lo vide incamminarsi verso il retro dell'edificio, decise di intervenire. Era chiaro che quel tizio aveva in mente qualcosa, e si stava avvicinando pericolosamente al luogo dell'azione. Così C.J. si affrettò a raggiungerlo e a chiedergli che cosa facesse lì.

Era un giornalista del «Washington Post». «Che sta succedendo da queste parti?» domandò a C.J.

«Oh, be'... niente di speciale» rispose lui, improvvisamente lieto di non essere in uniforme – una volta tanto, certe sue cattive abitudini si rivelavano utili. Non incoraggiò il giornalista a spingersi oltre, e in ultimo questi se ne andò, senza aver visto né sentito alcunché di interessante. Al «Washington Post», sospettavano che qualcosa di strano stesse accadendo nella casa delle scimmie, ma i cronisti e i redattori che se ne occuparono non riuscirono ad avvicinarsi più di tanto alla verità.

«*Quella scimmia sa benissimo che cos'è una rete*» gridò Jerry stizzito al sergente. Per natura le scimmie non sono aggressive, ma tendono ad attaccare se si sentono con le spalle al muro. Ed è proprio quello che sta succedendo, pensava Jerry. Lei ha capito perfettamente quello che stiamo cercando di fare, e non ha nessuna intenzione di lasciarsi intrappolare da un paio di stupidi uomini con il corpo rivestito di plastica e una rete in mano. Così, decisero di rinunciare. Star dietro a quella scimmia era estenuante, e per quella notte preferirono lasciarla a se stessa, rimandando all'indomani ogni tentativo di cattura.

Intanto, gli animali sopravvissuti si facevano sempre più inquieti. Quel giorno, le squadre ne uccisero la grande maggioranza, lavorando fino a notte. Poiché alcuni dei soldati si erano lamentati di non avere abbastanza responsabilità, Jerry lasciò che sostituissero gli ufficiali in molti dei lavori più rischiosi. Assegnò Rhonda Williams alla squadra addetta all'eutanasia, insieme con il capitano Nate Powell. La procedura prevedeva che il capitano adagiasse sul lettino la scimmia già narcotizzata, con le zampe anteriori bloccate dietro la schiena nell'eventualità che si svegliasse, mentre Rhonda le praticava un'iniezione proprio nel cuore. Il farmaco uccideva istantaneamente, e se una volta estratto l'ago, il sangue sgorgava copioso, significava che aveva mirato giusto. Se le capitava di sporcarsi i guanti, li sciacquava in una bacinella di disinfettante, mentre detergeva quello finito sulla tuta con una spugna imbevuta di disinfettante. Ma quando non centrava il cuore, erano guai seri. Premeva lo stantuffo e il veleno inondava la cavità toracica *intorno* al cuore, cosicché la scimmia cominciava a sussultare, a piegarsi su se stessa, quasi tentasse di divincolarsi. Rhonda sapeva che erano spasmi semplici, ma non per questo li trovava meno impressionanti.

Poi il colonnello Jaax la spostò in sala prelievi, dove operava il capitano Haines, con l'incarico di asportare campioni di sangue dalle scimmie in stato di incoscienza. Rhonda doveva semplicemente introdurre l'ago nell'arteria della zampa, ma quel lavoro non le piaceva. Le scimmie avevano gli occhi aperti e lei non riusciva a liberarsi dalla sgradevole quanto irrazionale sensazione che la fissassero.

Stava effettuando un prelievo, quando improvvisamente la scimmia mosse gli occhi e si mise a sedere. Era sveglia! Per un istante, fissò Rhonda con aria stordita, poi le afferrò la mano, quella che stringeva la siringa. Era molto forte. L'ago fuoriuscì dalla coscia e il sangue sprizzò dappertutto. Rapido, l'animale si accostò la mano alla bocca per morderla. «*Fermatela!*» strillò Rhonda. «*Qualcuno la fermi, per favore. Si sta alzando!*»

Con un balzo, Haines afferrò la scimmia per le zampe anteriori e la inchiodò al tavolo, urlando: «*Ne abbiamo una sveglia! Chetamina, presto!*»

Uscendo dalla vena, l'ago aveva reciso l'arteria, e quasi immediatamente sulla zampa si formò un grumo di sangue delle dimensioni di una palla da baseball. Continuò a crescere e a crescere col sangue che sgorgava sotto pelle, finché Rhonda non si sentì sull'orlo delle lacrime. Quando premette le mani sul grumo per arrestare l'emorragia interna, lo sentì gonfiarsi sotto i guanti. Un grumo di sangue brulicante di Ebola.

Arrivò di corsa un soldato che somministrò alla scimmia una doppia dose di chetamina; l'animale si afflosciò inerte.

Peter Jahrling trascorreva le giornate nel suo laboratorio a esaminare campioni di tessuto, nel tentativo di determinare le modalità di diffusione del virus e di isolarlo allo stato puro. Tom Geisbert, intanto, faceva notte nel suo laboratorio, a esaminare cellule al microscopio.

Di tanto in tanto si incontravano in qualche ufficio e allora si appartavano per qualche minuto.

«Come ti senti?»

«Stanco, ma per il resto bene.»

«Niente mal di testa?»

«No. E tu, come stai?»

«Sono ok.»

Erano gli scopritori di una nuova varietà, e con ogni probabilità sarebbero stati loro a darle un nome, a condizione che riuscissero a isolarla e che il virus non li beccasse per primo.

Jahrling tornava a casa per cena, ma dopo aver letto una favola ai figli e averli messi a letto, rientrava in Istituto, dove lavorava fino a tardi. Qui, di fatto, ferveva l'attività, e i laboratori erano pieni di gente e all'opera ventiquattro ore su ventiquattro. Nello spogliatoio, Jahrling infilava il camice e poi la tuta, dopodiché, sentendosi assonnato e piacevolmente sazio, raggiungeva la porta di acciaio su cui spiccava il fiore rosso e, con appena un'ombra di riluttanza, la varcava.

A volte si chiedeva se avrebbe isolato il virus nel suo sangue o in quello di Tom Geisbert, ma nel complesso non lo riteneva probabile. Dopotutto, non me lo sono appiccicato al naso, pensava, mi sono limitato a sventolarci sopra la mano. Nei laboratori ospedalieri, un tempo lo si faceva continuamente in presenza di batteri. L'olfatto era infatti uno dei sensi maggiormente utilizzati per l'identificazione dei batteri, e non capitava mai che i ricercatori si ammalassero, neppure quando si trattava di batteri estremamente pericolosi. Era *annusandolo* che si scopriva qual era l'odore di un batterio, e che alcuni di essi avevano lo stesso odore del succo d'uva Welch. Dopo l'episodio che aveva visto protagonista Frentig, era diventato in qualche modo più urgente scoprire se lui, Peter Jahrling, era stato o meno contagiato da Ebola. Il custode non si era tagliato né si era punto con un ago; di conseguenza, se il virus l'aveva contagiato, poteva averlo fatto solo per via aerea.

Jahrling portò nella saletta del microscopio alcuni vetrini contenenti campioni del suo siero, chiuse la porta e spense la luce. Attese qualche istante perché i suoi occhi si abituassero al buio, poi come al solito dovette sforzarsi per distinguere qualcosa attraverso la visiera. Infine, le cellule scure furono a fuoco. Erano le sue cellule, il mondo che viveva nel suo sangue, e si dilatavano in ogni direzione, granulose e piene di mistero, con una leggera luminosità verde. Ma era una luminosità normale, nulla per cui eccitarsi. Solo se quel leggero baluginio si fosse fatto più intenso, avrebbe avuto motivo di preoccupazione. E se fosse accaduto? si chiese allora. Era certo di possedere il distacco necessario? E *quanto* verde poteva essere il verde? Quanto poteva fidarsi dei suoi strumenti e della sua capacità di giudizio? Se dovessi persuadermi che il mio sangue splende, quali parole sceglierei per comunicarlo agli altri? Dovrei dirlo a C.J., naturalmente. Forse non sarei neppure costretto ad andare nella Segreta; potrei restare in isolamento qui, nel mio laboratorio. Sono già al Quarto Livello di sicurezza biologica, dopotutto; sono già in quarantena. Chi mai potrei contagiare restando qui? Nessuno. Potrei restarci, se il mio sangue cominciasse a splendere. Potrei vivere e lavorare qui, se risultassi positivo al test.

Ma nulla di tutto questo accadde. Il suo sangue non scatenò alcuna reazione. Era perfettamente normale e così, come ebbe modo di constatare subito dopo, quello di Tom Geisbert. Se la situazione fosse rimasta invariata anche l'indomani, il giorno successivo e quello dopo ancora, ebbene, nessuno poteva saperlo, ma lui e Geisbert si stavano avvicinando al termine del periodo di incubazione.

Erano le undici di sera quando Jahrling entrò nella camera di compensazione e tirò la catena che attivava il ciclo di decontaminazione. Rimase in piedi nella luce grigiastra della zona grigia, solo con i suoi pensieri. Nella foschia generata dai prodotti chimici che lo inondavano, non riusciva a vedere quasi nulla. Sapeva di dover aspettare sette lunghi minuti perché il ciclo si completasse, e si sentiva le gambe a pezzi. Era così stanco da non riuscire quasi a tenersi in piedi e dovette afferrarsi ai tubi che convogliavano le sostanze chimiche nella doccia per non cadere. Ma si sentiva a suo agio, e perfettamente al sicuro, circondato dal gorgoglio dei liquidi ammazza virus e dal sibilo dell'aria. Si addormentò.

Si destò di soprassalto quando l'ultimo getto d'acqua colpì la tuta; nel sonno, si era accasciato contro la parete, le mani ancora strette intorno ai tubi. Se non fosse stato per quell'ultimo getto, non si sarebbe svegliato, ma sarebbe scivolato per terra fino ad accoccolarsi in un angolo, e sarebbe rimasto lì tutta la notte, mentre l'aria fresca e sterile fluiva all'interno della tuta e gli bagnava il corpo, nudo dentro il suo bozzolo, nel cuore stesso dell'Istituto.

La mattina seguente, sul presto, la specialista Rhonda Williams tornò alla casa delle scimmie per portare a termine la fase successiva della missione. In piedi nel corridoio, pensò improvvisamente che era contenta di indossare la Racal, perché era troppo forte il timore che quel luogo la contaminasse, costringendola a farsi confinare nella Segreta. L'unico rumore che sentiva all'interno del casco, era il ruggito dell'aria. Il corridoio di cemento sembrava allungarsi all'infinito in entrambe le direzioni, ingombro di scatoloni, rifiuti e biscotti sbriciolati. Dov'erano gli ufficiali? Dov'era il colonnello Jaax? Dov'erano tutti quanti? Guardò le porte che conducevano alle stanze delle scimmie. Erano lì dentro?

Qualcosa stava risalendo il corridoio, verso di lei. Un fagotto di pelo. Era la scimmia fuggita! Il piccolo maschio coraggioso che aveva guadagnato la libertà. E correva verso di lei. La fissava con i suoi occhietti scuri e qualcosa scintillava nella sua zampa, una siringa. Doveva averla trovata da qualche parte e ora l'agitava contro di lei con un gesto che rivelava tutto il suo appassionato desiderio di vendetta. Voleva farle un'iniezione. Con una siringa infettata da un virus sconosciuto. Rhonda fece per spiccare la corsa, ma qualcosa, la tuta, glielo impedì. Prese a camminare, allora, ma il corridoio era interminabile, e lei non riusciva a vederne la fine. Dov'era la porta che conduceva fuori? Non c'era! Non c'era modo di uscire dalla zona calda! La scimmia la inseguiva correndo sulle quattro zampe, agitando la coda, gli occhi ardenti e terribili fissi su di lei, ed ecco l'ago che lampeggiava nell'aria e si abbassava, no, *per favore* – si svegliò in caserma, nella sua camera.

28

DECONTAMINAZIONE

7 dicembre, giovedì

Fu lo squillo del telefono a svegliare i Jaax alle quattro del mattino. Era il fratello di Nancy, che chiamava da un telefono pubblico dell'ospedale di Wichita. Suo padre stava morendo. «Sta molto, molto male, e temiamo che non ce la farà» disse. Era subentrata un'insufficienza cardiaca, e il medico voleva sapere dai familiari se volevano che si ricorresse al cosiddetto accanimento terapeutico. Nancy rifletté qualche istante, poi disse al fratello che non era del parere. Suo padre pesava ormai solo quarantacinque chili, era ridotto a pelle e ossa e soffriva terribilmente.

Dopo aver riattaccato, svegliò Jerry per dirgli che suo padre sarebbe probabilmente morto in giornata. Sapeva di dover andare a casa, ma era opportuno che partisse subito? Poteva arrivare a Wichita nel pomeriggio e chissà, forse ci sarebbe stato il tempo di dargli l'ultimo addio. Alla fine, decise di non partire. Sentiva di non poter abbandonare il proprio posto quando la crisi di Reston era nel suo pieno; il suo gesto, pensava, sarebbe equivalso a una diserzione.

Squillò di nuovo il telefono. Era suo padre che telefonava dalla camera. «Vieni a casa, Nancy?» Parlava con voce flebile, affannosa.

«Adesso non posso, papà, per via del lavoro. Siamo alle prese con un'epidemia molto grave.»

«Capisco.»

«Ci vediamo a Natale, papà.»

«Non credo che riuscirò a tener duro fino ad allora, ma, be'... insomma, non si può mai sapere.»

«Io sono sicura che ce la farai.»

«Ti voglio bene, Nancy.»

«Anch'io, papà.»

Nelle tenebre che precedono l'alba, Nancy e Jerry si vestirono, poi lui partì per la casa delle scimmie, mentre lei preparava la colazione ai ragazzi. Dopo averli mandati a scuola, si recò a sua volta al lavoro. Ma sentiva il bisogno di parlare con qualcuno di suo padre, così andò in cerca del colonnello C.J. Peters.

«Devi andare a casa» fu l'immediata reazione di lui.

«No» rispose Nancy.

I cadaveri delle scimmie cominciarono ad arrivare subito dopo colazione. Un furgone avrebbe provveduto a effettuare due trasporti al giorno da Reston, e il primo carico venne depositato in camera di compensazione mentre Nancy indossava la tuta. Una cappelliera conteneva in media dieci o dodici scimmie.

Le scimmie rimaste alla Reston Primate Quarantine Unit, ossia la grande maggioranza, vennero infilate ciascuna in tre sacchi che, dopo essere stati decontaminati, furono portati fuori dell'edificio e collocati in bidoni di acciaio. Alcuni dipendenti della Hazleton provvidero quindi a trasportare i bidoni a un inceneritore di proprietà della società, dove le carcasse vennero bruciate a temperature altissime.

Ma era necessario esaminarne almeno alcune, per appurare se e dove il virus si stesse diffondendo all'interno dell'edificio. Nancy trasportò le cappelliere nella suite AA-5 e lavorò fino a mezzanotte passata con il suo compagno e un assistente civile. Parlavano di rado, se non per indicare qualche strumento o un sintomo particolarmente significativo.

Quel giorno, Nancy pensò molto a suo padre e alla propria infanzia. Curtis Dunn era un uomo che aveva sempre avuto troppe idee per arricchirsi e troppo poca determinazione per metterle in atto. Durante la seconda guerra mondiale, era stato sergente addetto alla mensa, e al momento del congedo progettava di acquistare un ristorante. Contemporaneamente, si improvvisò anche agricoltore e allevatore.

Curtis non riusciva a stare lontano dalle donne e il suo primo matrimonio fallì nel giro di poco tempo; fu con la seconda moglie che adottò Nancy, ancora neonata. Curtis si sposò in tutto tre volte, ma la stessa Nancy non seppe del suo primo matrimonio che dopo molti anni. Dopo le nozze, la madre adottiva di Nancy subì un graduale deterioramento psichico e a sei anni la bambina aveva... sono parole sue: «Acquistato dimestichezza con i numeri telefonici della stazione di polizia e del pronto soccorso». Era infatti a loro che si rivolgeva quando fra i genitori scoppiavano liti furibonde. La donna cominciò a entrare e a uscire dagli ospedali psichiatrici, dove veniva sottoposta all'elettroshock, e più di una volta aggredì il marito con un coltello.

Curtis era convinto che la strada per diventare ricchi passasse attraverso gli hamburger, e aprì a Wichita il Dunn's Grill, una catena di locali di *fast food*. Per qualche tempo gli affari andarono bene, ma i litigi fra lui e la moglie si facevano sempre più frequenti e violenti. Disperata, la madre di Nancy decise da ultimo che dovevano andare ad abitare in campagna, dove la vita era più semplice. Si trasferirono quindi con Nancy e il fratello minore (anche lui adottato) in una fattoria nella cittadina di Belle Plaine, quando Nancy aveva undici anni. Ma anche questa decisione doveva rivelarsi un fallimento, e poco tempo dopo, la donna si separò finalmente da Curtis per vivere la propria vita. Questa volta, Nancy si rifiutò di seguirla, e rimase con il fratello e il padre alla fattoria. Dopo di allora, Nancy vide solo di rado la madre.

I bambini si occupavano dell'orto per conto del loro padre, strappando le erbacce e raccogliendo i prodotti destinati ai ristoranti. Nancy si alzava prima dell'alba per nutrire il bestiame e preparare il pastone ai maiali. Dopodiché, il bracciante accompagnava lei e il fratello a scuola. Nel pomeriggio, zappava l'orto e, in primavera, arava i campi di grano con il trattore.

La nonna paterna di Nancy, una vedova di nome Mamie Dunn, aveva decretato che due cose da vecchia non avrebbe mai voluto vedersi intorno: una Ford e un'automobile nera, e per dimostrarlo si comprò una Cadillac coupé bianca, con i sedili rivestiti di broccato rosa. Un giorno, Curtis gliela chiese in prestito per un mese o giù di lì; stava progettando di acquistare un motel a Liberal, nel Kansas, e voleva un'auto comoda per fare la spola fra le due città. Mamie acconsentì. A mano a mano che le trattative procedevano, però, Curtis si fece sempre più riservato, addirittura furtivo. Non usava il telefono della fattoria e si spingeva in auto fino in città, dove sulla Main Street c'era un cabina telefonica. In primavera sparì per parecchi giorni di fila – evidentemente l'affare si era complicato – e alcune delle mucche della fattoria, lasciate prive di assistenza, morirono di parto. Preoccupata, Mamie pensò di trasferirsi alla fattoria per badare ai nipoti. Capitò un giorno che decidesse di cambiare l'olio alla Cadillac, e rimase scioccata quando, leggendo il contachilometri, si rese conto che suo figlio, benché la usasse ormai da un mese, aveva in realtà percorso ben poca strada.

Mamie, che conosceva bene il suo rampollo, capì subito come stessero le cose. Curtis non si sognava neppure di andare a Liberal, e usava la Cadillac per far colpo su qualche sua nuova fiamma. Infuriata, si precipitò a casa e a Nancy disse: «Vai di sopra a fare i bagagli. Ce ne andiamo a Wichita». I nipoti si trasferirono da lei, e non vissero più stabilmente con Curtis, sebbene andassero regolarmente a fargli visita e spesso si trattenessero da lui l'estate o durante la stagione dell'aratura. Mamie non si sbagliava: Curtis stava trattando l'acquisto dell'albergo quasi esclusivamente per telefono, e il tempo lo passava con la sua nuova ragazza, una cameriera di Wichita che sposò non molto tempo dopo.

A Nancy piaceva vivere con nonna Mamie. Abitavano in una casa nei pressi del Little Arkansas River, vicino alla scuola superiore, e col tempo iniziò a pensare a lei come alla sua vera madre. Mamie era una donna ancora attraente, atletica e appassionata di cavalli, e quando stavano alla fattoria lei e Nancy uscivano spesso in passeggiata. Durante gli studi superiori, Nancy continuò a vedere spesso il padre e a dargli una mano al ristorante e alla fattoria. Curtis, in effetti, dipendeva moltissimo dal suo aiuto. C'erano centottanta acri di terra da arare, il che significava giorni e giorni di lavoro perché il loro trattore era piccolo e lento. Durante l'aratura, Nancy lavorava tutto il pomeriggio e fino a tarda notte. Faceva caldo sul trattore e il rumore era tremendo, e in quelle lunghe ore la ragazza non pensava a nulla, perduta nel ruggito del motore, mentre il sole spariva all'orizzonte, la terra scuriva e la luna si inerpicava nel cielo. Alle dieci suo padre arrivava a sostituirla e lei poteva finalmente andare a letto, ma all'alba era di nuovo in piedi, pronta a rimettersi al lavoro.

«*S-p-u-g-n-a-*» articolò in quel momento Nancy, rivolta al suo compagno.

Mentre lui tamponava il sangue, ne approfittò per sciacquare i guanti in una bacinella di Envirochem verde. Curtis Dunn morì quel giorno, mentre Nancy lavorava in laboratorio. Lei raggiunse il Kansas in aereo e arrivò al cimitero proprio quando il servizio funebre stava cominciando. Era una giornata fredda e piovosa e solo un minuscolo capannello di persone, protette dagli ombrelli, si erano radunate intorno al predicatore, vicino alla fossa scavata di fresco. Quando il tenente colonnello Nancy Jaax si fece più vicino, i suoi occhi notarono qualcosa che non ricordava di aver mai visto: una bandiera drappeggiata sulla bara. Dunque dopotutto suo padre era stato un veterano. Quella vista bastò a infrangere le ultime resistenze; Nancy scoppiò in lacrime.

Alle quattro di pomeriggio di giovedì, 7 dicembre, venne uccisa l'ultima scimmia e i membri delle squadre iniziarono la procedura di decontaminazione. Non era stato facile catturare la piccola scimmia fuggita; Jerry Jaax aveva passato due o tre ore nella stanza in cui l'animale si nascondeva, inseguendolo con la rete. In ultimo la giovane scimmia era andata a infilarsi in una crepa che si apriva dietro una gabbia, ma la coda sporgeva, e proprio lì il sergente Amen le aveva somministrato una dose massiccia di anestetico. Dopo un quarto d'ora, la scimmia era addormentata e loro l'avevano trascinata fuori per praticarle l'iniezione fatale.

Si misero in contatto radio con Gene Johnson per informarlo che l'operazione era conclusa, e lui replicò ordinando al sergente Klages di perlustrare l'edificio per assicurarsi che non ci fossero altre scimmie in libertà. In uno dei magazzini, Klages scoprì un congelatore e lo informò. «Aprilo» lo sollecitò lui.

Il sergente sollevò il coperchio e si ritrovò a fissare negli occhi alcune scimmie congelate. Erano chiuse in sacchetti di plastica trasparente, con le membra contorte e gli intestini che fuoriuscivano dal ventre. Erano le scimmie della Stanza F, quella in cui era scoppiata l'epidemia, le scimmie sacrificate da Dan Dalgard. Riabbassò di scatto il coperchio e richiamò Johnson alla radio. «*Gene, non immagini neppure quello che ci ho trovato dentro. Ci saranno dieci o quindici scimmie.*»

«Merda!»

«*Che cosa devo farne?*»

«Non voglio altri problemi con le scimmie! Basta con i campioni! Decontaminale!»

«*Ho trovato anche dei flaconi di sedativo.*»

«Decontamina anche quelli! Non possiamo sapere se in quei flaconi sono stati infilati aghi infetti. Da quel maledetto edificio esce di tutto! Di tutto!»

Aiutato da Merhl Gibson, un civile, il sergente Klages tirò fuori i sacchetti e cercò di stiparli nelle cappelliere. Inutilmente; durante il processo di congelamento, gli animali avevano assunto forme bizzarre, e in ultimo dovettero essere lasciati in corridoio a scongelarsi. A loro, avrebbero pensato le squadre incaricate della decontaminazione.

A due a due, i 91-Tango arrancarono lungo il corridoio che fungeva da camera di compensazione, esausti, fradici di sudore e ancora attanagliati dalla paura. Avevano raccolto un totale di trecentocinquanta campioni clinici, ma non avevano nessuna voglia di parlare dell'operazione conclusa, né tra di loro né con gli ufficiali.

Quando partirono per Fort Detrick, notarono Gene Johnson

seduto sotto l'albero che cresceva di fronte al fabbricato. Non rivolse la parola a nessuno e nessuno si azzardò a parlargli, tanto terribile era il suo aspetto. Lui non li vide neppure, la mente perduta nella devastazione che imperava all'interno della casa delle scimmie. Continuava a rivedere in ogni particolare le operazioni effettuate dai ragazzi. Se il tuo compagno tiene l'ago con la mano destra, tu devi stare alla sua sinistra. Bloccare la scimmia torcendole una zampa dietro la schiena, in modo che non possa girarsi e morderti. Qualcuno si era tagliato? Fino a quel momento sembrava che non si fossero verificati incidenti.

I soldati stavano ancora uscendo e già gli addetti alla decontaminazione si preparavano a entrare. Ormai era buio da un pezzo, ma Gene Johnson temeva Ebola al punto da non voler lasciare incustodito l'edificio durante la notte.

La squadra di decontaminazione era guidata da Merhl Gibson, che prima di mettersi al lavoro volle perlustrare l'edificio, tanto per farsi un'idea del lavoro da sbrigare. Lo spettacolo che gli si parò davanti lo riempì di stupore e di sgomento. Stanze e corridoi erano imbrattati di sangue e ingombri di confezioni vuote di farmaci. Il pavimento era pieno di briciole di biscotti, frantumati dal passaggio di innumerevoli piedi; qua e là erano visibili serpentelli di feci, e gli escrementi lordavano anche le pareti, dove spiccavano le impronte di piccole mani. Armato di spazzolone e di un secchio di disinfettante, Gibson cercò di lavare uno dei muri.

Poi chiamò Gene via radio. «*Questa merda è più dura del cemento. Non vuol saperne di venir via.*»

«Fai quello che puoi. Gli ordini sono di ripulire tutto.»

«*Cercheremo di staccarla a pezzi.*»

Il giorno dopo, furono acquistate spatole d'acciaio, poi la squadra di decontaminazione si mise al lavoro. Il caldo era soffocante all'interno delle tute.

Milton Frantig, l'uomo che aveva vomitato sul prato, era ricoverato al Fairfax Hospital ormai da parecchi giorni. La febbre era scomparsa, non si erano verificate epistassi e lui cominciava a sentirsi irrequieto. Sembrava che Ebola non lo avesse contagiato, o comunque i suoi esami del sangue non lo rilevavano. Pareva proprio che il suo fosse stato un semplice attacco di influenza, e il CDC si decise a dimetterlo.

Diciannove giorni dopo aver annusato i campioni infetti, poiché non avevano manifestato alcun sintomo, Peter Jahrling e Tom Geisbert cominciarono a pensare di avercela fatta. Il fatto che

Dan Dalgard e gli addetti alle scimmie stessero bene contribuiva a rassicurarli, benché si trattasse di una circostanza alquanto sconcertante. Che diavolo stava combinando quel virus? Uccideva le scimmie come se fossero mosche, e tuttavia nessun essere umano era stato contagiato. Se non si trattava di Ebola Zaire, che cos'era allora? Una varietà mutante? E da dove veniva? Jahrling era sicurissimo che provenisse dall'Africa; non aveva reagito positivamente al test per la varietà Mayinga? La verità era che si stava comportando come il virus Andromeda, ben noto agli appassionati di fantascienza. Proprio quando si pensava che il mondo fosse sull'orlo dell'annientamento, ecco che l'agente scompariva, e l'umanità poteva tirare il fiato.

Il CDC concentrò i proprio sforzi nel tentativo di individuare la fonte prima del virus, e le tracce seguite dagli investigatori li condussero alla Ferlite Farms, nei pressi di Manila. Tutte le scimmie di Reston venivano da lì, e la struttura era una sorta di tappa intermedia nel loro viaggio dalle foreste di Mindanao a Washington. Gli uomini del CDC scoprirono che anche a Manila le scimmie stavano morendo, e in gran numero, ma nessuno dei custodi filippini che si occupavano di loro accusava alcun sintomo. Se era un virus africano, che cosa ci faceva nelle Filippine? E perché gli uomini che stavano a contatto diretto con gli animali non morivano?

Qual era la natura dell'agente individuato nella casa delle scimmie? Come era possibile che Dan Dalgard fosse ancora vivo? Lui avrebbe dovuto essere il primo ad ammalarsi. Aveva forse sviluppato degli anticorpi specifici? Ma questo non bastava a spiegare perché non c'erano state altre vittime fra le persone, quando il virus era perfettamente in grado di annientare una scimmia. Stava succedendo qualcosa di molto strano. Un momento la Natura incombeva sull'uomo, pronta a uccidere, e un istante dopo distoglieva improvvisamente il viso e sorrideva. Il suo era un sorriso da Monna Lisa, e il suo significato era destinato a restare un mistero per i ricercatori militari.

18 dicembre

La squadra di decontaminazione si diede da fare col disinfettante fino a staccare la tinteggiatura dal cemento dei pavimenti, e dopo continuò a strofinare. Solo quando furono soddisfatti del risultato, passarono all'ultima fase, quella dell'irrorazione con il gas. Porte esterne, finestre e fori di ventilazione vennero sigillati con dello speciale nastro argentato, mentre gli sfoghi esterni dell'impianto di areazione furono chiusi con teli di plastica. L'edificio era ora ermeticamente sigillato. All'interno, vennero collocati in vari punti dei pezzi di carta saturi delle spore di un batterio innocuo, noto come *Bacillus subtilis niger*. Sono spore molto difficili da uccidere, ed è opinione diffusa che una decontaminazione in grado di distruggerle possa distruggere quasi tutto.

Il passo successivo fu di introdurre nella casa delle scimmie trentanove friggitrici elettriche marca Sunbeam. È questa infatti l'arma usata di preferenza dall'esercito per la decontaminazione. Un cavo elettrico munito di molte prese, simile a una di quelle decorazioni natalizie con tante luci, fu srotolato per tutto l'edificio, e alle prese vennero inserite le spine delle friggitrici mentre il cavo era collegato a un interruttore centrale. In ciascuna friggitrice gli uomini fecero cadere una manciata di cristalli disinfettanti, poi le regolarono su «alto». Alle ore diciotto del 18 dicembre, qualcuno premette l'interruttore centrale e le Sunbeam entrarono in funzione. Bollendo, i cristalli sprigionarono gas che invase l'intero fabbricato. Penetrò nei condotti dell'aria, impregnò gli uffici, si insinuò nei cassetti delle scrivanie e fin dentro i temperamatite conservati in quei cassetti. Si infiltrò nelle fotocopiatrici, nei personal computer e nelle imbottiture delle sedie, e si aprì un varco nei tubi di scarico fino a raggiungere le pozze di disinfettante che ancora stagnavano nei separatori d'acqua. Finalmente, gli addetti alla decontaminazione, con le tute nuovamente indosso, rientrarono a recuperare i campioni di spore. Il trattamento Sunbeam aveva ucciso il *batterio*.

C'è un modo di dire in virologia che recita più o meno così: è impossibile sapere con certezza se la vita è stata annientata in un certo ambiente. La vita sopravvive quasi a ogni attacco; la sterilizzazione totale e inequivocabile è un obiettivo difficilissimo da raggiungere nella realtà, ed è quasi impossibile da verificare. Nondimeno, una cottura con friggitrici Sunbeam della durata di tre giorni e che distrugga tutti i campioni di *niger*, implica automaticamente il successo. La casa delle scimmie era stata sterilizzata. Ebola aveva incontrato una degna opposizione. Per qualche tempo, ossia fino a quando non fosse stato possibile riportarvi la vita, la Reston Primate Quarantine Unit fu il solo edificio al mondo in cui nulla, assolutamente nulla, viveva.

29

LA VARIETA' PIU' PERICOLOSA

gennaio 1990

La varietà di Ebola esplosa nei pressi di Washington se ne rimase nascosta da qualche parte nella foresta pluviale. Il suo ciclo vitale continuò, come deve essere se un virus è destinato a continuare a esistere. L'esercito, attestato con legittima soddisfazione che la casa delle scimmie era stata «nuclearizzata», la restituì alla Hazleton Research Products. Questa ricominciò a importare scimmie dalle Filippine, rivolgendosi a quella stessa struttura nei pressi di Manila, e ripopolò l'edificio di macachi di Giava catturati nella foresta pluviale di Mindanao. Meno di un mese dopo, il 12 gennaio 1990, Dan Dalgard constatò che alcune scimmie della Stanza C stavano morendo dopo aver sofferto di epistassi. Telefonò a Peter Jahrling. «A quanto pare, ci risiamo» disse. «C'è un modo per poter verificare *solo* l'eventuale presenza di febbre emorragica?» Se si trattava ancora di Ebola, lui preferiva non saperlo.

«No, mi dispiace» replicò Jahrling. «Dobbiamo verificare tutte le possibilità.»

E in effetti era proprio Ebola. Arrivato dalle Filippine. Questa volta, dato che la prima epidemia non aveva causato vittime umane, l'esercito, il CDC e la Hazleton decisero di comune accordo di isolare le scimmie e lasciare che la malattia facesse il suo corso. In questo modo, Dan Dalgard sperava di salvarne almeno alcune, e inoltre la sua società non voleva che le tute dell'esercito tornassero sulla scena.

Si trattò, insomma, di una sorta di esperimento, la creazione di una casistica relativa a un nuovo virus. Ora si sarebbe visto come Ebola contava di agire in una popolazione di scimmie rinchiusa in uno spazio privo di sfoghi con l'esterno. L'agente passò rapidamente da una stanza all'altra, prosperò nell'organismo dei primati e parve mutarsi in qualcosa che somigliava moltissimo al comune raffreddore. Era pur sempre un raffreddore Ebola, però, e le scimmie morirono in grandi quantità, perdendo dal naso muco verde e trasparente mischiato a sangue che non voleva saperne di coagularsi. Il virus fece marcire e ridusse allo stato semiliquido i loro polmoni; si verificarono casi di polmonite emorragica. Una sola scimmia che perdesse sangue bastava perché in breve tempo perisse l'ottanta per cento degli animali presenti in una stanza. Si trattava quindi di un virus estremamente contagioso fra le scimmie. Gli scienziati dell'Istituto sospettavano di trovarsi di fronte a una varietà mutante, a qualcosa di nuovo e leggermente diverso da quella presentatasi solo un mese prima, quando l'esercito aveva «nuclearizzato» la casa delle scimmie. Che Ebola potesse mutare con estrema rapidità le sue caratteristiche, era senz'altro una possibilità inquietante. Il quadro sintomatico presentava molte affinità con quello dell'influenza e del raffreddore, a ricordare che Ebola è imparentato con certi tipi di raffreddori infantili. La sensazione era che il virus potesse adattarsi rapidamente a nuovi ospiti, e modificare altrettanto rapidamente la sua natura una volta penetrato in una nuova popolazione.

Apparentemente, Ebola si diffondeva attraverso i condotti dell'aria. Il 24 gennaio, le scimmie della Stanza B cominciarono a sanguinare, entrarono in stato di shock e morirono mostrando tutti i sintomi più evidenti di Ebola: occhi rossi, nasi gocciolanti ed espressioni fisse sul muso. Nelle settimane successive, l'infezione si propagò nelle Stanze I, F, E e D di cui spazzò via tutti gli occupanti. Poi, a metà febbraio, uno degli addetti agli animali che qui chiameremo John Coleus, si ferì al pollice con un bisturi mentre effettuava un'autopsia. Stava affettando il fegato, uno degli organi prediletti da Ebola, quando la lama, sporca di cellule epatiche e di sangue gli penetrò profondamente nella carne. Si era verificata una massiccia esposizione a Ebola.

Il fegato in questione venne portato immediatamente all'USAMRIID, per essere esaminato. Tom Geisbert ne esaminò un frammento al microscopio, e con suo sgomento scoprì che era «incredibilmente caldo... brulicante di virus da parete a parete». All'Istituto tutti si convinsero che John Coleus sarebbe morto. «Qui tutti avevamo una gran paura che quel tizio fosse condannato» mi raccontò Peter Jahrling. Tuttavia, il CDC decise di non metterlo in isolamento, e Coleus continuò ad andare per bar e a bere birra in compagnia dei suoi amici.

«Quando ne fummo informati» è ancora Peter Jahrling che parla «ne fummo sconvolti. Il CDC non avrebbe mai dovuto permettere una cosa simile. Di quell'agente patogeno non sappiamo molto e non è escluso che si comporti come il comune raffreddore – con un periodo di latenza durante il quale il soggetto ammalato diffonde il contagio senza saperlo – e quando finalmente compaiono i sintomi, a quel punto ha infettato un sacco di persone. Sì, di Ebola si sa veramente poco. Ignoriamo da dove venga, e ignoriamo quale forma assumerà alla sua prossima apparizione.»

John Coleus soffriva di un piccolo disturbo che richiedeva un intervento chirurgico. L'operazione ebbe luogo durante il periodo di incubazione successivo all'esposizione. Non risulta che nel corso dell'intervento il paziente abbia sofferto di emorragie significative. Coleus lo superò brillantemente e a tutt'oggi è ancora vivo.

In quanto alla casa delle scimmie, l'intero edificio morì. Questa volta non ci fu bisogno che l'esercito lo «nuclearizzasse», ci pensò Ebola Reston. A dispetto delle precauzioni prese per isolare le stanze infettate, l'agente si diffuse ovunque senza incontrare difficoltà. Ma neppure in questa occasione ci furono vittime tra gli esseri umani.

Nondimeno, si verificò una circostanza bizzarra e forse sinistra. Erano quattro gli uomini che lavoravano come guardiani nella casa delle scimmie: Jarvis Purdy, che aveva avuto l'attacco cardiaco; Milton Frantig, che aveva vomitato sul prato; John Coleus, che si era ferito al pollice; e un quarto. Tutti e quattro alla fine risultarono positivi al test per Ebola Reston. *Tutti* erano stati contagiati. Il virus era penetrato nel loro circolo ematico e andava moltiplicandosi nelle loro cellule, compiendo il proprio ciclo vitale. Ma apparentemente questo non ebbe alcuna influenza sul loro stato di salute, e se anche soffrirono di mal di testa o altri malesseri, non furono episodi degni di nota e non ne conservarono memoria. Alla fine il loro organismo si liberò naturalmente del virus e, almeno fino a oggi, non si conoscono ripercussioni di alcun tipo. Dunque questi quattro sono tra i pochi, tra i pochissimi esseri umani sopravvissuti a Ebola. Non c'era da dubitare che John Coleus rimase contagiato ferendosi con il bisturi sporco di sangue, ma molto più preoccupante è il fatto che negli altri non ci fu bisogno di alcuna ferita perché il contagio si sviluppasse. Come fece Ebola a penetrare nel loro circolo ematico? Con ogni probabilità, attraverso il contatto con i polmoni. Quando divenne evidente che tre dei quattro uomini contagiati non avevano riportato ferite di alcun tipo, all'USAM-

RIID si concluse all'unanimità che Ebola poteva trasmettersi per via aerea.

Di recente il dottor Philip Russell, il generale che decise l'intervento militare nella casa delle scimmie, mi ha detto che, benché all'epoca fosse «terrorizzato» da Ebola, solo in seguito, quando cioè comprese che il virus si diffondeva tra le scimmie attraverso l'aria, prese atto del suo autentico potenziale. «In retrospettiva, ero molto più spaventato» mi disse. «Pensavo: "mio Dio, basterebbero poche piccole mutazioni perché questo virus acquisti la capacità di trasmettersi attraverso le vie respiratorie." Sto parlando della Morte Nera. Pensi a un virus con il grado di contagiosità dell'influenza e il tasso di mortalità della peste nera medievale – ecco di che cosa sto parlando.»

I dipendenti della casa delle scimmie si erano rivelati casi asintomatici. Perché il virus non li aveva uccisi? Ancora oggi nessuno sa rispondere a questa domanda. Una varietà asintomatica di Ebola; una minuscola differenza nel codice genetico del virus aveva apparentemente modificato in modo drastico i suoi effetti sugli esseri umani, rendendolo quasi innocuo, benché continuasse a essere letale per le scimmie. Sembrava quasi che questa nuova varietà sapesse distinguere tra una scimmia e una persona. E se in futuro dovesse mutare in un'altra direzione...

Una giornata di primavera, andai a intervistare il colonnello Nancy Jaax in merito al ruolo da lei giocato nella crisi Reston. Parlammo nel suo ufficio; un bella stanza, con mobili nuovi, anche se priva di finestre. Il colonnello portava un maglione militare nero con le aquile d'argento sulle spalline – era stata promossa di recente. In una scatola collocata in un angolo dormiva un giovanissimo pappagallo che a un certo punto si destò e cominciò a strillare.

«Hai fame?» sorrise lei. «Ma sì, subito. Come sei noioso!» Estrasse dalla borsa un cartoccio di mangime che versò in una scodellina. L'uccello cominciò a becchettare, socchiudendo gli occhi con aria soddisfatta.

Poi Nancy agitò una mano in direzione degli schedari. «Vuol dare un'occhiata al materiale su Ebola? Scelga quello che vuole.»

«Preferirei che fosse lei a indirizzarmi.»

Nancy frugò in un armadietto, prese una manciata di vetrini e li portò in un'altra stanza, dove su un tavolo c'era un microscopio munito di due coppie di oculari per la visione di due operatori.

«Okay, cominciamo con questo» fece, collocando un vetrino nel microscopio.

Vidi un raggruppamento di cellule, che qua e là erano esplose e si erano liquefatte.

«Questo è un frammento di testicolo» mi spiegò Nancy. «Altamente infetto. Ebola Zaire in una scimmia contagiata per via polmonare nel 1986, durante lo studio effettuato da me e Gene Johnson.»

Mentre esaminavo il campione, mi sentii invadere da una sensazione sgradevole. «Mi sta dicendo che il virus era entrato nei polmoni della scimmia per poi spostarsi...?»

«Proprio così. Sorprendente, vero? E ora le farò vedere qualcosa di ancora più strabiliante. Le mostrerò il polmone.»

La scena mutò e io mi trovai a fissare un pezzetto di merletto belga, rosa e indiscutibilmente marcio.

«Tessuto polmonare. Vede come il virus ribolle nel polmone? È Ebola Zaire.»

Distinguevo le singole cellule, alcune delle quali gonfie di particelle nere.

«Vediamo di ingrandire un po' l'immagine.»

Le cellule si fecero più grandi, e i puntini neri si trasformarono in grumi angolosi che esplodevano fuori di esse, come piccoli di una nidiata.

«Ed ecco i mattoni» spiegò Nancy.

Erano cristalloidi Ebola, che esplodevano nei polmoni. Sentii i capelli che mi si rizzavano sulla testa e avvertii un improvviso empito di nausea. Ci sono cose che forse i non addetti ai lavori non dovrebbero mai vedere.

«Sono polmoni estremamente infetti» disse ancora Nancy in tono noncurante. Le aquile argentee splendevano sulle sue spalline. «Vede come i corpi inclusi si innestano direttamente negli alveoli? Quando il soggetto tossisce, questa roba viene espulsa con l'espettorato. Ecco perché è bene non farsi mai tossire in faccia da qualcuno contagiato da Ebola.»

«Mio Dio, sembra che il virus sappia tutto dei polmoni!»

«Forse no. Il suo ospite naturale potrebbe essere un insetto, ed è noto che gli insetti non hanno polmoni. Ma qui abbiamo la prova che Ebola ha saputo adattarsi a *questo* polmone.»

«Si direbbe un organismo altamente sofisticato.»

«Proprio così. Si potrebbe andare avanti all'infinito a formulare ipotesi sul suo conto. Ma una cosa è certa: se dovesse mutare, sarebbe un guaio. Un *grosso* guaio.

Nel marzo 1990, durante la seconda epidemia di Reston, il CDC decise una serie di pesanti restrizioni sull'importazione delle scimmie, rendendo più rigorose le visite mediche e le procedure relative alla quarantena. Inoltre, revocò temporaneamente le licenze a tre società, la Hazleton Research Products, la Charles River Primates Corporation e la Worldwide Primates Inc., accusandole di aver violato le regole della quarantena. (Le licenze furono in seguito ripristinate.) L'iniziativa del CDC riuscì a sospendere l'importazione delle scimmie negli Stati Uniti per parecchi mesi, e significò per la Hazleton una perdita quantificabile in alcuni milioni di dollari. Le scimmie sono preziose. A dispetto dell'iniziativa del CDC contro la Hazleton, gli scienziati dell'USAMRIID e perfino alcuni del CDC, elogiarono Dalgard e la sua società per aver preso la decisione di affidare la struttura all'esercito. «Fu duro per la Hazleton, ma è certo che fu la cosa giusta» mi disse Peter Jahrling.

La Hazleton aveva preso in affitto la casa delle scimmie da un proprietario di immobili per uso commerciale. Prevedibilmente, i rapporti fra le due parti si guastarono in occasione dell'intervento militare e della seconda epidemia di Ebola. In seguito, la Hazleton rescisse il contratto, e a tutt'oggi l'edificio è ancora vuoto.

Peter Jahrling, uno di coloro che inalarono Ebola e che è sopravvissuto per parlarcene, è attualmente il primo scienziato dell'USAMRIID, e a lui e a Tom Geisbert si attribuisce la scoperta della varietà Reston. Toccò a loro darle un nome, e seguendo la tradizione la chiamarono appunto Reston, dal luogo in cui era stata isolata per la prima volta. Durante le conversazioni informali, capita che a volte ci si riferisca a essa come a «Ebola Reston». Un giorno che ero nel suo ufficio, Jahrling mi mostrò una fotografia di alcune particelle virali di Ebola. Assomigliavano a spaghetti cotti al dente. «Guardi questo» disse, tracciando col dito il contorno di un piccolo cappio. «È Reston... no, mi sbaglio, è Zaire. Il fatto è che non è facile vedere la differenza tra i due, il che ci riporta all'interrogativo di fondo: perché la varietà Zaire è tanto letale e la Reston non lo è, quando sono così simili tra di loro? Quasi sicuramente Ebola Reston si trasmette per via aerea. Quei dipendenti della Hazleton che furono contagiati... sono quasi certo che andò così.»

«Dunque il proiettile ci ha sfiorati?»

«Direi di no» fu la risposta di Jahrling. «Il proiettile ci ha colpiti, ma abbiamo avuto fortuna perché era il proiettile di gomma di una .22 e non la pallottola *dum-dum* di una .45. Mi preoccupa che la gente possa dire: "Whow, il proiettile ci ha sfiorati", perché la prossima volta che vedremo Ebola al microscopio sarà facile reagire dicendo: "Ah, è solo Reston, non dobbiamo preoccuparci del biocontenimento". E se invece fosse il fratello maggiore?».

In seguito, C.J. Peters lasciò l'esercito per mettersi a capo della branca Agenti Patogeni Speciali del CDC. Ripensando all'emergenza Reston, un giorno mi disse di essere sicurissimo che, almeno durante la seconda epidemia, Ebola si era diffuso nella casa delle scimmie attraverso l'aria. «Lo schema di contagio che constatammo, e il fatto che Ebola si diffondeva in sempre nuove stanze, indicava la presenza di unità virali in sospensione. Osservando al microscopio campioni di polmone di una scimmia affetta da Ebola Zaire, si nota che appaiono come «velati». Ha visto quelle immagini?»

«Sì, me le ha mostrate Nancy Jaax.»

«Dunque sa. Le particelle di Ebola sono chiaramente visibili negli alveoli.»

«Avete mai cercato di stabilire se era possibile immettere Ebola Reston nell'aria e diffonderlo in questo modo tra le scimmie?» chiesi.

«No» rispose lui con fermezza. «A mio avviso non era una buona idea. Se qualcuno avesse scoperto che l'esercito stava effettuando degli esperimenti per accertare se il virus Ebola era mutato in modo da diffondersi nel tratto respiratorio, saremmo stati accusati di lavorare alla messa a punto di armi biologiche. Quindi scegliemmo di non farlo.»

«Questo significa che non sapete con certezza se Ebola può o meno diffondersi nell'aria.»

«Proprio così. Non lo sappiamo. Ma se così fosse, sarebbe più o meno la cosa peggiore che si possa immaginare.»

Dunque, alle tre varietà (Marburg, Ebola Sudan ed Ebola Zaire) se ne è aggiunta una quarta, Reston. Ricercatori del CDC hanno analizzato i geni e paragonato le sequenze genetiche dei virus, scoprendo che Zaire e Reston sono così simili da non poterli quasi distinguere; sono talmente simili, in effetti, che è difficile stabilire in cosa differiscono. Ciascun virus contiene sette proteine, quattro delle quali ci sono completamente sconosciute. Una leggerissima differenza in una delle proteine di Reston è probabilmente la ragione per cui il virus non imperversò a Washington come un incendio. Nessuno sa dire perché, apparente-

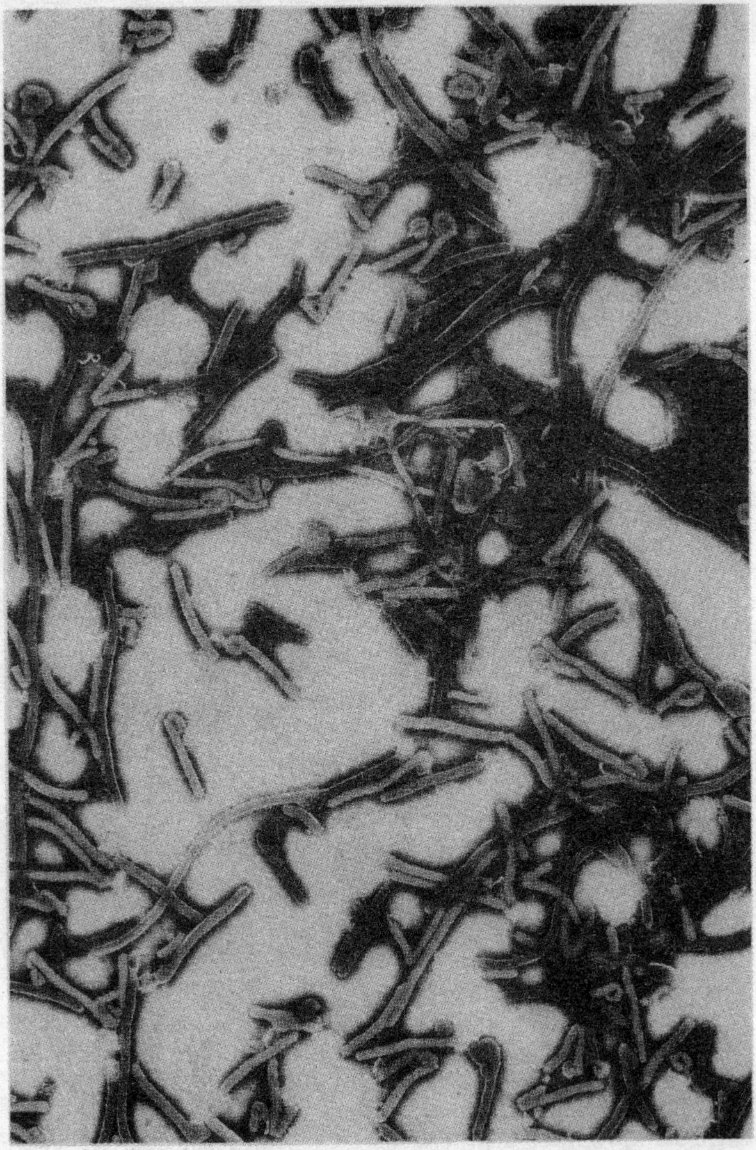

Particelle di virus Ebola Zaire ingrandite 17.000 volte. Si notino le curvature terminali di alcune particelle, i cosiddetti «bastoni da pastore» (shepherd's crooks)*, tipici dell'Ebola Zaire e dei suoi affini.* (Fotografia di Thomas W. Geisbert, USAMRIID.)

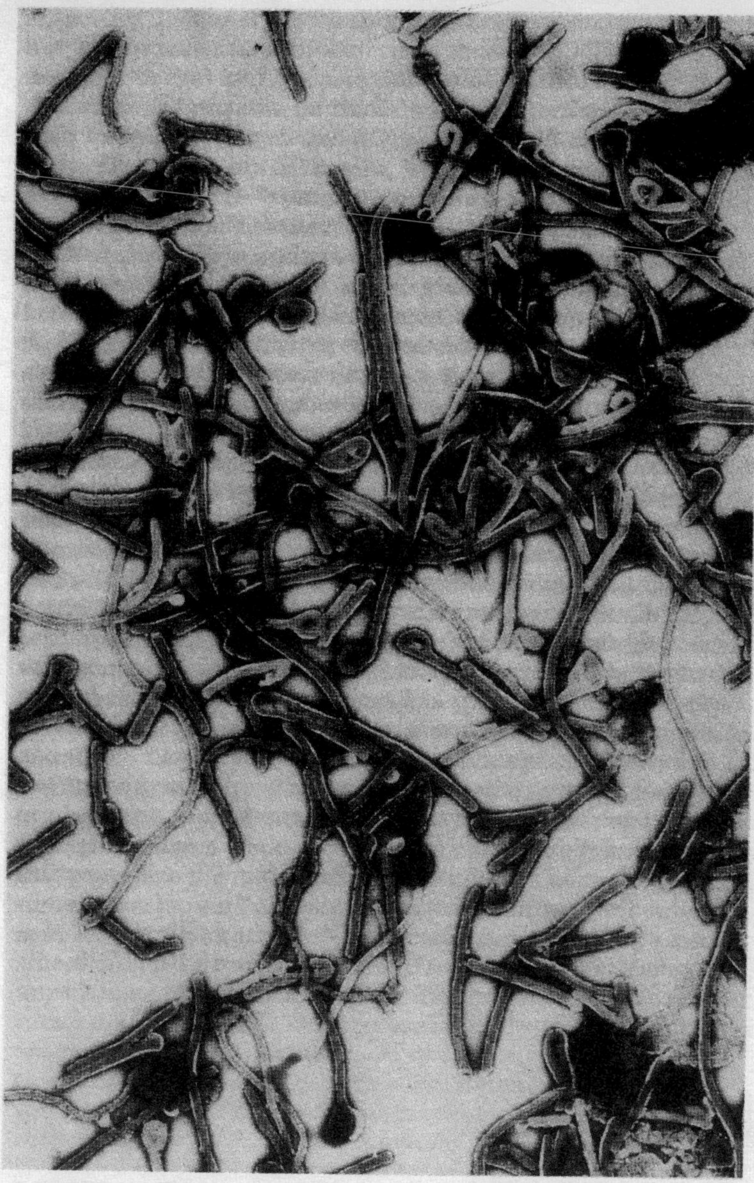

Particelle di virus Ebola Reston. Afferma Peter Jahrling: «Il fatto è che non si riesce a distinguere a vista i due ceppi». (Fotografia di Thomas W. Geisbert, USAMRIID.)

mente, la varietà Reston non uccide gli esseri umani, ma né l'esercito né il CDC ne hanno mai modificato la classificazione, e Reston rimane tuttora un agente caldo del Quarto Livello; così, se vi venisse voglia di stringergli la mano, non dimenticate di indossare una tuta di protezione. Gli esperti della sicurezza pensano che al momento non ci sia la prova certa della non pericolosità della varietà Reston. Potrebbe, anzi, rivelarsi il più pericoloso dei filovirus, perfino più pericoloso di Ebola Zaire, a causa della sua apparente capacità di viaggiare nell'aria. Un minuscolo mutamento nel codice genetico, e Reston potrebbe dilagare tra la razza umana con conseguenze devastanti.

Perché Reston è così simile a Ebola Zaire, quando si suppone che provenga dall'Asia? Varietà originarie di continenti diversi dovrebbero differire per molti aspetti. Una risposta possibile è che la varietà Reston provenga effettivamente dall'Africa e che abbia raggiunto le Filippine a bordo di un aereo, non molto tempo fa. In altre parole, Ebola ha già penetrato la rete, ed è in viaggio. Gli esperti non dubitano che un virus possa spostarsi in tutto il mondo nel giro di pochi giorni. Forse Ebola atterrò in Asia solo pochi anni fa. Forse, ma questa è solo un'ipotesi, vi arrivò nell'organismo di animali selvatici africani. Si dice che certi ricchi proprietari terrieri filippini importassero illegalmente animali africani per poi liberarli nelle loro tenute e dar loro la caccia. Se questo è vero, e se Ebola vive in qualche grosso animale africano – nel leopardo o nel leone, o magari nel bufalo cafro – potrebbe essere arrivato in questo modo nelle Filippine. Ma questa, ripeto, è solo una teoria. Come per tutti gli altri filovirus, il nascondiglio di Ebola Reston è ancora sconosciuto. Sembra molto probabile, nondimeno, che l'epidemia Reston abbia avuto inizio nelle Filippine, probabilmente nella struttura di Ferlite Farms, con una sola scimmia. Un'unica scimmia ammalata, il precedente sconosciuto. Una scimmia per dare il via a tanta devastazione, una scimmia che forse fu contagiata da quattro o cinque particelle di Ebola provenienti da... tutte le opzioni sono aperte.

PARTE QUARTA

KITUM CAVE

30

AUTOSTRADA

Agosto 1993

Da Nairobi, la strada per Mount Elgon punta a nordovest attraverso gli altipiani kenioti, snodandosi tra verdi colline che sembrano premere contro il cielo. Passa per piccole fattorie e tratti di boschi di cedri per risalire una cresta di terra, quasi balzasse nello spazio, e quindi discendere in una depressione avviluppata da una foschia giallastra, la Rift Valley. Percorre la vallata tagliando attraverso rugose colline, fino a toccarne il fondo, dove si dipana in una savana punteggiata di acacie. Costeggia i laghi d'acqua dolce e si inoltra in boschetti di eucalipti che splendono verdi e giallastri al sole. Indugia nelle città che sorgono vicino ai laghi, quindi devia a ovest verso il lago Vittoria e si snoda tra una fila di colline bluastre, il lato occidentale della Rift Valley, quindi si arrampica tra le colline, un'autostrada a due corsie stretta e dritta come una freccia, affollata da camion che eruttano fumo mentre arrancano su per i pendii, diretti in Uganda o nello Zaire.

La strada per Mount Elgon è un tratto dell'autostrada dell'AIDS, la Kinshasa Highway, che taglia l'Africa a metà, e lungo la quale il virus dell'AIDS viaggiò nel corso dell'epidemia che da un punto imprecisato della foresta pluviale africana lo condusse in ogni angolo della terra. La strada era un tempo una pista sterrata che serpeggiava attraverso il cuore del continente africano, e quasi impossibile da percorrere per intero. Venne asfaltata negli anni Settanta, e poco dopo che i camion avevano cominciato a percorrerla, il virus dell'AIDS fece la sua comparsa nelle cittadine che sorgono lungo di essa. Da dove il virus provenga esattamente, è uno dei grandi misteri rimasti irrisolti.

Conoscevo bene la strada per Mount Elgon, che avevo percorso da ragazzo, quando era ancora sterrata. Per qualche tempo avevo vissuto con i miei genitori e i miei fratelli nella fattoria di una famiglia Luo, tra le colline che si affacciano sul lago Vittoria... una fattoria tradizionale, con le capanne di fango e un boma per tenervi il bestiame. Non tornavo in Africa da quando avevo dodici anni, ma per chi impara a conoscere il continente nero negli anni dell'infanzia e dell'adolescenza, esso ne diventa una parte inscindibile. Avevo goduto del calore della sabbia di fiume sotto i miei piedi nudi, e avevo fiutato i coccodrilli. Conoscevo il brivido che fa raggrinzire la pelle quando le mosche tsetse ti si insinuano fra i capelli, e mi sembrava di sentire ancora le voci parlare inglese nelle morbide tonalità della lingua Luo, esortandomi a sentirmi libero, libero di mangiare un altro po' del grasso della coda di montone. Conoscevo la sensazione dello svegliarsi nella luce grigiastra che precede l'alba, senza sapere bene dove ci si trovi, e poi gradatamente ricordare che il foro che si apre nella parete di fango è la finestra di una capanna, e vedere una folla di bambini che ti sbircia attraverso essa. Quando rividi l'Africa, l'Africa tornò di nuovo viva, intera, baluginante di enigmi mai dimenticati. La prima cosa che mi colpì fu l'odore dei falò, da cui il legno d'acacia e di eucalipto sprigiona una foschia leggera che aleggia sulle città e aderisce ai corpi. Subito dopo, con la violenza di un ceffone, mi colpì la vista della folla che ingombrava le strade, persone che sembravano essersi messe in cammino all'inizio del tempo, tutte a piedi e tutte prive di meta. Negli altipiani kenioti i loro piedi scalzi o protetti dai sandali percorrevano i bordi dell'autostrada, frantumandoli in strisce di argilla rossa. Camminando, le donne cantavano inni cristiani e alcune portavano chitarre, o sacchi di carbone o di sale in equilibrio sulla testa.

La Land Rover irruppe nella nebbia dei gas di scarico e sobbalzò violentemente quando sprofondò in una buca. Robin MacDonald, la mia guida, strinse con più forza il volante che vibrava tra le sue mani. «Oh, non è male questa strada, amico» disse. «L'ultima volta che l'ho percorsa era da *piangere*. Sono anni che non salgo a Mount Elgon... da quando ero ragazzo, in effetti. Il mio vecchio aveva un amico che possedeva una *shamba* lassù» – *shamba*, ossia fattoria – «e andavamo spessissimo a trovarlo. Oh, era una favola, amico. Ma ora non esiste più. Eh, è *kwisha*.» *Kwisha*, ossia finito. Strombazzando, aggirò un branco di capre. «Togliti di mezzo!» gridò a un animale, e a me: «Ma guarda quello! Non si muove neppure». Con un ruggito, la Land Rover accelerò.

La strada si snodava attraverso piccoli campi di mais, al

centro dei quali spuntava una capanna di fango o cemento. C'erano persone nei campi, intente a dissodare la terra con le zappe. L'area coltivata arrivava praticamente fino alla porta di casa. Superammo un uomo che in piedi sul ciglio della strada impugnava una valigia legata con una corda e ci salutò. Ne oltrepassammo un altro con indosso un impermeabile inglese e una fedora che camminava lentamente aiutandosi con un bastone: una figura grigia nella luce vivida del sole. Molti altri ci salutarono al nostro passaggio, e alcuni indugiarono a seguirci con lo sguardo. Poi dovemmo arrestarci per lasciar passare un branco di mucche, guidate da alcuni ragazzetti Kikuyu armati di bastoni.

«Ah» fece Robin in tono sognante. «Quando ero ragazzo, in qualunque posto del paese si volesse arrivare, ci volevano tre giorni. Ricordo che una volta uccidemmo una maledetta gazzella di Thomson; ci bastò proprio per tre giorni. Ai vecchi tempi, vent'anni fa, questa terra era tutta foreste e praterie. Ora, non si vede altro che granturco. E le foreste sono scomparse, amico.»

Robin MacDonald è una guida professionista e uno dei circa venti cacciatori che ancora lavorano nell'Africa orientale – quelli che accompagnano i clienti a caccia di selvaggina di grandi dimensioni. Ha una faccia larga e rubizza, con labbra sottili, occhi penetranti dietro gli occhiali dalla montatura metallica e zigomi pronunciati. I capelli sono neri e ricciuti, tagliati corti sulla fronte. Robin detesta portare abiti color kaki; è convinto che facciano «schifosamente americano» e a suo avviso non sono comodi nella boscaglia. Per queste spedizioni, lui mette un berretto da baseball, una T-shirt nera, pantaloncini corti e scarpe da ginnastica verdi e bruciacchiate... le ha fatte asciugare troppe volte sul fuoco dei bivacchi. Suo padre, un celebre cacciatore professionista di nome Iain MacDonald, pilotava un aereo che andò a schiantarsi nelle piane africane nel 1967, quando Robin aveva appena tredici anni. Ma a quell'età, Robin aveva già imparato tutto quello che aveva bisogno di sapere. Era andato a caccia di leopardi e di leoni con il padre, e aveva ucciso un bufalo cafro che lo caricava, mentre suo padre gli stava accanto, pronto a esplodere il secondo colpo nel caso lui lo avesse mancato. Per giorni e giorni padre e figlio avevano seguito le piste degli elefanti attraverso le distese di piante spinose dello Yatta Plateau, portando con loro solo una borraccia d'acqua e una mela. «Quel cliente, un tizio che veniva dal Texas...» mi raccontò. «Aveva detto che poteva camminare all'infinito, senza stancarsi mai, diceva di essere un cacciatore esperto. Un giorno si buttò a sedere e disse: "Vaffanculo, non ce la faccio a continuare. Preparatemi qui il campo". Così allestimmo il campo, poi il mio vecchio e io riprendemmo la marcia e seguimmo l'elefante per altri due giorni. Quando si metteva sulle tracce di un elefante, il mio vecchio portava con sé solo un po' d'acqua. Mi diceva: "Ficca una mela nello zaino e andiamo". Insomma, camminammo per lo Yatta Plateau per due giorni. Quando trovammo l'elefante, lo guidammo verso il nostro cliente e lui gli sparò.»

«Quanti anni aveva allora?»

«Sette, amico.»

Ora Robin non dà più la caccia agli elefanti – è favorevole alla legge che vieta il commercio dell'avorio – ma uccide ancora il bufalo cafro, che non corre pericolo di estinguersi ed è noto per essere l'animale africano più pericoloso.

Circolava la voce di certi tumulti razziali nella zona di Mount Elgon. Gli Elgon Masai effettuavano scorrerie contro i Busuku, un'etnia che popola i pendii meridionali della montagna, appiccando fuoco alle loro capanne, uccidendo gli uomini con le armi automatiche e cacciandoli dalla loro terra. Preoccupato, avevo telefonato a Robin dagli Stati Uniti per chiedere la sua opinione.

«Dov'è che vuole andare? A Mount Elgon?» ha detto lui. La sua voce mi arrivava sibilante e remota lungo la linea.

«Porto con me un paio di tute spaziali.»

«Tutto quello che vuole, amico.»

«È sicura la zona?»

«Tranquillissima. A meno che non scoppi una maledetta sollevazione.»

Robin accese una scadente sigaretta africana e mi guardò. «Allora, che cosa ha in mente di fare su alla grotta? Deve raccogliere *campioni*? Scatole di merda di pipistrello o che altro?»

«No, voglio solo dare un'occhiata in giro.»

«Da ragazzo salivo spesso lassù. Dunque c'è una malattia da quelle parti, eh? Qualcosa che fa sembrare l'AIDS un raffreddore, eh? Che ti fa diventare liquido e poi esplodere, eh? Pfft! Con la robaccia che ti esce da tutti i buchi del corpo, è così? E quanto tempo ci mette?»

«Circa sette giorni.»

«Oof! Amico. Come la si becca?»

«Contatto diretto col sangue. Ma forse viaggia attraverso l'aria. Si trasmette anche durante i rapporti sessuali.»

«Come l'AIDS, intende dire?»

«Sì. I testicoli si gonfiano e diventano neri e blu.»

«Come! Gli zebedei si gonfiano? Fantastico! Ti vengono le palle come quelle di una scimmia blu? Cristo! Ragazzo, è una schifosa porcheria questa!»

«Non avrebbe potuto descrivere l'agente in modo migliore» replicai.

Robin tirò una boccata, poi si tolse il berretto da baseball e si ravviò i capelli prima di cacciarselo di nuovo in testa. «D'accordo, allora. Vuole entrare nella grotta a dare un'occhiata alla merda di pipistrello. E se poi dopo *esplode* in una delle mie tende, che ne faccio io di lei?»

«Non mi tocchi. Limitatevi ad arrotolarmi dentro una tenda e a portarmi all'ospedale.»

Scoppiò a ridere. «Okay. Vorrà dire che chiamerò il Flying Doctors. E dov'è che dovremo portare la tenda, amico?»

«All'ospedale di Nairobi. Basterà che mi lasciate davanti al pronto soccorso.»

«Molto bene, amico. È quello che faremo.»

Le Cherangani Hills si profilavano in lontananza, uno schieramento di vette proprio sul margine della Rift Valley, verdi e bitorzolute, come schiacciate dall'onnipresente cortina di nuvole. Nuvole che si fecero scure e più basse a mano a mano che ci avvicinavamo a Mount Elgon, e ben presto gocce di pioggia cominciarono a martellare il parabrezza. L'aria si raffreddò. Robin accese i fari.

«Si è ricordato il disinfettante?» gli chiesi.

«Ne avrò un paio di litri nel bagagliaio.»

«Semplice disinfettante per bucato?»

«Proprio così. Noi lo chiamiamo "Jik", qui in Kenya.»

«È come il Clorox?»

«Già. Jik. Bevilo, e ti ammazza.»

«Io spero che ammazzi Marburg.»

«Sarebbe meglio, amico mio. Fottutissimo Jik!»

Gli insediamenti urbani si erano fatti più frequenti; ovunque si vedevano camion parcheggiati di fronte a baracche di lamiera e assi di legno – piccoli ristoranti, alcuni dei quali offrivano un servizio completo: carne di capra alla griglia, birra Tusker, un letto e una donna. Secondo i medici che lavorano nell'Africa orientale, il novanta per cento delle prostitute che operano lungo la Kinshasa Highway sono portatrici di AIDS. Non esistono cifre certe, ma i dottori del posto ritengono che circa il trenta per cento degli uomini e delle donne in età fertile che vivono nelle vicinanze di Mount Elgon siano sieropositivi. Gran parte di loro morirà di AIDS, e molti dei loro figli contrarranno la malattia e moriranno a loro volta in età infantile.

Il decorso della sindrome da immunodeficienza è subdolo; il virus può restare per anni in incubazione in un ospite umano, prima di ucciderlo. Se fosse stato individuato prima, forse avrebbe preso il nome di Kinshasa Highway, in considerazione del fatto che fu questa la strada che percorse. Di recente, l'HIV ha intrapreso un'estesa amplificazione nella specie umana, e il suo furore omicida non si è ancora spento, anzi, è appena iniziato. Ancora non sappiamo quali effetti avrà sulla popolazione africana, indiana o tailandese, ma non è affatto escluso che riduca drasticamente la popolazione umana di queste zone del pianeta.

Quando percorsi la Kinshasa Highway, da ragazzo, non era che una pista polverosa e poco trafficata che serpeggiava attraverso la Rift Valley in direzione del lago Vittoria. Era una strada di ghiaia, erosa dalle acque e costellata di buche capaci di schiantare il telaio di una Land Rover. Quando la si percorreva, capitava di scorgere in lontananza un pennacchio di polvere che si faceva via via più grande. Un'automobile. Bisognava rallentare e accostare, allora, e quando l'auto era vicina, posare entrambe le mani sul parabrezza per evitare che un ciottolo sollevato dal suo passaggio non lo fracassasse. Poi il veicolo si allontanava, lasciando dietro di sé una nube di nebbia giallastra. Ora la strada era asfaltata, aveva una striscia bianca dipinta al centro e sopportava un flusso ininterrotto di traffico. Ai grossi camion si mescolavano *pickup* e furgoni stracolmi di gente, e il tanfo dei gas di scarico era soffocante. L'asfaltatura della Kinshasa Highway ha condizionato il mondo intero, e si è rivelata uno degli eventi più importanti del Ventesimo secolo. È già costata almeno dieci milioni di vite umane, e c'è una forte probabilità che la cifra finale superi ampiamente quella delle vittime della seconda guerra mondiale. In pratica, io ho assistito alla comparsa dell'AIDS in un arco di tempo sorprendentemente breve, il tempo necessario a trasformare una pista sterrata in un nastro di catrame.

31

L'ACCAMPAMENTO

La moglie di Robin, Carrie MacDonald, è anche la sua socia in affari, e spesso lo accompagna durante i safari. Se i clienti lo permettono, i MacDonald si portano dietro anche i loro due bambini. Carrie, non ancora trentenne, ha i capelli biondi, gli occhi castani e un frizzante accento inglese. I suoi genitori vennero in Africa dall'Inghilterra quando lei era ancora molto giovane.

Viaggiavamo con due Land Rover, guidate dai due coniugi. «In questa zona del paese utilizziamo sempre due mezzi» mi spiegò Carrie. «Nell'eventualità che uno si guasti. Succede in continuazione.» Con lei viaggiavano i due figli. Ci accompagnavano inoltre tre dipendenti dei MacDonald: Katana Chege, Herman Andembe e Morris Mulatya. Erano tutti e tre guide professioniste, e sarebbero stati loro a sbrigare il grosso del lavoro nell'accampamento che contavano di allestire a Mount Elgon. Conoscevano solo qualche parola di inglese ma il loro curriculum vitae era lungo quanto un braccio. Anche due miei amici si erano uniti alla spedizione, Frederic Grant, che conosco da sempre, e una donna di nome Jamy Buchanan, entrambi americani. Per loro avevo preparato un elenco di istruzioni nell'eventualità che venissi contagiato dal virus Marburg, e avevo sigillato il documento in una busta che tenevo nascosta nel sacco a pelo. Lungo tre pagine a spaziatura uno, descrivevo i sintomi dell'infezione da filovirus in un essere umano, e le terapie sperimentali che avevano qualche probabilità di arrestare il processo di liquefazione. Non parlai ai miei amici di quel documento, ma era mia intenzione consegnarglielo se avessi cominciato a soffrire di mal di testa. E se questo non era un segno di nervosismo, ditemi voi quale potrebbe esserlo.

Robin si spostò nell'altra corsia per sorpassare un camion, ma c'era un'auto che procedeva a gran velocità verso di noi. Il conducente lampeggiò e suonò il clacson.

«Perché ci vuol venire addosso?» sbraitò Fred Grant, aggrappandosi al sedile.

«Ah be', siamo tutti destinati a morire, non bisogna prendersela troppo» rise Robin; si spostò davanti al camion appena in tempo.

Livin' and a-lovin'
And a-lovin' and a-livin' - Yah!

cantò.

Ci fermammo a comprare pannocchie arrostite da una donna ferma sul ciglio della strada davanti a un braciere di carbone. Il granturco era bollente, abbrustolito e delizioso, e costava cinque cent.

Robin addentò il suo «mealy», questo era il nome dello spuntino, ma un istante dopo si afferrò la mascella, imprecando. «Il mio dente! Al diavolo! È saltata un'otturazione! Quel rottinculo di un dentista!» Abbassò in fretta e furia il finestrino e sputò qualche chicco di granturco. «E sia, andiamo avanti. Tre otturazioni, e con questa sono saltate *tutte*. È stata Carrie a mandarmi da quel tizio. Diceva che era un buon dentista... hah!»

Schiacciò l'acceleratore fino a raggiungere la Land Rover di Carrie. I due fuoristrada ruggivano lungo la Kinshasa Highway come mostri in procinto di attaccarsi. Robin si sporse dal finestrino e scaraventò contro la macchina della moglie la pannocchia masticata a metà. Colpì il finestrino posteriore e rimbalzò via, ma Carrie non sembrò neppure accorgersene. Superammo un cartello che recitava: «Riducete le stragi sull'autostrada – Guidate con cautela».

Verso il tramonto, facemmo sosta nella città di Kitale, sulle pendici di Mount Elgon, per comprare birra Tusker e carbone. Kitale è una città di mercati, il più importante dei quali è situato lungo l'autostrada, vicino alla vecchia stazione ferroviaria costruita dagli inglesi. Sul bordo della strada corrono file di imponenti eucalipti, sotto i quali, tra la polvere e le pozzanghere fangose, si allineano bancarelle che vendono ombrelli e orologi di plastica. Robin rallentò mentre ci facevamo largo in mezzo alla folla. Un uomo gridò in Swahili: «Stai andando contromano!».

«Dove sono i cartelli?» tuonò lui di rimando.

«Non abbiamo bisogno di cartelli qui!»

Quando scendemmo dall'auto, venimmo immediatamente circondati da un manipolo di lenoni. Uno di questi, con indosso un *parka* bianco, ci disse: «Vi va di andare a Kigawera? Sì? Vi ci porto io. Venite con me. Belle ragazze. Vi ci porto io». Forse, pensai, era il quartiere in cui vivevano le amiche di Monet. Era l'ora di punta, e una folla incessante sciamava sotto gli eucalipti e davanti a una fila sterminata di bottegucce. Mount Elgon incombeva sulla città e sugli alberi, la sua vetta nascosta da una nube a foggia di incudine e bagnata di luce dorata. Un lampo silenzioso solcò il cielo, poi un altro ancora, ma il rombo del tuono non raggiunse la città. L'aria era fredda, pesante e umida, e satura del canto dei grilli.

L'AIDS è indiscutibilmente l'emergenza ambientale più grave di questo secolo; non per nulla il suo virus sembra essere scaturito da un ecosistema danneggiato fino all'inverosimile. Una delle ipotesi è che sia penetrato nella razza umana attraverso i primati africani, scimmie e proscimmie. Per esempio, l'HIV-2 (una delle due principali varietà dell'HIV) potrebbe essere un virus mutante trasmessoci da una scimmia africana nota con il nome di cerboceco color fuliggine, forse tramite un cacciatore che toccò del materiale infetto. L'HIV-1 (l'altra varietà) ci ha forse raggiunti attraverso gli scimpanzé, massacrati dai cacciatori. Una varietà di AIDS delle scimmie è stato di recente isolato in uno scimpanzé del Gabon, nell'Africa occidentale, ed è, almeno fino a questo momento, la varietà più *simile* all'HIV-1 riscontrata nel regno animale. Questo suggerisce che il virus dell'AIDS umano si sia evoluto in tempi recenti da quello dello scimpanzé. Nella nostra razza, fu individuato per la prima volta nel 1980 a Los Angeles da un medico che intuì che i suoi pazienti maschi omosessuali stavano morendo a causa di un agente infettivo. Se a quel tempo qualcuno avesse suggerito che la nuova malattia che colpiva i gay della California meridionale veniva dagli scimpanzé africani, l'intera comunità scientifica ne avrebbe riso. Ma ora non più. Da parte mia, trovo estremamente interessante la considerazione che da un ospite in via di estinzione, qual è lo scimpanzé, il virus se ne sia trovato un altro che non corre alcun rischio. Si potrebbe dire che i virus della foresta pluviale sono bravissimi a badare ai loro interessi.

Il virus dell'AIDS muta rapidamente e costantemente. È un ipermutante, un mutatore di forma che altera spontaneamente le sue caratteristiche a mano a mano che si diffonde tra le popolazioni e gli individui. Muta perfino nel corso di una singola infezione, e una persona che muore di AIDS, usualmente viene uccisa da innumerevoli sue varietà, tutte comparse spontaneamente nell'organismo. Il fatto che il virus muti con tanta rapidità significa che non sarà facile mettere a punto dei vaccini efficaci. In senso più ampio, significa che il virus dell'AIDS è destinato a sopravvivere ai mutamenti negli ecosistemi. Questo e altri virus emergenti sono i superstiti della devastazione della biosfera tropicale, perché in grado di stare al passo con i mutamenti dell'ecosistema, se non addirittura di prevenirli. Pare che abbiano una naturale capacità di sfuggire ai guai, e certo devono essere davvero abili, se alcuni di essi sono in circolazione da circa quattro miliardi di anni. A me fanno pensare ai topi che abbandonano la nave.

Nelle nostre esplorazioni lungo le strade fangose della zona di Mount Elgon, individuammo segni di recenti disordini, soprattutto capanne deserte e rase al suolo, un tempo appartenute agli agricoltori Bukusu. Qualcuno mi aveva avvertito che di notte avremmo sentito colpi di arma da fuoco, ma questo non accadde. Nei pressi delle capanne abbandonate crescevano banani dall'aria malaticcia e tutt'intorno, nei campi incolti, spuntavano erbacce e nuovi alberelli. Ci accampammo nello stesso prato in cui anni prima si era accampato Charles Monet. Il cuoco, Morris Mulatya, scaricò a terra un sacco di carbone e dopo aver acceso il fuoco mise a scaldare l'acqua per il tè. Robin si sedette su una sedia pieghevole per togliersi le scarpe da ginnastica. Si strofinò i piedi nudi con le mani, e dopo aver estratto un coltello dal suo fodero, cominciò a tagliarsi certe pellicine sulle dita. Non lontano, sul limitare della foresta che contornava il campo, un bufalo cafro ci occhieggiava. Anche Robin lo teneva d'occhio. «È un maschio» borbottò. «Sono dei veri bastardi questi bufali. Bisogna controllarli a vista. Ti *sollevano* in aria, amico. Il bufalo cafro ha ucciso più uomini in Africa di qualunque altro animale. Tranne l'ippopotamo. Questi grossi maiali ne hanno ammazzati di più.»

Mi inginocchiai a disporre sull'erba una fila di scatoloni che contenevano tute di protezione, attrezzatura per la decontaminazione e lampade. Il giorno era fresco e azzurro, e dall'erba si sprigionava l'odore della pioggia recente. Il fumo del falò cominciò ad arricciarsi nell'aria, piena del frastuono degli uomini che montavano le tende. Carrie MacDonald si affaccendava qua e là, parlando in Swahili con i dipendenti. Lì vicino, un corso d'acqua chiocchiolava attraverso una radura. Robin alzò gli occhi, e rimase ad ascoltare le grida degli uccelli. «Li sente? Sono turachi. C'è anche un'upupa del legno. E un uccello topo... la vede la lunga coda?»

Quando si alzò e si diresse verso il corso d'acqua, lo seguii. «Chissà se ci sono trote qui» brontolò Robin. «Potrebbe essere un buon posto per la pesca con la mosca.»

Immersi la mano nell'acqua. Era fredda come il ghiaccio ed effervescente, ma grigiastra per via della polvere vulcanica. Non il tipo di torrente che abitualmente ospita le trote.

«A proposito di pesca con la mosca» disse Robin. «L'ha mai vista usare con i coccodrilli?»

«No.»

«Si fissa un pezzo di carne a una catena. Un pezzo di carne grosso così. E le mosche gli piombano addosso in un attimo! Non è neanche divertente! Puzzano, quei coccodrilli. Senti la loro puzza anche quando sono in acqua. Te ne stai in piedi nell'acqua bassa, e loro nuotano fino a te. L'acqua è fangosa, non riesci a vederli, non sai neppure che sono lì. Poi, pfft! ti trascinano sotto. Fine della storia. Hai chiuso, amico. Tutte quelle chiacchiere sulla natura... la verità, se ci si pensa bene, è che la natura è piena di assassini, dai fiumi agli oceani.»

Un ragazzo in tuta da fatica e berretto cadde su un ginocchio nell'erba, guardandoci con blando interesse. Impugnava una mitraglietta russa d'assalto. Si chiamava Polycarp Okuku ed era un *askari*, una guardia armata.

«*Ecoe simba hapa?*» gli gridò Robin. Ci sono leoni qua in giro?

«*Hakuna simba.*» Niente leoni.

Per parecchio tempo i cacciatori di frodo provenienti dall'Uganda avevano imperversato intorno a Mount Elgon sparando a qualunque cosa si muovesse, uomini compresi, e ora il governo keniota esigeva che i visitatori fossero accompagnati da guardie armate. In origine, il termine swahili *askari*, significava «portatore di lancia». Ora sta a indicare un uomo che ti segue come un'ombra, armato di un fucile mitragliatore.

L'ingresso a Kitum Cave si apriva in una vallata ricoperta di boschi, a un'altezza di duemilaquattrocento metri sul pendio orientale della montagna. «Whoof!» grugnì MacDonald, mentre risalivamo il sentiero. «Lo sente l'odore di bufalo cafro? *Mingi* bufali.» *Mingi*: molti. Grandi quantità di bufali. Le loro piste tagliavano in diagonale il sentiero tracciato dagli uomini, ed erano più ampie, più profonde e più diritte; puzzavano di urina.

Con lo zaino in spalla, marciavo senza curarmi dei tratti fangosi che interrompevano il sentiero.

Polycarp Okuku, l'*askari*, tirò una levetta sulla canna della mitraglietta, *clack, ta chock*. Aveva caricato l'arma e introdotto un proiettile in canna. «Soprattutto nella stagione piovosa, i bufali cafri viaggiano in branchi» spiegò.

Lo scatto del fucile richiamò l'attenzione di Robin. «Maledizione» mormorò. «Quel giocattolino non è per niente sicuro.»

«Guardate» esclamò in quel momento Okuku, indicando un gruppo di macigni. «Una procavia.» Indugiammo a osservare l'animaletto scuro, grosso più o meno come una marmotta, che sfrecciava agilmente tra le rocce. Un possibile ospite del virus Marburg.

La vallata era ammantata di ulivi africani, cedri, croton dalle larghe foglie, e giovani alberi grigi di teak. Qua e là cresceva un *podo*, il tronco dritto e argenteo che svettava verso l'alto e svaniva nel sempre mutevole spazio biologico. Non stavamo percorrendo le pianure della foresta pluviale, dove le chiome degli alberi si intrecciano a formare un baldacchino, ma una zona montana, dove tra le gronde si aprono ampi spazi. Fasci di luce si insinuavano nell'intrico della vegetazione, indorando i papiri e l'erba punteggiata di violette africane. Nelle montagne della foresta pluviale africana, gli alberi svettano solitari, e i rami si levano a zigzag verso le nubi e il cielo, come braccia protese verso il paradiso. Dal punto in cui ci trovavamo, erano visibili le fattorie che costellavano i pendii più bassi della montagna. Salendo con lo sguardo, le case lasciavano il posto a distese di arbusti, a folti di alberi più grandi, e infine a un manto fitto e ininterrotto di foresta pluviale est-africana, una delle foreste più antiche, e più minacciate, del pianeta.

Il suo colore era un argenteo grigioverde; qua e là un *podo* spuntava dal tetto frondoso. Gli alberi di *podo* possono diventare antichi e imponenti come le sequoie. Il tronco, leggermente scanalato, svetta ad altezze stupefacenti a volte con un andamento a spirale, e spesso una curva o una leggera torsione gli imprime una sorta di vibrante tensione, rendendolo simile a un arco teso. In alto, la chioma si allarga a forma di vaso, un po' come quella dell'olmo, e sui rami protesi verso il basso crescono fitti mazzi di aghi frondosi di un verde intenso e tempestati di frutti di forma sferica.

«Quello che manca qui è la selvaggina» decretò Robin, fermandosi a calcarsi in testa il berretto da baseball. «Gli elefanti li hanno fatti fuori a mucchi. In caso contrario ne vedremmo una marea qui sulla montagna. *Mingi* elefanti. Questo posto sarebbe tutto un elefante.»

La vallata che conduceva a Kitum Cave assomigliava a una cattedrale deserta. Mi sforzai di immaginare come doveva apparire Mount Elgon quando branchi di elefanti si aggiravano tra alberi di *podo* grandi come sequoie... solo dieci anni prima Mount Elgon era stato uno dei gioielli del pianeta. Non era facile individuare alberi di *podo* nei pressi di Kitum Cave, perché in quella zona non raggiungono grandi dimensioni, ma ne scoprii uno, ancora giovane, il cui tronco aveva già uno spessore di circa due metri ed era alto almeno sei. Di certo, era nato all'epoca di Beethoven.

L'ingresso a Kitum Cave si spalancava proprio in cima, quasi invisibile dal sentiero che percorrevamo, e ostruita da macigni rivestiti di muschio. Un coro di cedri la sovrastava, percorso da un piccolo corso d'acqua che riempiva la vallata del suo chiocchiolio. A mano a mano che ci avvicinavamo, lo scroscio della cascata si fece più forte, e nell'aria cominciò a sentirsi l'odore di qualcosa di vivo. L'odore dei pipistrelli.

Giganteschi cespugli di ortica crescevano tra i macigni, accendendoci il fuoco nelle gambe quando li sfioravamo. Mi venne da pensare che le ortiche erano a tutti gli effetti aghi per iniezioni. Cellule urticanti che iniettano un veleno nella pelle, lacerandola. Dalla grotta sciamavano falene e altri minuscoli insetti volanti, trasportati come falde di neve da un flusso costante d'aria fresca. Era una neve viva, piena di ospiti.

Ci fermammo sulla pista degli elefanti, vicino a una parete rocciosa coperta da lunghi graffi – per molto tempo i pachidermi avevano scavato la roccia con le zanne e ne avevano masticato i frammenti pieni di sali minerali. Un tempo, prima che arrivassero gli uomini col fucile, le foreste di Mount Elgon erano il rifugio di duemila elefanti. Ora, l'imponente branco si era ridotto a un'unica, grande famiglia di circa settanta capi. I cacciatori di frodo avevano piazzato una mitragliatrice nei pressi dell'imboccatura di Kitum Cave, e dopo quella esperienza, gli elefanti sopravvissuti hanno imparato la lezione. Se ne stanno alla larga, nascosti nelle vallate più in alto, e le vecchie femmine, le nonne che guidano il branco e ne decidono gli spostamenti, lo conducono a Kitum Cave più o meno una volta ogni due settimane, quando il bisogno di sali minerali diventa perfino più forte della paura.

Gli elefanti non erano gli unici visitatori di Kitum Cave. Anche altri animali la frequentano: balanche, bufali cafri, forse scimmie e babbuini, e certamente genette, che sono gatti selvatici un po' più grandi dei gatti comuni. Oltre a essi, molte specie di roditori – topi, topiragno e microti – in cerca di sali o di cibo, e anche questi piccoli mammiferi tracciano sentieri che portano alla caverna. Di notte, vi penetrano i leopardi in cerca di preda. Kitum Cave è l'equivalente locale della stazione metropolitana di Times Square: un luogo di vita sommersa, dove i percorsi di specie diverse vi si intersecano in uno spazio chiuso. Il posto ideale perché un virus passi da un ospite all'altro.

Aprii lo zaino ed estrassi la mia attrezzatura che disposi sulle rocce. Avevo portato con me tutti i componenti di una tuta biologica da campo del Quarto Livello. Non era una tuta pressurizzata, ossia non era una Racal arancione, bensì una sorta di muta fornita di un cappuccio e un respiratore che copriva tutto il viso. Era realizzata in Tyvek, un tessuto bianco e lucido, resistente all'umidità e alla polvere. Posai a terra un paio di guanti di gomma verde, stivali di gomma gialla, e una mascherina nera con filtri gemelli color porpora. La mascherina era un respiratore North di silicone con una visiera Lexan che garantiva una buona visibilità, mentre i filtri color porpora avevano la funzione di impedire l'accesso ai virus. C'era qualcosa di insettoide nella foggia della maschera, e la gomma, nera e lucente, aveva un che di sinistro. Posai sulle rocce anche un rotolo di nastro adesivo, una cuffia per doccia di plastica – dieci *cent* l'una da Woolworth's – una torcia elettrica e un piccolo proiettore. Quindi mi infilai nella tuta, cominciando dai piedi, e tirandola su per infilare le braccia nelle maniche. Calzai la cuffia che poi coprii con il cappuccio. Infine sollevai la cerniera che correva dall'inguine al collo.

È difficile indossare una tuta senza un aiuto esterno, e questa volta il compito di darmi una mano toccò al mio amico Fred Grant. «Mi passi il nastro adesivo?» gli chiesi.

Lui mi scoccò un'occhiata divertita. «Se tu fossi lungo dieci centimetri e abbassando gli occhi ti vedessi improvvisamente davanti a me, temo che reagirei in modo alquanto drastico» scherzò.

Sigillai col nastro adesivo la cerniera, incollai i polsini dei guanti alla tuta e il bordo degli stivali ai pantaloni: la prima linea difensiva.

Polycarp Okuku se ne stava seduto su un grosso sasso, con la mitraglietta appoggiata sulle ginocchia, indifferente. Era evidente che ci teneva a dimostrare che non era affatto sorpreso da tutti quei preparativi. Poco dopo, si voltò per parlare in Swahili con Robin MacDonald.

«Vuol sapere quanta gente è morta nella grotta» mi disse Robin.

«Due. Ma non nella grotta... sono morti successivamente. Un uomo e un ragazzo.»

Okuku annuì.

«Il rischio non è elevato» ripresi io. «Ma è sempre opportuno usare qualche cautela.»

Robin strisciava per terra le sue scarpe da ginnastica. Si volse verso l'*askari*: «Esplodi, amico» disse. «Ti becchi il virus e pfft!... fine della storia, hai chiuso. Se ti becchi quella roba, amico, puoi metterci una croce sopra.»

«Ho sentito parlare di questo virus» assentì Okuku. «Gli americani hanno fatto qualcosa a questo posto.»

«Lavoravi qui, allora?» domandai.

«No, all'epoca non c'ero. Ma ne ho sentito parlare.»

Mi adattai la maschera al viso. Sentivo il mio respiro sibilare lungo i filtri e uscire attraverso i fori. Strinsi le cinghie che la fissavano sulla nuca.

«Come ci si sente?» domandò Grant.

«Okay» feci io, con una voce che suonava attutita e remota alle mie stesse orecchie. Inspirai, e non appena la visiera si disappannò, mi fissai sulla testa una lampada da minatore.

«Quanto tempo conti di trattenerti lì dentro?» chiese ancora Grant.

«Aspettatemi tra un'ora circa.»

«Un'ora?»

«Sì... datemi un'ora.»

«Molto bene. E dopo?»

«Dopo? Chiamate il 113.»

L'ingresso era enorme, largo almeno cinquanta metri, e più oltre la caverna si allargava ulteriormente. Attraversai un tratto fangoso coperto di tracce animali, e continuai lungo una sorta di ampio marciapiede rivestito da un tappeto di escrementi secchi e spugnosi. La maschera mi impediva di sentire gli odori. La cascata che ricadeva davanti all'imboccatura, riempiva la grotta di echi. Quando mi girai a guardarmi indietro, vidi che le nuvole si stavano addensando in cielo, foriere di pioggia. Accesi torcia e lampada e proseguii.

Più avanti, si arriva a un'ampia zona ingombra di rocce. Nel 1982, una paio d'anni dopo la fatale escursione di Charles Monet, il tetto della grotta crollò, abbattendo nella caduta un pilastro che pareva quasi sostenerlo e che ridusse a un cumulo di detriti largo almeno un centinaio di metri; al di sopra di esso era venuto a formarsi un nuovo tetto. Avevo portato con me una cartina geografica infilata in una busta di plastica a chiusura ermetica, destinata a impedire eventuali contaminazioni da virus e al contempo a permettermi di disinfettarla senza dannegiarla.

La cartina era stata disegnata da un inglese, Ian Redmond, un esperto di elefanti che un tempo aveva trascorso cinque mesi accampato nei pressi dell'imboccatura di Kitum Cave, e da lì aveva osservato l'andirivieni dei pachidermi. Benché non disponesse di alcun equipaggiamento protettivo, Redmond non si era ammalato. (In seguito, quando ne parlai a Peter Jahrling, lui mi disse del tutto serio: «Non ci sarebbe il modo di procurarsi un po' del suo sangue, in modo da effettuare qualche test?».)

Fu Ian Redmond a concepire l'interessante idea che Kitum Cave fosse stata scavata dagli elefanti, e certo non c'è da dubitare dell'estrema antichità della grotta. Le femmine di elefanti insegnano ai loro piccoli a staccare le rocce che contengono il sale... e si tratta di un comportamento acquisito e non innato, di una conoscenza trasmessa di generazione in generazione forse da centinaia di migliaia di anni, addirittura da prima della comparsa dell'uomo moderno. Scavando la roccia a un ritmo di qualche chilo a notte, gli elefanti non avrebbero avuto alcuna difficoltà a foggiare la grotta nel giro di qualche centinaio di migliaia di anni. Questa era appunto la teoria di Ian Redmond, che l'ha definita speleogenesi tramite gli elefanti... la creazione di una caverna a opera degli elefanti.

La luce che cominciava a sbiadire trasformava l'imboccatura della grotta, alle mie spalle, in una falce luminosa. Arrivai in una zona di pipistrelli. Disturbati dalla luce, si staccarono dal soffitto per svolazzare sopra la mia testa, emettendo suoni striduli. Le rocce sottostanti erano rese viscide dal guano, una poltiglia del colore degli spinaci punteggiata di grumi grigi che mi ricordò le ostriche alla Rockefeller. Fugacemente e inspiegabilmente, mi chiesi quale potesse essere il sapore del guano di pipistrello. Ma mi affrettai a scacciare quel pensiero. Quando si lavora al Quarto Livello, non c'è spazio per certe sciocchezze.

Più oltre, la grotta diventava più asciutta e polverosa, caratteristiche, queste, alquanto insolite in simili ambienti; gran parte delle grotte sono scavate dall'acqua, e di conseguenza umide. Ma non c'era segno di umidità lì, non si vedevano né stalattiti né letti di corsi d'acqua. Quello che si apriva sul fianco di Mount Elgon era un enorme spazio arido. I virus amano l'aria asciutta, così come amano la polvere e l'oscurità, e molti di loro non sopravvivono a lungo se esposti alla luce del sole e all'umidità. Di conseguenza, una grotta asciutta è il posto ideale perché un agente si conservi inattivo nello sterco o nell'urina, o addirittura, si lasci trasportare dall'aria fresca, buia e quasi immobile.

Le particelle virali Marburg sono resistenti, e presumibilmente in grado di sopravvivere a lungo all'interno di una caverna buia. Nell'acqua, Marburg resiste per almeno cinque giorni, come Tom Geisbert ha dimostrato. Un giorno, tanto per vedere che cosa sarebbe accaduto, lasciò un certo numero di unità Marburg a bagno in alcune bottiglie riempite con acqua a temperatura ambiente. Dopo cinque giorni, travasò l'acqua in altre fiasche contenenti cellule vive di scimmia. Le cellule si riempirono di cristalloidi, esplosero e morirono. Era dunque accertato che dopo cinque giorni le particelle di Marburg mantengono intatte tutte le loro caratteristiche. Gran parte dei virus non può sopravvivere in assenza di un ospite. Quello dell'AIDS, per esempio, se esposto all'aria muore nel giro di venti secondi. Nessuno ha cercato di scoprire per quanto tempo Marburg o Ebola possano sopravvivere su una superficie asciutta. È un esperimento in cui nessuno si è mai cimentato. Ci sono buone possibilità che in simili condizioni i filovirus possano resistere per un certo periodo di tempo... a condizione che non siano esposti alla luce del sole, che ne distruggerebbe il materiale genetico.

Salito in cima al mucchio di detriti, allungai la mano guantata a toccare il soffitto. Era tempestato di forme oblunghe di colore marrone... tronchi pietrificati... e frammenti biancastri... ossa pietrificate. Il tetto della caverna era una foresta pluviale pietrificata. La roccia era cenere solidificata, i resti di un'eruzione di Mount Elgon, e gli enormi tronchi erano ciò che restava di una foresta spazzata via dalla lava e seppellita sotto un mare di cenere e fango. I tronchi erano marrone scuro e lucidi, e il fascio di luce della mia lampada da minatore coglieva in essi riflessi opalescenti. Alcuni erano precipitati, simili a foglie secche, e le cavità rimaste erano rivestite di cristalli bianchi di sali minerali, terribilmente aguzzi. Peter Cardinal si era forse proteso a toccarli? In quelle cavità scorsi altri pipistrelli... mangiatori di insetti questi, più piccoli di quelli che avevo notato nei pressi dell'imboccatura. Quando la luce li investì, sciamarono fuori, rotearono sopra la mia testa e quindi svanirono. Fu allora che mi trovai davanti a una vista meravigliosa: un dente di coccodrillo pietrificato nella roccia. La colata di cenere aveva seppellito un fiume intrappolandovi per sempre i rettili che lo popolavano.

Arrancai sui bordi affilati delle roccie fino ad arrivare a un mucchio di escrementi freschi di elefante, delle dimensioni di un barilotto di birra. Lo superai e giunsi a una fenditura dentro cui puntai il fascio di luce: non vidi che un'oscurità apparentemente infinita. Nessun cadavere mummificato di piccoli di elefante. Poi arrivai a un muro segnato dalle zanne e dopo ancora a un pilastro infranto. Lì vicino, un tunnel scendeva verso il basso. Mi ci infilai. La galleria tracciava un cerchio per poi emergere nella sala principale. Ribollivo di caldo chiuso nella tuta; gocce di sudore imperlavano l'interno della visiera e stagnavano sotto il mento. A ogni passo sollevavo nuvolette di polvere che indugiavano per qualche istante intorno ai miei stivali. Era una strana sensazione, sentirsi fradicio mentre camminavo nella polvere. Mi stavo inerpicando fuori del tunnel quando urtai la testa contro una roccia. Se non fossi stato adeguatamente protetto, mi sarei certamente tagliato. Forse, pensai, era quello il veicolo del contagio: il virus se ne sta abbarbicato alle rocce ed entra nel circolo ematico attraverso un taglio. Trovai un pipistrello morto su cui cresceva una specie di muffa biancastra.

Mi inoltrai ancora più in profondità e arrivai a una parete nella gola stessa della grotta. Lì, nel buio totale, all'altezza delle ginocchia, vidi dei ragni. Dalla roccia pendevano le loro sacche piene d'uova. Dunque quegli aracnidi portavano a compimento il loro ciclo vitale in fondo a Kitum Cave, e questo significava che perfino laggiù c'era qualcosa da mangiare, qualcosa che volava e che restava impigliato nei fili vischiosi da loro emessi. Rammentai di aver visto falene e altri insetti alati sciamare fuori della grotta. Era possibile che fossero i ragni gli ospiti del virus? Era nel loro sangue che Marburg si moltiplicava? Forse Monet e Cardinal erano stati morsi da un ragno? Nel buio, senti una ragnatela aderire al tuo viso, subito dopo una leggera trafittura e poi più niente. Vista e olfatto non ti segnalano nulla, non sai neppure quello che è accaduto finché non cominci a sanguinare.

A Kitum Cave erano accadute tante cose che io non riuscivo a comprendere, ma è un fatto che quella caverna è parte dell'ecosistema della montagna, riveste un ruolo importante nella vita della foresta, ma quale sia questo ruolo, nessuno può dirlo con certezza. Mi imbattei in un'altra fenditura che sembrava piena di acqua limpida e profonda. Forse era la mia immaginazione, mi dissi; non poteva esserci acqua laggiù. Raccolsi una pietra e ve la scaraventai dentro. Più o meno a metà della sua parabola discendente, il sasso si fermò e ruppe l'aria in ampie increspature. Dunque l'acqua c'era davvero. Pigramente, la pietra piroettò su se stessa e verso il basso fino a scomparire, e pian piano anche le increspature svanirono, proiettando i riflessi della mia lampada da minatore sulla parete della grotta.

Aiutandomi con la torcia, risalii sul cumulo di detriti. La sala era larga più di cento metri, ben più vasta, quindi, di un campo di calcio. La luce ne illuminava i bordi, che da ogni parte cadevano a picco nell'oscurità sottostante. Il mucchio di detriti al centro faceva sì che la grotta assomigliasse al palato di una bocca. Quando si guarda nella bocca di qualcuno, la prima cosa che si vede è la lingua, proprio sotto il palato, e la si vede curvarsi all'indietro verso la gola: questo è l'aspetto di Kitum Cave. Dì «Ahh», Kitum Cave. Hai per caso qualche virus?

Non ci sono strumenti in grado di segnalarci la presenza del predatore, né possono farlo i nostri sensi. Spensi entrambe le luci, e rimasi lì nel buio più completo, col sudore che mi scendeva a rivoli lungo il petto, il cuore che batteva forte e il sangue che rumoreggiava nella mia testa e, al di sopra di tutto questo, un silenzio a cui non c'era risposta.

Era pomeriggio, e come sempre pioveva. Fred Grant se ne stava a ridosso dell'ingresso della caverna per non bagnarsi, mentre l'*askari* sedeva su un macigno lì vicino, la mitragliatrice come sempre in equilibrio sulle ginocchia e un'espressione annoiata sul viso.

«Se avete pazienza ancora un minuto, vado a sottopormi alla procedura di decontaminazione» dissi a Grant.

«Non voglio metterti in allarme, ma c'è un qualche liquido dentro la tua maschera» osservò lui.

«È solo sudore.»

Presi un grosso catino di plastica... parte dell'attrezzatura che avevo portato con me... e lo tenni qualche istante sotto la cascata. Quando fu pieno a metà, andai a deporlo all'ingresso della grotta e vi vuotai un recipiente di quattro litri di «fottutissimo Jik»... disinfettante per bucato.

Ci entrai tutto vestito. Non appena i miei stivali scomparvero in un turbinio di polvere, il Jik divenne marrone. C'era sterco di animale secco attaccato alle suole... di elefante, di gattopardo africano e forse di leopardo. Infilai le mani nel liquido marrone e raccoltone un po' nel palmo me lo versai sulla testa e sulla maschera. Con una spazzola, eliminai dagli stivali e dai pantaloni le chiazze di sporco più evidenti. Poi immersi nel disinfettante la busta contenente la mappa, la torcia e la lampada per minatori. Toccò poi alla maschera, ai filtri porpora e infine ai miei occhiali.

Mi sfilai i guanti verdi, poi la tuta Tyvek e cacciai tutto nel catino. Il Jik si era trasformato in una specie di stufato brunastro.

Sotto la tuta portavo abiti normali e un paio di scarpe da ginnastica. Mi spogliai nudo e infilai il tutto in un sacchetto di plastica... un cosiddetto sacchetto caldo... insieme con qualche schizzo di Jik, poi lo cacciai in un secondo sacchetto, che lavai all'esterno con il disinfettante. Dallo zaino estrassi un cambio completo e mi rivestii. Anche il resto dell'attrezzatura finì nei due sacchetti con un altro po' di Jik.

Silenzioso, Robin MacDonald comparve in cima ai macigni che sovrastavano l'imboccatura della grotta. «Ehi, signor cacca di pipistrello» gridò. «Ci ha portato qualche campione?»

Discendemmo il sentiero, diretti al campo. Pioveva forte. Ci sistemammo nella tenda adibita a mensa con una bottiglia di scotch, ad ascoltare la pioggia che picchiettava e frusciava tra le foglie. Erano le tre del pomeriggio. Il cielo si era fatto nero e fummo costretti ad accendere le lanterne a petrolio. Il brontolio del tuono circondava la montagna, e ormai si era scatenato un vero e proprio diluvio. L'aria era fredda.

«Ah, amico, la pioggia non smette mai a Elgon» sospirò Robin, dalla sua sedia pieghevole. «È così tutto l'anno.»

Uno schianto, poi un lampo squarciò l'aria, e andò a colpire un ulivo a non più di quindici metri dalla tenda.

La luce disegnò i contorni del viso di Robin, i suoi occhiali. Dopo lo scotch attaccammo la piccola birra e giocammo una mano di poker. Robin si rifiutò però di partecipare.

«Prenda un po' di whisky, Robin» gli disse Fred Grant.

«No, non fa per me. Al mio stomaco non piace. La birra va benissimo. È piena di proteine e ti fa dormire bene.»

L'intensità della pioggia diminuì e per qualche istante il cielo parve schiarirsi. Rami di ulivo si arcuavano sopra le nostre teste, mentre i nostri piedi sparivano nell'ombra. Gli uccelli topo lanciarono il loro grido flautato, poi ogni rumore cessò e Mount Elgon cadde nel silenzio. La foresta ondeggiava gentilmente avanti e indietro. La pioggia riprese a cadere con rinnovata violenza.

«Come si sente, signor cacca di pipistrello?» rise Robin. «Qualche sintomo di squilibrio mentale? Insomma, sta per mettersi a parlare da solo al cesso?»

In effetti, le fantasie morbose erano già cominciate. Continuavo a pensare al momento in cui avevo sbattuto la testa contro il tetto della grotta. Mi era venuto un bel bernoccolo, e certo, mi dicevo, nella pelle circostante dovevano essersi aperte microscopiche ferite. Cominciavo a capire come ci si doveva sentire dopo l'esposizione a un filovirus... starò benissimo. Nessun problema. Ci sono ottime probabilità che io non sia stato esposto a nulla. Nel frattempo, la cosa migliore era starsene seduti sotto la tenda a bere whisky.

La comparsa dell'AIDS, di Ebola e di chissà quanti altri agenti scaturiti dalla foresta pluviale sembra essere una naturale conseguenza della distruzione della biosfera tropicale. Sono virus, questi, che emergono da zone ecologicamente disastrate del pianeta. Molti di loro provengono dai margini erosi della foresta pluviale tropicale, oppure dalla savana dove gli insediamenti umani stanno rapidamente aumentando. Le foreste tropicali sono i più ricchi serbatoi di vita del nostro pianeta, perché contengono la maggior parte delle specie animali e vegetali del mondo. Al tempo stesso, costituiscono i maggiori serbatoi di virus, dato che tutte le cose viventi ospitano virus. Quando questi escono da un ecosistema, tendono a diffondersi a ondate successive nella popolazione umana, come gli echi della morente biosfera. Ecco i nomi di alcuni di loro: Lassa. Rift Valley. Oropouche. Rocio. Q. Guanarito. VEE. Vaiolo delle scimmie. Dengue. Chikungunya. Gli antavirus. Machupo. Junin. Le varietà simili alla rabbia: Mokolo e Duvenhage. Le Dantec. Il virus cerebrale della Kyasanur Forest. HIV... il quale è assolutamente da considerarsi come un virus emergente, a causa della sua rapida penetrazione nella specie umana, una penetrazione della quale non si vede la fine. L'agente Semliki Forest. Crimean-Congo. Sindbis. O'nyong nyong. Marburg. Ebola Sudan. Ebola Zaire. Ebola Reston.

In un certo senso, si può dire che la terra stia creando una risposta immunitaria alla razza umana. Comincia cioè a reagire al parassita umano, al cemento che invade il pianeta, alla cancerogena iperdensità abitativa delle città europee, giapponesi e statunitensi, sature di primati che si moltiplicano, agli insediamenti che crescono e si espandono minacciando di travolgere la biosfera con estinzioni di massa. Forse alla biosfera non «piace» l'idea di cinque miliardi di esseri umani. O forse, l'estrema crescita della razza umana, realizzatasi più o meno nell'ultimo secolo, ha improvvisamente prodotto un'enorme quantità di carne diffusa ovunque, carne che potrebbe rivelarsi incapace di difendersi dall'attacco di una forma di vita decisa a divorarla. La natura ha metodi molto interessanti per ripristinare il proprio equilibrio. La foresta pluviale ha le sue difese. Il sistema immunitario della terra, per così dire, «vede» la presenza della specie umana e comincia a svolgere la propria funzione. La terra sta cercando di liberarsi dell'infezione causata dal parassita umano e forse l'AIDS è il primo passo di un naturale processo di pulizia.

Sto cominciando a chiedermi, ed è un interrogativo dalle implicazioni inquietanti, se l'AIDS non sia soltanto l'inizio... non un incidente e neppure un evento isolato, bensì una fase di un processo naturale ostile alla mia specie, di cui potrebbe rivelarsi solo uno degli strumenti, e non il più letale. Che il pianeta possa effettivamente ospitare una popolazione di cinque o più miliardi di persone senza che un virus intervenga a impedirlo, rimane una questione aperta. La risposta se ne sta nascosta nel labirinto degli ecosistemi tropicali. Per un agente patogeno della foresta pluviale, cinque miliardi di persone rappresentano un'enorme quantità di territorio inesplorato, vulnerabile all'attacco e privo di difese valide. Un virus killer in grado di viaggiare nell'aria potrebbe diffondersi in tutto il mondo nel giro di poche settimane o pochi mesi, e allora non ci sarebbe neppure la speranza di mettere a punto un vaccino. (Sono infatti necessari circa dieci anni per riuscirci.) La specie umana assomiglia sempre di più a una pestilenza, e l'AIDS è la vendetta della foresta pluviale, anzi, ne è solo il primo atto.

Nessun problema, pensavo quel pomeriggio. Naturalmente starò benissimo. Staremo tutti benissimo. Andrà tutto per il meglio. Un sacco di gente è entrata a Kitum Cave senza per questo ammalarsi. Da tre a diciotto giorni. L'inizio dell'amplificazione non comporta alcun sintomo. Ripensai a Joe McCormick che in Sudan dava la caccia a Ebola. S'era trovato faccia a faccia con il virus in una capanna piena di gente che moriva dissanguata, si era scalfito il pollice con un ago infetto e tuttavia era sopravvissuto. Era stato allora che aveva fatto quella scoperta tanto significativa. Aveva scoperto, cioè, che una bottiglia di scotch è l'unica terapia conosciuta per l'esposizione a un filovirus.

Un giorno d'autunno raggiunsi in auto la casa delle scimmie, curioso di vedere che cosa ne era stato. Era una calda giornata dell'estate indiana e una caligine brunastra aleggiava su Washington. Lasciai la Washington Beltway e con una certa discrezione mi accostai al fabbricato. Era deserto e silenzioso come una tomba. Di tanto in tanto, da un *liquidambar* si staccava una foglia. «In affitto» dicevano i cartelli collocati davanti a molti degli uffici che circondavano il parcheggio. Avvertii la presenza non di un virus, bensì di un malessere economico... i sintomi clinici degli anni Ottanta, un po' come quando la pelle si squama dopo un brutto attacco di febbre. Attraversai il prato retrostante l'edificio fino a raggiungere il punto di inserimento, la porta di vetro. Era chiusa a chiave. Dai cardini, penzolavano frammenti di nastro argenteo. Guardai dentro e vidi un pavimento chiazzato di macchie brune e rossastre. Un cartello sulla parete recitava: «Pulite dove avete sporcato». Lì vicino, riconobbi il corridoio che era stato adibito a camera di compensazione... la zona grigia attraverso cui si accedeva a quella calda. Le pareti erano di cemento grigio: quale luogo migliore per una zona d'ombra?

Sotto i miei piedi scricchiolavano schegge di plastica. Scoprii delle bacche di sambuco che maturavano intorno a un condizionatore arrugginito. Sentii il rimbalzare di una palla e vidi un ragazzino che la inseguiva in un giardino pubblico. La palla strappava echi gommosi all'ex casa delle scimmie. Udii grida di bambini salire dall'asilo al di là degli alberi. Esplorando il retro, arrivai a una finestra e sbirciai dentro. Nella stanza erano cresciuti rampicanti che ora premevano contro il vetro, in cerca di caldo e di luce. Avevano trovato acqua all'interno dell'edificio? Notai che si trattava di caprifoglio tartaro, un'erba selvatica che cresce soprattutto nei luoghi abbandonati. I suoi fiori non hanno alcun profumo, o meglio, hanno l'odore di un virus, perché sbocciano là dove l'ecosistema è andato distrutto. Nell'*Eneide* virgiliana, il Tartaro era la terra dei morti, il mondo degli inferi, un mondo d'ombra dove bisbigliavano le ombre dei trapassati.

L'intrico dei rampicanti non mi permise di vedere fin nell'ex zona calda. Era come guardare attraverso i viluppi di foglie e rami della foresta pluviale. Mi spostai sull'altro lato e trovai una seconda porta contornata da pezzi di nastro. Premetti il viso contro il vetro, schermandomi gli occhi con le mani per escludere i riflessi, e vidi un secchio incrostato di qualcosa di marrone. Sembravano escrementi di scimmia secchi. Qualunque cosa fosse, pensai, era certo stata disinfettata col Clorox. Un ragno aveva tessuto la sua tela tra una parete e il secchio e per terra, sotto la ragnatela, erano visibili carcasse di mosche e di vespe. Si era in autunno e il ragno doveva aver già deposto le uova, preparandosi così a concludere il suo ciclo riproduttivo. La vita era tornata a imperare nella casa delle scimmie. Ebola era comparso in quelle stanze, aveva sventolato i suoi stendardi, si era cibato e quindi si era nuovamente ritirato nella foresta. Tornerà.

PERSONAGGI PRINCIPALI
IN ORDINE DI APPARIZIONE

«Charles Monet». Un francese espatriato nel Kenya occidentale. Nel gennaio 1980, mentre era a bordo di un aereo, Marburg *esplode* nel suo organismo.

Tenente colonnello Nancy Jaax. Patologo veterinario dell'USAMRIID. Comincia a lavorare con il virus Ebola nel 1983, quando il guanto della sua tuta di protezione si buca. Diventa responsabile del reparto di patologia nel 1989, e l'inverno di quello stesso anno svolge un ruolo importante nella missione Reston.

Colonnello Jerry Jaax. Capo del reparto di veterinaria dell'USAMRIID e marito di Nancy Jaax. Pur non avendo mai indossato una tuta biologica di protezione, diventa il comandante della squadra SWAT incaricata della missione Reston.

Eugene (Gene) Johnson. Civile, cacciatore di virus per conto dell'esercito. Esperto di Ebola. Nella primavera del 1988, in seguito alla morte di «Peter Cardinal», guida una spedizione militare alla Kitum Cave di Mount Elgon. Responsabile del servizio logistica e sicurezza della missione Reston.

«Peter Cardinal». Ragazzo danese, recatosi in visita ai genitori in Kenya nell'estate del 1987 e lì contagiato da Marburg. L'esercito conserva nei suoi frigoriferi una varietà di Marburg che porta il suo nome.

Dan Dalgard. Veterinario della Reston Primate Quarantine Unit (la casa delle scimmie di Reston).

Peter Jahrling. Virologo civile collaboratore dell'esercito. È lui a isolare la varietà che imperversa nella casa delle scimmie di Reston.

Tom Geisbert. Laureando. Nell'autunno del 1989, lavora come tecnico e responsabile del microscopio elettronico all'USAMRIID.

Colonnello Clarence James (C.J.) Peters, dottore in medicina. Capo del reparto diagnostico dell'USAMRIID. Primo responsabile della missione Reston.

Dottor Joseph McCormick. Capo della branca Agenti Patogeni Speciali del CDC. Mentre curava dei pazienti contagiati da Ebola in una capanna del Sudan, si ferì con un ago insanguinato.

Robin MacDonald. Guida e cacciatore professionista dell'Africa orientale. Nell'estate del 1993, accompagna l'autore a Kitum Cave.

(I gradi militari indicati sono quelli relativi all'epoca dei fatti.)

GLOSSARIO

Amplificazione. Quando un virus si moltiplica o (1) attraverso un organismo ospite o (2) una popolazione di ospiti.

Amplificazione estrema: quando un virus si moltiplica in ogni parte dell'organismo ospite, trasformandolo parzialmente in virus.

Animale-sentinella. Animale recettivo usato per dare «l'allarme» in presenza di un agente caldo, non esistendo strumenti in grado di svolgere tale funzione. I canarini usati un tempo nelle miniere di carbone erano appunto animali-sentinella.

Calda, area o zona. Un'area contenente organismi infettivi letali.

Caldo. In senso biologico, mortalmente infettivo.

Caldo, agente. Un virus estremamente letale. Potenzialmente in grado di viaggiare nell'aria.

Cappelliera (gergo militare). Contenitore cilindrico in cartone incerato per il biocontenimento.

Caso di riferimento. Il primo caso noto in un'esplosione epidemica. A volte causa della sua rapida diffusione.

Catena esplosiva di trasmissione letale. Si verifica quando un agente si diffonde in modo subitaneo e rapidissimo in una popolazione, uccidendone un'elevata percentuale.

Centurion, tuta. Tuta pressurizzata per il contenimento del rischio di contaminazione biologica, impiegata nelle aree contaminate del Quarto Livello. Nota anche come «vestito blu» per via del colore.

Cristalloidi. Vedere «Mattoni.»

Decon. (gergo militare). Decontaminazione.

Ebola. Pronunciato Ee-BOH-la. Un virus tropicale estremamente letale. Origini sconosciute. Ne sono note tre varietà: *Ebola Zaire, Ebola Sudan* ed *Ebola Reston.* Strettamente imparentato con il virus *Marburg.*

Envirochem. Disinfettante liquido di colore verde, impiegato nelle docce chimiche delle camere di compensazione. Efficace sterminatore di virus.

Febbre emorragica delle scimmie (Simian Emorrhagic fever). Virus delle scimmie innocuo per l'uomo.

Filovirus. Famiglia di virus comprendente solo Ebola e Marburg.

Grigia, area. Un'area o locale intermedio fra una zona calda e il mondo esterno. «Il luogo in cui i due mondi si incontrano.» Detta anche zona d'ombra.

HIV. Virus da immunodeficienza, causa dell'AIDS. È un virus emergente del Secondo Livello, proveniente dalle foreste pluviali africane. Origini esatte ignote. Attualmente in fase di amplificazione globale; il suo potenziale di massimo livello di penetrazione nella specie umana è del tutto sconosciuto.

Kinshasa Highway. L'autostrada dell'AIDS. Il principale percorso seguito dall'HIV nel corso della sua diffusione epidemica, originatasi nella foresta pluviale africana. Collega Kinshasa, nello Zaire, all'Africa orientale.

Lettiga a bolla. Barella per il contenimento biologico. Usata per il trasporto di pazienti presumibilmente o sicuramente contagiati.

Marburg, virus. Strettamente imparentato con Ebola. Definito «rabbia allungata» al momento della scoperta.

Mattoni. Blocchi simili a cristalli di particelle virali che crescono all'interno di una cellula. Noti anche come «corpi inclusi». In questo libro, definiti a volte «cristalloidi».

Mayinga, varietà. Tra quelle note, la varietà più letale del virus Ebola. Prende il nome dall'infermiera Mayinga N., morta nello Zaire nel 1976.

Microesplosione. Neologismo dell'autore per indicare epidemie modeste, spesso non individuate, di un virus emergente.

Microscopio elettronico. Microscopio di grandi dimensioni e potenza che impiega un fascio di elettroni per ingrandire fino a centinaia di migliaia di volte corpi molto piccoli, quali ad esempio i virus.

Nuclearizzazione (da *Nuke*). Nell'accezione biologica, un tentativo di rendere sterile un ambiente. Vedere «Sterilizzazione».

Ospite. L'organismo in cui un parassita, quale ad esempio un virus, si insedia e di cui spesso si nutre.

Rabbia allungata. Vedere «Marburg, virus».

Racal, tuta. Tuta spaziale portatile con riserva d'aria autonoma. Per le operazioni sul campo a elevato rischio biologico, in presenza di un virus ritenuto capace di viaggiare nell'aria. Nota anche come «vestito arancione» a causa del vivace colore.

Segreta (gergo militare). L'ospedale per il contenimento biologico del Quarto Livello.

Sterilizzazione. Distruzione totale e inequivocabile di tutti gli organismi viventi. Estremamente difficile da conseguire, e quasi impossibile da verificare.

Sottomarino (gergo militare). La morgue del Quarto Livello di biosicurezza dell'USAMRIID.

Terzo stadio. Massiccia emorragia sottocutanea.

USAMRIID. United States Army Medical Research Institute of Infectious Diseases - Istituto dell'esercito statunitense per la ricerca delle malattie infettive - situato a Fort Detrick, Maryland. Chiamato anche semplicemente l'Istituto.

Virus. Agente patogeno più piccolo di un batterio, costituito da un guscio proteico (capside) e un nucleo di DNA o RNA. Le due strutture riunite formano il *nucleocapside*. Un virus è in grado di moltiplicarsi solo all'interno di una cellula viva.

Virus emergenti. Virus che di recente hanno accresciuto la loro incidenza e che presumibilmente continueranno ad accrescerla. (Stephen S. Morse).

RINGRAZIAMENTI

Il mio primo ringraziamento va al personale civile e militare dell'USAMRIID. Le persone che presero parte all'operazione Reston hanno rischiato la loro vita nell'anonimato, senza aspettarsi che il loro operato venisse reso pubblico.

Sono profondamente grato al mio *editor* della Random House, Sharon DeLano. A un certo punto, mi capitò di dirle: «Dio è nei particolari» al che lei rispose: «No, Dio è nella struttura». Sono inoltre in debito con Sally Gaminara, della Doubleday UK, per i suoi preziosi suggerimenti editoriali. Grazie a Ian Jackman per il suo aiuto, e mille ringraziamenti anche a Harold Evans.

Per aver aiutato la mia famiglia a restare solvibile: infinita gratitudine a Lynn Nesbit. E a Robert Brookman, Lynda Obst, Cynthia Cannell, Eric Simonoff e Chuck Hurewitz. Grazie anche a Jim Hart per la grande intuitività delle sue conversazioni, e a Ridley Scott.

Questo libro è nato come un articolo per il *New Yorker*. Sono riconoscente a Robert Gottlieb, che mi commissionò il pezzo, e a Tina Brown, che lo pubblicò e gli diede le ali. Ho un grande debito nei confronti di John Bennet, curatore dell'articolo, e con Caroline Fraser, che si occupò della revisione. Molti ringraziamenti anche a Pat Crow, Jill Frisch, Elizabeth Macklin e Chip McGrath.

Ho ricevuto una preziosa assistenza filosofica da Stephen S. Morse e Joshua Lederberg, entrambi virologi della Rockefeller University di New York City. Alcune delle preoccupazioni (o dei timori) espressi in questo libro sono stati portati all'attenzione del mondo intero nel corso di un importante raduno sui virus emergenti, raduno organizzato e presieduto da Morse, e tenutosi, abbastanza stranamente, nel maggio del 1989, pochi mesi prima dell'esplosione epidemica di Reston. Fu in quell'occasione che Morse coniò la definizione di «virus emergente». Sono inoltre stato influenzato da decenni di lavoro di Lederberg. Qualunque bizzarria scientifica che figuri nel testo è imputabile a me soltanto.

Per quanto riguarda l'USAMRIID, i miei ringraziamenti vanno in particolare al dottor Ernest Takafuji, comandante dell'USAMRIID, e a David Franz, vicecomandante. Vorrei inoltre sottolineare l'attenta assistenza fornitami da Peter Jahrling, Nancy e Jerry Jaax, Tom Geisbert e Eugene Johnson, per i brani che si riferiscono ai loro pensieri e sentimenti durante la crisi Reston. Anche Curtis Klages, Nicole Berke Klages, Rhonda Williams e Charlotte Godwin Whitford, mi hanno offerto generosamente il loro tempo e il loro aiuto. Grazie inoltre a: Cheryl Parrott, Joan Geisbert, Curtis Klages, Ed Wise, così come a tutti i 91-Tango e agli addetti alla cura degli animali di Reston che mi hanno parlato della loro esperienza. E un milione di grazie a Ada Jaax.

Del Centro per il Controllo delle Malattie (CDC) ringrazio per aver condiviso con me i loro ricordi, il dottor C.J. Peters e Susan Peters, il dottor Joel Breman, Heinz Feldman, Thomas G. Ksiazek e Antony Sanchez. Degli altri istituti: David Huxoll, il dottor Joseph B. McCormick, il dottor Frederick A. Murphy e il dottor Philip K. Russell. In Kenya: il dottor Shem Musoke, il dottor David Silverstein e il colonnello Anthony Johnson. In Sudafrica: il dottor Margaretha Isaacson e il dottor G.B. (Bennie) Miller. Sul Bighorn River: il dottor Karl M. Johnson. Sono inoltre riconoscente a Dan Dalgard della Hazleton Washington per l'aiuto fornitomi nella stesura dei brani che parlavano di lui e dei suoi pensieri, e per avermi permesso di attingere alla sua *Cronologia degli eventi.*

Della Alfred P. Sloan Foundation, sono grato ad Arthur L. Singer jr., per l'interesse che mi ha sempre dimostrato. Alla Princeton University, grazie a Carol Rigolot, del *Council of the Humanities.*

Della Conservation International, grazie a Peter A. Seligmann e a Russell Mittermeier. Per la cronaca, pare che sia stato proprio Mittermeier a stabilire per primo l'interessante paragone tra la specie umana e un mucchio di carne in attesa di essere consumato.

In merito alla spedizione a Kitum Cave, sento il bisogno di ringraziare in particolar modo Graham Boynton, così come Christine Leonard, Katana Chege, Morris Mulatya, Herman Andembe e Jamy Buchanan. Ian Redmond mi ha fornito molte importanti informazioni riguardo alla grotta. Non posso inoltre non menzionare David e Gregory Chudnovsky.

Grazie ai molti amici: Peter Benchley, Freeman Dyson, Stona e Ann Fitch, Sallie Gouverneur, John McPhee, il dottor David G. Nathan, Richard O'Brien, Michael Robertson, Richard Trenner, Ann Waldron, Jonathan Weiner e Robert H. White. Grazie a mio nonno, Jerome Preston Senior, ai miei genitori, Jerome Preston Junior e Dorothy Preston, per il loro aiuto, e un grazie speciale a mio fratello, il dottor David G. Preston per l'entusiasmo dimostrato per la mia storia, e al mio altro fratello, l'autore Douglas Preston.

Per finire, grazie infinite a mia moglie, Michelle Parham Preston, per l'amore e l'appoggio straordinari che mi ha donato.

INDICE GENERALE

PARTE TERZA

SFONDAMENTO

PARTE QUARTA

KITUM CAVE

BUR
Periodico settimanale: 4 agosto 2000
Direttore responsabile: Evaldo Violo
Registr. Trib. di Milano n. 68 del 1°-3-74
Spedizione in abbonamento postale TR edit.
Aut. N. 51804 del 30-7-46 della Direzione PP.TT. di Milano
Finito di stampare nel luglio 2000 presso
Legatoria del Sud - via Cancelliera, 40 - Ariccia RM
Printed in Italy

ISBN 88-17-20208-8